国家“双高计划”水利水电建筑工程高水平专业群
水利职业资格证书系列教材
1+X 水利工程质量检测职业技能等级证书系列教材
“互联网+”新形态教材

# 岩土工程

主　编　杨二静　邓伟杰　胡　涛　杜卫长
副主编　郭　冲　张广禹　赵顺利　方旭东
　　　　张静静
主　审　薛建荣

黄 河 水 利 出 版 社
· 郑 州 ·

## 内 容 提 要

本书是国家“双高计划”水利水电建筑工程高水平专业群水利职业资格证书教材、1+X 水利工程质量检测职业技能等级证书教材，紧扣 1+X 水利工程质量检测职业技能等级标准，按照 1+X 水利工程质量检测职业技能等级证书考评大纲要求，结合全国水利职业教育教学改革的需要及专业课程教学的特点，依据国家标准、行业标准，校企合作编写完成。本书共分三大模块，主要内容包括土工试验、岩石试验、土工合成材料试验。针对职业院校的学生特点、培养目标及从业需要，本书以任务驱动的学习模式进行编写，按照学生认知规律和技能等级证书考试要求构建“模块-任务”式教材体例，以各项职业能力为核心构建学习任务，使学生能够更好地掌握水利工程质量检测职业技能等级考核相关知识，并在实践中加以灵活运用。

本书可作为高等职业院校水利水电工程技术、水利水电建筑工程、水利工程专业及其他水利类专业教材使用，还可供水利水电工程设计、检测、施工组织和管理相关从业者阅读参考。

**图书在版编目(CIP)数据**

岩土工程/杨二静等主编. —郑州：黄河水利出版社，2023.7

国家“双高计划”水利水电建筑工程高水平专业群水利职业资格证书系列教材 1+X 水利工程质量检测职业技能等级证书系列教材

ISBN 978-7-5509-3674-4

Ⅰ.①岩… Ⅱ.①杨… Ⅲ.①岩土工程-技术培训-教材 Ⅳ.①TU4

中国国家版本馆 CIP 数据核字(2023)第 147529 号

组稿编辑：王路平　电话：0371-66022212　E-mail：hhslwlp@126.com

田丽萍　66025553　912810592@qq.com

责任编辑　景泽龙　　责任校对　郭　琼

封面设计　张心怡　　责任监制　常红昕

出版发行　黄河水利出版社

地址：河南省郑州市顺河路 49 号　邮政编码：450003

网址：www.yrcp.com　E-mail：hhslcbs@126.com

发行部电话：0371-66020550

承印单位　河南新华印刷集团有限公司

开　　本　787 mm×1 092 mm　1/16

印　　张　18.75

字　　数　450 千字

版次印次　2023 年 7 月第 1 版　　2023 年 7 月第 1 次印刷

定　　价　56.00 元

# 前 言

本书是根据《中共中央关于认真学习宣传贯彻党的二十大精神的决定》，中共中央办公厅、国务院办公厅《关于推动现代职业教育高质量发展的意见》，国务院《国家职业教育改革实施方案》，教育部《“十四五”职业教育规划教材建设实施方案》《职业院校教材管理办法》《高等学校课程思政建设指导纲要》，教育部、财政部《关于实施中国特色高水平高职学校和专业建设计划的意见》，水利部、教育部《关于进一步推进水利职业教育改革发展的意见》，教育部办公厅、国家发展改革委办公厅、财政部办公厅《关于推进 1+X 证书制度试点工作的指导意见》等文件精神，组织编写的国家“双高计划”水利水电建筑工程高水平专业群水利职业资格证书系列教材、1+X 水利工程质量检测职业技能等级证书系列教材之一。本套教材以学生为本，紧扣 1+X 水利工程质量检测职业技能等级标准，遵循高等职业院校情境化、项目化教学改革的思路，体现产教融合、岗课赛证融通的理念，注重吸收产业升级和行业发展的新知识、新技术、新工艺、新方法、新规范，对接科技发展趋势和市场需求，丰富了课程思政、视频、微课、动画等数字化教学资源，是理论联系实际、教学面向生产的高职高专教育精品教材。

本书形式新颖，内容结构打破原有学科知识编排的“章节”逻辑，针对职业院校的学生特点、培养目标及从业需要，紧扣 1+X 水利工程质量检测职业技能等级标准，结合 1+X 水利工程质量检测职业技能等级证书考评大纲，以任务驱动的学习模式进行编写，按照学生认知规律和技能等级证书考试要求构建“模块-任务”式教材体例，以各条职业能力为核心构建学习任务，目标明确，使学生能够更好地掌握水利工程质量检测职业技能等级考核相关知识，并在实践中加以灵活运用。

本书主要包括土工试验、岩石试验、土工合成材料试验三大基本技能模块，理实结合，岗课赛证融通，水利水电工程质量检测人员应掌握的岩土工程类基本检测技能全覆盖。本书融入了党的二十大精神、能量小贴士等思政元素，有利于培养学生的科学精神、规范意识、严谨作风、创新思维；配套了主要技能点微课视频、教学 PPT 课件等数字化资源，方便教师的“教”与学生的“学”。

本书由黄河水利职业技术学院杨二静担任第一主编并负责全书统稿，江河安澜工程咨询有限公司邓伟杰、杜卫长分别担任第二、四主编，河南省鸿泰工程检测研究院有限公司胡涛担任第三主编，黄河水利职业技术学院薛建荣担任主审。本书具体编写及配套立体化资源制作分工如下：模块一模块导读至任务十二由杨二静编写，任务十三至任务二十一由胡涛编写，任务二十二至任务二十六由云南云水工程技术检测有限公司张静静、杭林林编写；模块二和模块三及附录由江河安澜工程咨询有限公司组织编写，分工为模块二模块导读、证书技能要求（郭冲、邓伟杰）、知识储备（赵顺利、杜卫长）、任务一至任务十二（郭冲）、任务十三至任务二十二（赵顺利、郭冲）、任务二十三至任务二十四（方旭东、赵顺利），模块三模块导读、证书技能要求（张广禹、方旭东）、任务一至任务四（张广禹、郭冲）、附录（郭冲）；全书动画资源由杨二静设计制作，实操视频由江河安澜工程咨询有限公司高慧民、张晓英、刘艳、李广伟联合录制，微课及配套课件由黄河水利职业技术学院杨二静、胡涛、张敏、李瑞和杨春景讲解录制。

本书在编写过程中，得到了黄河水利职业技术学院的领导、专家的大力支持、帮助，受到了桂林理工大学曾召田教授的悉心指点，同时参考了不少相关资料、著作、教材、论文，对提供帮助的同仁及资料、著作、教材、论文的作者，在此一并致以诚挚的谢意！

由于编者水平有限，书中难免存在错漏和不足之处，恳请广大师生及专家、读者批评指正。

**编 者**

2023 年 6 月

本书互联网全部资源二维码

# 目 录

# 数字资源索引

| 序号 | 数字资源名称 | 页码 |
| --- | --- | --- |
| 码 1-1 | 思政故事及案例 | 1 |
| 码 1-2 | 微课-课程概况 | 3 |
| 码 1-3 | 微课-试验室管理规定 | 3 |
| 码 1-4 | 微课-记录表填写规范 | 3 |
| 码 1-5 | 微课-含水率试验工程意义 | 14 |
| 码 1-6 | 微课-含水率试验方法原理 | 14 |
| 码 1-7 | 微课-烘干法规范操作 | 16 |
| 码 1-8 | 微课-含水率试验数据处理 | 16 |
| 码 1-9 | 微课-密度试验工程意义 | 21 |
| 码 1-10 | 微课-密度试验方法原理 | 21 |
| 码 1-11 | 微课-环刀法规范操作 | 22 |
| 码 1-12 | 动画-环刀法规范操作 | 22 |
| 码 1-13 | 微课-灌砂法规范操作 | 22 |
| 码 1-14 | 微课-灌水法规范操作 | 23 |
| 码 1-15 | 微课-密度试验数据处理 | 23 |
| 码 1-16 | 微课-比重试验工程意义 | 29 |
| 码 1-17 | 微课-比重试验方法原理 | 29 |
| 码 1-18 | 实操视频-比重瓶法规范操作 | 30 |
| 码 1-19 | 动画-比重瓶法规范操作 | 30 |
| 码 1-20 | 微课-比重瓶法数据处理 | 31 |
| 码 1-21 | 实操视频-浮称法规范操作 | 34 |
| 码 1-22 | 动画-虹吸筒法规范操作 | 36 |
| 码 1-23 | 微课-颗分试验工程意义 | 39 |

岩土工程

# 模块一

# 土工试验

码 1-1　思政故事及案例

【模块导读】

码 1-2　微课-课程概况　　码 1-3　微课-试验室管理规定　　码 1-4　微课-记录表填写规范

## 一、土工试验的目的及意义

堤坝、房屋、隧道、桥梁、机场等工程建设是人类文明发生发展的基础性经济活动，直接对人类社会的政治、经济、文化、军事等方面的活动产生重要影响，这些水利、建筑、交通等工程建设项目都与其下或其周围的土体存在着极为密切的关系。随着现代化进程的飞速发展，各类土建工程也在蓬勃发展，宏大的水电枢纽、高层建筑、重型厂房、高速公路、高桥、地铁等从修建到正常运行都时刻与其赖以存在的岩土地层发生着关系，这些工程能否安全施工和正常运行，在很大程度上取决于岩土体能否提供足够的承载力，保证工程结构不至于遭受超过设计限度的地基沉降、水平位移、差异变形和各种形式的岩土应力作用。随着结构物不断趋向于高、大、重、深，对土的工程性质的了解和认识的要求也更深、更全面。

我国地域辽阔，土资源丰富且种类繁多，寸草不生的沙漠、芳草萋萋的绿地、苇浦猎猎的湿地……从沟壑纵横的西部黄土高原，到地势平坦的东部淤泥质海岸；从沃野千里的东北黑土地，到梦幻绚丽的西南红土壤，这些自然界中的土大小、颜色、气味、形态等多种多样，工程性质差异很大，且对环境影响极为敏感，不同于其他均匀弹性各向同性建筑材料，土的工程性质不能通过严密的理论和精确的计算来准确地获得，需要通过科学系统的土工试验来认识和掌握。由于自然地理环境各不相同，土的种类各种各样，土的工程性质也千变万化。因此，如何有效地开展土工试验，正确地测定土的工程性质并提供可靠的性质参数指标，对于各类工程项目建设都是至关重要的，也是必须首先要解决的问题。土力学从某种意义上可以看作是土的试验力学，如摩尔-库仑强度理论、达西定律、普罗克特击实理论以及描述土的应力-应变关系的双曲线模型等，都是通过试验而建立起来的。

近 30 年内，为了解决各类工程的岩土问题，提出了一系列新的理论和新的设计方法，例如，根据岩土特性，针对工程特点，可以设计相应的应力-应变关系，给定数值计算模型，以便了解土体在工程使用期间的性状，这是岩土力学新理论的发展。然而，新的岩土力学理论要变成工程实践，相应的测试方法也应有新的发展。如果各项岩土参数测试不正确，那么不管设计理论和方法如何先进合理，工程的质量仍然得不到保证，所以土工测试是从根本上保证岩土工程设计的精确性以及经济合理的重要手段。

在整个岩土工程中，土工测试、理论计算和施工检验是相辅相成的三个环节。土工试验是岩土工程规划和设计的前期工作。该项工作不仅在工程实践中十分重要，而且在学科理论的研究和发展中也起着决定性作用。例如，早期的摩尔-库仑强度理论、达西定律、固结理论等力学理论几乎都是基于试验测试的结果。又如土的非线性应力-应变关系及应力路径的描述,使岩土工程性状的分析工作得以提高到新的水平,它也是通过试验建立起来的。可以说,土工测试在工程实践中是以土力学理论为指导的,而土力学理论又是以土工测试为依据的。由此看来,土工测试无论是对岩土工程还是对土力学的发展均具有相当重要的作用。

## 二、土工试验的发展历程

土工试验是岩土工程的基石,是岩土工程学科发展的推动力。C. A. 库仑通过砂土试验于 1776 年提出土的抗剪强度表达式——库仑定律,法国工程师达西在 1852~1855 年通过大量试验得出水在岩土孔隙中渗流规律的达西定律,美国工程师普罗克特总结修筑一些土坝的经验,通过击实试验于 1933 年阐述了土的压实原理……岩土工程学科的发展与土工试验的发展密切相连。另外,“从实践中来,到实践中去”,岩土工程理论要变成工程实践,首先就需要通过土工试验检测土的物理力学等性质参数,传统的试验方法主要有含水率试验(烘干法、酒精燃烧法)、密度试验(环刀法、灌砂法、灌水法)、比重试验(比重瓶法、虹吸筒法、浮称法)、颗粒分析试验(筛析法、密度计法)、渗透试验(常水头法、变水头法)、固结试验、剪切试验(直接剪切试验、三轴压缩试验)等。

随着工程建设发展的需要,土工试验技术也在持续发展和改进,特别是各类工程建设呈现高、大、深、重的趋势,给岩土工程学科带来新的发展契机,也给土工试验技术提出了更高的要求。近年来,传统的土工测试技术已发生根本改变,新型设备不断涌现,测试方法和试验手段不断更新,大型工程基本实现全过程自动化监测,土工测试技术的发展日新月异,有以计算机为基础对被测土体断层中某种特性进行定量描述的计算机层面扫描技术(CT 技术),有能实现能源土的原位生成、分解及过程中各种参数测量的试验设备,还有非饱和土温控三轴仪、堆石料劣化试验仪、土工离心模拟技术等。

## 三、土工试验基本知识

土是指覆盖在地表的没有胶结或弱胶结的松散颗粒的堆积物,是岩石风化的产物。岩石风化包括物理风化、化学风化和生物风化。

(1)物理风化是指岩石经受风、霜、雨、雪的侵蚀,或受波浪的冲击、地震、温度的变化、冻胀等引起的各种力的作用,使整体岩石产生裂隙,崩解碎裂成岩块、岩屑的过程。物理风化只改变岩石的大小,不改变岩石的矿物成分,形成的土颗粒较粗,物理风化的产物称为原生矿物,主要有石英、长石、云母等。

(2)化学风化是指岩体(或岩块、岩屑)与氧气、二氧化碳等气体、水和水溶液等物质相接触,经氧化、碳化和水化作用,逐渐产生化学变化,分解为极细颗粒的过程。化学风化不仅使岩石颗粒变细,还改变了岩石的矿物成分。化学风化的产物称为次生矿物,具有颗粒细小、吸水力强、活泼、有塑性等特点,是黏土的主要成分,所以也称为黏土矿物,主要有蒙脱石、伊利石、高岭石等。

(3)生物风化是指受生物生长及活动影响而产生的风化作用,是生物活动对岩石的破坏作用,一方面引起岩石的机械破坏,如树根生长对于岩石的压力可达 0.98~1.47 MPa,这能使根深入岩石裂缝,劈开岩石;另一方面植物根分泌出的有机酸,也可以使岩石分解破坏。此外,植物死亡分解可以形成腐殖酸,这种酸分解岩石的能力也很强。所以,生物对岩石的破坏既有机械破坏,又有化学破坏,生物风化的产物的特点是含有有机质。

自然界中,岩石和土在其形成、搬运和沉积的各个过程中都在不断进行风化,由于形成条件、搬运方式和沉积环境的不同,自然界的土也就有不同的成因类型。根据土的形成条件,常见的成因类型有:

(1)残积土。岩石经风化后未被搬运而残留于原地的碎屑堆积物,它的基本特征是颗粒表面粗糙、多棱角、无分选、无层理。

(2)坡积土。残积土受重力和暂时性流水(雨水、雪水)的作用,搬运到山坡或坡脚处沉积起来的土,坡积颗粒随斜坡自上而下呈现由粗而细的分选性和局部层理。

(3)洪积土。残积土和坡积土受洪水冲刷、搬运,在山沟出口处或山前平原沉积下来的土,随距离山体由近及远有一定的分选性,颗粒有一定的磨圆度。

(4)冲积土。河流的流水作用搬运到河谷坡降平缓的地带沉积下来的土,这类土经过长距离的搬运,颗粒具有较好的分选性和磨圆度,常具有层理。

(5)湖积土。在湖泊及沼泽等极为缓慢水流或静水条件下沉积下来的土,或称淤积土,这类土除含大量细微颗粒外,常伴有生物化学作用所形成的有机物,成为具有特殊性质的淤泥或淤泥质土。

(6)海积土。由河流流水搬运到海洋环境下沉积下来的土。

(7)风积土。由风力搬运形成的土,其颗粒磨圆度好,分选性好。我国西北黄土就是典型的风积土。

(8)冰积土。由冰川或冰水挟带搬运形成的沉积物,其颗粒粗细变化大,土质不均匀。

(9)污染土。致污物质的侵入,使成分、结构和性质发生了显著变异的土,污染方式包括工业污染、尾矿污染和垃圾填埋场渗滤液污染等,污染土类型一般可分为重金属污染土、有机污染土、复合污染土等。

土的形成过程决定了它具有特殊的物理力学性质。与一般建筑材料相比,土具有散体性、多相性、自然变异性三个重要特点,所以与一般弹性体、塑性体、弹塑性体、流体的工程性质差异很大。散体性是指土颗粒之间无黏结或弱黏结,所以土体中存在大量孔隙,可以透水透气;多相性是指土往往是由固体颗粒(土粒)、水和气体组成的三相体系,相系之间质和量的变化直接影响土的工程性质;自然变异性是指土是在自然界漫长的地质时期演化形成的多矿物组合体,性质复杂,不均匀,且随时间还在不断变化,所以土的工程性质具有时空变异性。

土的颗粒大小、矿物成分和三相比例是土的基本物理性质,对土的工程性质影响很大,表示土的基本物理性质的指标主要有两种类型:一类是表征土所处的物理状态的,包括密度、含水率、饱和度、相对密度和稠度等;另一类是表征土中固体物质组成特点的,包括颗粒级配和土中黏粒的矿物成分等。目前,确定土中黏粒的矿物成分需要用到X射线衍射技术等,一般的土工实验室难以胜任。但是土的界限含水率(液限、塑限和塑性指数)与土的颗粒组成特别是土中黏粒的含量及其矿物成分存在较好的相关关系,而土的界限含水率试验技术又十分简便,所以也可以用土的界限含水率间接地表征土中黏粒的含量及其矿物成分。

工程中,土的三相的质量和体积随着外界条件的变化而变化,例如,在大坝坝体重力作用下,坝基中的孔隙体积将减小;随着地下水位的升降,土中水的含量将变化。这些变化都可以通过三相比例指标来反映,为了便于说明和计算,工程上常采用土的三相组成示意图(见图 1-1)来表示三相之间的数量关系。

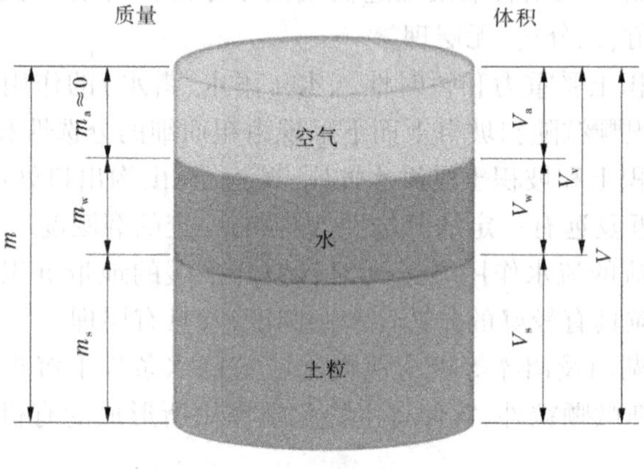


图 1-1　土的三相组成示意图

$m_a$、$m_w$、$m_s$ 分别表示土中气相、液相、固相的质量,$m$ 表示土的总质量;图中 $V_a$、$V_w$、$V_s$ 分别表示土中气相、液相、固相所占的体积, $V_v$、$V$ 分别表示土中孔隙的体积和土的总体积。

在土中,土的固、液、气三相的质量和体积之间的数量关系通常用含水率、土粒比重、密度、重度、干密度、孔隙比、饱和度等指标来反映。这些指标中,只有三个是独立的,通常取含水率、土粒比重、密度三个指标为独立的物理性质指标,通过试验测得,也叫实测指标,其他指标可通过这三个实测指标计算得到,也叫换算指标。土的物理性质指标及换算公式如表 1-1 所示。

表 1-1　土的物理性质指标及换算公式

| 名称 | 符号 | 表达式 | 常用换算公式 | 单位 | 常见的数值范围 |
|---|---|---|---|---|---|
| 含水率 | $w$ | $w=\frac{m_w}{m_s}\times100\%$ | 直接测定 | 无量纲 | 20%~60% |
| 土粒比重 | $G_s$ | $G_s=\frac{m_s}{V_s}\cdot\frac{1}{\rho_w^{4℃}}=\frac{\rho_s}{\rho_w^{4℃}}$ | 直接测定 | 无量纲 | 一般黏质土:2.70~2.75<br>砂土:2.65~2.69 |
| 密度 | $\rho$ | $\rho=\frac{m}{V}$ | 直接测定 | g/cm³ | 1.6~2.0 |
| 重度 | $\gamma$ | $\gamma=\frac{mg}{V}$ | $\gamma=\rho g$ | kN/m³ | 16~20 |

续表 1-1

| 名称 | 符号 | 表达式 | 常用换算公式 | 单位 | 常见的数值范围 |
|---|---|---|---|---|---|
| 干密度 | $\rho_d$ | $\rho_d=\frac{m_s}{V}$ | $\rho_d=\frac{\rho}{1+w}$ | g/cm$^3$ | 1.3~1.8 |
| 干重度 | $\gamma_d$ | $\gamma_d=\rho_d g$ | $\gamma_d=\frac{\gamma}{1+w}$ | kN/m$^3$ | 13~18 |
| 饱和密度 | $\rho_{sat}$ | $\rho_{sat}=\frac{m_s+V_v\rho_w}{V}$ | $\rho_{sat}=\rho_d+n\rho_w$ | g/cm$^3$ | 1.8~2.3 |
| 饱和重度 | $\gamma_{sat}$ | $\gamma_{sat}=\rho_{sat}g$ | $\gamma_{sat}=\gamma_d+n\gamma_w$ | kN/m$^3$ | 18~23 |
| 浮重度（有效重度） | $\gamma'$ | $\gamma'=\rho_{sat}g-\rho_w g$ | $\gamma'=\gamma_{sat}-\gamma_w$ | kN/m$^3$ | 8~13 |
| 孔隙比 | $e$ | $e=\frac{V_v}{V_s}$ | $e=\frac{G_s\rho_w}{\rho_d}-1$ | 无量纲 | 一般黏质土:0.4~1.2;<br>砂土:0.3~0.9 |
| 孔隙率 | $n$ | $n=\frac{V_v}{V}\times100\%$ | $n=\frac{e}{1+e}$ | 无量纲 | 一般黏质土:30%~60%;<br>砂土:25%~45% |
| 饱和度 | $S_r$ | $S_r=\frac{V_w}{V_v}$ | $S=\frac{w\ G_s}{e}$ | 无量纲 | 0~1.0 |

**【证书技能要求】**

岩土工程质量检测职业技能等级分为三个等级：初级、中级、高级，三个级别依次递进，高级别涵盖低级别职业技能要求，其中土工试验部分具体要求见表 1-2。

（1）水利工程质量检测（岩土工程方向）（初级）。

具有基本的专业理论知识，具有土工 15 项指标：含水率、比重、密度、颗粒级配、相对密度、最大干密度、最优含水率、渗透系数、渗透临界坡降、直剪强度、液限、塑限的检测能力。具有熟练操作仪器设备的能力，具有对检测数据计算的能力。

（2）水利工程质量检测（岩土工程方向）（中级）。

具有一定的专业理论知识，具有土工 17 项指标：含水率、比重、密度、颗粒级配、相对密度、最大干密度、最优含水率、三轴压缩强度、直剪强度、渗透系数、渗透临界坡降、压缩系数、有机质含量、液限、塑限等的检测能力。具有熟练操作仪器设备的能力，具有对检测数据计算甄别的能力，具有编写检测报告的能力。

（3）水利工程质量检测（岩土工程方向）（高级）。

具有较强的专业理论知识，具有土工 19 项指标：含水率、比重、密度、颗粒级配、相对密度、最大干密度、最优含水率、三轴压缩强度、直剪强度、渗透系数、渗透临界坡降、压缩系数、有机质含量、液限、塑限、湿陷起始压力、固结系数、自由膨胀率等的检测能力。具有正确熟练操作仪器设备的能力，具有对常规检测仪器设备校准的能力，具有对检测数据计算甄别的能力，具有编写检测报告的能力，具有对报告进行校核的能力。

**表 1-2　水利工程质量检测(岩土工程方向)职业技能等级要求**

| 工作领域 | 工作任务 | 试验成果 | 职业技能要求 | 初级 | 中级 | 高级 |
|---|---|---|---|---|---|---|
| 土的物理性质指标 | 1.1 含水率检测 | $w$ | 1.1.1　能熟练掌握含水率的各种检测方法,并掌握烘干法、酒精燃烧法这两种方法的适用范围 | √ | √ | √ |
| | | | 1.1.2　能正确计算含水率指标,并对允许平行差值作出判断 | √ | √ | √ |
| | | | 1.1.3　能正确选择使用天平、烘箱设备 | √ | √ | √ |
| | | | 1.1.4　能够编写检测报告 | | √ | √ |
| | | | 1.1.5　具备对检测报告进行校核的能力 | | | √ |
| | | | 1.1.6　具备对可疑数据进行分析并且处理的能力 | | | √ |
| | 1.2 比重检测 | $G_s$ | 1.2.1　能熟练掌握比重检测各种方法的适用范围 | √ | √ | √ |
| | | | 1.2.2　能熟练掌握比重瓶法、浮称法 | √ | √ | √ |
| | | | 1.2.3　能正确计算土粒比重 | √ | √ | √ |
| | | | 1.2.4　能熟练掌握比重瓶校正方法 | √ | √ | √ |
| | | | 1.2.5　能够编写检测报告 | | √ | √ |
| | | | 1.2.6　具备对检测报告进行校核的能力 | | | √ |
| | | | 1.2.7　具备对可疑数据进行分析并且处理的能力 | | | √ |
| | 1.3 密度检测 | $\rho$ | 1.3.1　能熟练掌握环刀法、蜡封法的操作步骤,掌握两种方法的适用范围 | √ | √ | √ |
| | | | 1.3.2　能准确应用公式对密度进行计算,能正确判断平行差值 | √ | √ | √ |
| | | | 1.3.3　能对环刀进行校验 | √ | √ | √ |
| | | | 1.3.4　能正确选择并使用天平 | √ | √ | √ |
| | | | 1.3.5　能够编写检测报告 | | √ | √ |
| | | | 1.3.6　具备对检测报告进行校核的能力 | | | √ |
| | | | 1.3.7　具备对可疑数据进行分析并且处理的能力 | | | √ |
| | 1.4 颗粒级配检测 | $C_u$ 和 $C_c$ | 1.4.1　能准确区分各种颗粒分析方法的适用范围 | √ | √ | √ |
| | | | 1.4.2　能熟练掌握筛析法、密度计法,以及联合分析法(筛析法+密度计法) | √ | √ | √ |
| | | | 1.4.3　能准确录入密度计法试验数据,并进行计算 | √ | √ | √ |
| | | | 1.4.4　能熟练绘制颗粒大小级配曲线,掌握级配曲线对应的特征粒径,并能进行土的分类 | √ | √ | √ |
| | | | 1.4.5　能够编写检测报告 | | √ | √ |
| | | | 1.4.6　具备对检测报告进行校核的能力 | | | √ |
| | | | 1.4.7　具备对可疑数据进行分析并且处理的能力 | | | √ |

续表 1-2

| 工作领域 | 工作任务 | 试验成果 | 职业技能要求 | 初级 | 中级 | 高级 |
|---|---|---|---|---|---|---|
| 土的物理性质指标 | 1.5　液限、塑限检测 | $w_L$、$w_P$、$I_L$、$I_P$ | 1.5.1　能够熟练掌握液塑限联合测定法、搓滚塑限法 | √ | √ | √ |
| | | | 1.5.2　能够熟练绘制圆锥下沉深度与含水率关系曲线图,并通过关系曲线图正确查取液限、塑限 | √ | √ | √ |
| | | | 1.5.3　能够准确运用公式计算塑性指数、液性指数,并根据液限、塑限进行土的定名 | √ | √ | √ |
| | | | 1.5.4　能够编写检测报告 | | √ | √ |
| | | | 1.5.5　具备对检测报告进行校核的能力 | | | √ |
| | | | 1.5.6　具备对可疑数据进行分析并且处理的能力 | | | √ |
| | 1.6　最大干密度、最优含水率检测 | $\rho_{dmax}$ 和 $w_{opt}$ | 1.6.1　能准确区分轻型击实试验与重型击实试验方法 | √ | √ | √ |
| | | | 1.6.2　能熟练掌握轻型击实试验、重型击实试验的操作步骤 | √ | √ | √ |
| | | | 1.6.3　能准确计算击实试验指标,并熟练绘制 $\rho_d$-$w$ 关系曲线及最大压实曲线(饱和曲线) | √ | √ | √ |
| | | | 1.6.4　明晰击实仪主要部件的尺寸规格 | √ | √ | √ |
| | | | 1.6.5　能够熟练操作仪器设备,能够掌握击实仪的校验方法 | √ | √ | √ |
| | | | 1.6.6　能够编写检测报告 | | √ | √ |
| | | | 1.6.7　具备对检测报告进行校核的能力 | | | √ |
| | | | 1.6.8　具备对可疑数据进行分析并且处理的能力 | | | √ |
| | 1.7　相对密度检测 | $D_r$($e_{max}$ 和 $e_{min}$) | 1.7.1　能熟练掌握最小孔隙比试验、最大孔隙比试验 | √ | √ | √ |
| | | | 1.7.2　能掌握相对密度的计算公式,并能熟练计算相对密度或由相对密度设计指标推算控制或装样密度 | √ | √ | √ |
| | | | 1.7.3　能够正确熟练操作仪器设备,能够对仪器进行校验 | √ | √ | √ |
| | | | 1.7.4　能够编写检测报告 | | √ | √ |
| | | | 1.7.5　具备对检测报告进行校核的能力 | | | √ |
| | | | 1.7.6　具备对可疑数据进行分析并且处理的能力 | | | √ |

续表 1-2

| 工作领域 | 工作任务 | 试验成果 | 职业技能要求 | 初级 | 中级 | 高级 |
|---|---|---|---|---|---|---|
| 土的物理性质指标 | 1.8 渗透系数、渗透临界坡降检测 | $k$ 和 $i_{cr}$ | 1.8.1 能够正确区分常水头渗透检测方法、变水头渗透检测方法的适用范围 | √ | √ | √ |
| | | | 1.8.2 能够熟练掌握粗颗粒土常水头试验、细颗粒土变水头试验操作方法 | √ | √ | √ |
| | | | 1.8.3 能够运用公式熟练计算渗透系数、渗透坡降 | √ | √ | √ |
| | | | 1.8.4 能够正确判断渗透变形破坏形式 | √ | √ | √ |
| | | | 1.8.5 能够编写检测报告 | | √ | √ |
| | | | 1.8.6 具备对检测报告进行校核的能力 | | | √ |
| | | | 1.8.7 具备对可疑数据进行分析并且处理的能力 | | | √ |
| | 1.9 压缩系数检测 | $\alpha_v$ 和 $E_s$ | 1.9.1 能熟练掌握粗、细颗粒土试样的制备方法 | | √ | √ |
| | | | 1.9.2 能熟练掌握粗、细颗粒土的压缩系数测定方法 | | √ | √ |
| | | | 1.9.3 能够准确计算压缩系数,并能绘制压缩曲线($e-p$) | | √ | √ |
| | | | 1.9.4 能够正确熟练操作仪器设备 | | √ | √ |
| | | | 1.9.5 能够编写检测报告 | | √ | √ |
| | | | 1.9.6 具备对检测报告进行校核的能力 | | | √ |
| | | | 1.9.7 具备对可疑数据进行分析并且处理的能力 | | | √ |
| | 1.10 固结系数 | $C_v$ | 1.10.1 能够熟练掌握标准固结试验法 | | | √ |
| | | | 1.10.2 能够正确熟练操作仪器设备 | | | √ |
| | | | 1.10.3 能够准确计算固结系数 | | | √ |
| | | | 1.10.4 能够编写检测报告 | | | √ |
| | | | 1.10.5 具备对检测报告进行校核的能力 | | | √ |
| | | | 1.10.6 具备对可疑数据进行分析并且处理的能力 | | | √ |
| | 1.11 三轴压缩强度检测 | $C$ 和 $\varphi$ | 1.11.1 能熟练掌握原状土样、扰动土样的制备方法 | | √ | √ |
| | | | 1.11.2 能准确区分不固结不排水剪(UU)、固结不排水剪(CU)和固结排水剪(CD),并能根据工程实际情况选取合适的方法 | | √ | √ |
| | | | 1.11.3 能够正确熟练操作应变控制式三轴压缩仪 | | √ | √ |
| | | | 1.11.4 能够对仪器采集结果进行分析计算、判断 | | √ | √ |
| | | | 1.11.5 能够编写检测报告 | | √ | √ |
| | | | 1.11.6 具备对检测报告进行校核的能力 | | | √ |
| | | | 1.11.7 具备对可疑数据进行分析并且处理的能力 | | | √ |

**续表 1-2**

| 工作领域 | 工作任务 | 试验成果 | 职业技能要求 | 初级 | 中级 | 高级 |
| --- | --- | --- | --- | --- | --- | --- |
| 土的物理性质指标 | 1.12 直剪强度检测 | $C$ 和 $\varphi$ | 1.12.1 能熟练掌握直剪强度的三种检测方法：快剪(Q)、固结快剪(CQ)和慢剪(S) | √ | √ | √ |
| | | | 1.12.2 能够熟练计算抗剪强度指标，能够对异常数据进行判断 | √ | √ | √ |
| | | | 1.12.3 能够掌握直剪仪的校准方法 | √ | √ | √ |
| | | | 1.12.4 能够编写检测报告 | | √ | √ |
| | | | 1.12.5 具备对检测报告进行校核的能力 | | | √ |
| | | | 1.12.6 具备对可疑数据进行分析并且处理的能力 | | | √ |
| | 1.13 湿陷起始压力 | $\delta_s$、$\delta_{zs}$、$\delta_{wt}$、$\delta_{sp}$、$p_{ah}$ | 1.13.1 能够熟练掌握单线法、双线法 | | | √ |
| | | | 1.13.2 能够正确绘制湿陷系数与压力的关系曲线 | | | √ |
| | | | 1.13.3 能够正确熟练操作仪器设备 | | | √ |
| | | | 1.13.4 能够编写检测报告 | | | √ |
| | | | 1.13.5 具备对检测报告进行校核的能力 | | | √ |
| | | | 1.13.6 具备对可疑数据进行分析并且处理的能力 | | | √ |
| | 1.14 自由膨胀率 | $w_h$、$\delta_{ef}$、$\delta_t$ | 1.14.1 能够熟练掌握自由膨胀率测试方法 | | √ | √ |
| | | | 1.14.2 能够准确计算自由膨胀率，并掌握结果允许差值 | | √ | √ |
| | | | 1.14.3 能够编写检测报告 | | √ | √ |
| | | | 1.14.4 具备对检测报告进行校核的能力 | | | √ |
| | | | 1.14.5 具备对可疑数据进行分析并且处理的能力 | | | √ |
| | 1.15 化学分析试样风干含水率检测 | $w_0$ | 1.15.1 能熟练掌握化学分析试样风干含水率的检测方法、适用范围、试样要求以及不同种类土的烘焙温度要求 | √ | √ | √ |
| | | | 1.15.2 能正确计算化学分析试样风干含水率指标，并对允许平行差值做出判断 | √ | √ | √ |
| | | | 1.15.3 能正确选择使用天平、烘箱设备 | √ | √ | √ |
| | | | 1.15.4 能够编写检测报告 | | √ | √ |
| | | | 1.15.5 具备对检测报告进行校核的能力 | | | √ |
| | | | 1.15.6 具备对可疑数据进行分析并且处理的能力 | | | √ |

**续表 1-2**

| 工作领域 | 工作任务 | 试验成果 | 职业技能要求 | 初级 | 中级 | 高级 |
|---|---|---|---|---|---|---|
| 土的物理性质指标 | 1.16 易溶盐总量试验(质量法) | $w$(易溶盐) | 1.16.1　能够掌握易溶盐总量(质量法)试验的基本原理、适用范围、试样要求 | √ | √ | √ |
| | | | 1.16.2　能够熟练掌握易溶盐总量(质量法)的浸出液制备方法 | √ | √ | √ |
| | | | 1.16.3　能够熟练掌握易溶盐总量(质量法)的测定方法 | √ | √ | √ |
| | | | 1.16.4　能正确处理烘干残渣中较多的吸湿性强的钙、镁氯化物等 | √ | √ | √ |
| | | | 1.16.5　能正确选择使用天平、烘箱设备 | √ | √ | √ |
| | | | 1.16.6　能够准确计算易溶盐总量 | √ | √ | √ |
| | | | 1.16.7　能够编写检测报告 | | √ | √ |
| | | | 1.16.8　具备对检测报告进行校核的能力 | | | √ |
| | | | 1.16.9　具备对可疑数据进行分析并且处理的能力 | | | √ |
| | 1.17 有机质试验(重铬酸钾容量法) | O. M. | 1.17.1　能熟练掌握有机质含量试验的基本原理、适用范围、试样要求 | √ | √ | √ |
| | | | 1.17.2　能熟练掌握有机质含量的测定方法 | √ | √ | √ |
| | | | 1.17.3　能够正确使用分析天平、油浴锅设备 | √ | √ | √ |
| | | | 1.17.4　能够正确进行滴定操作,正确观察和判断滴定终点,正确读数 | √ | √ | √ |
| | | | 1.17.5　能够准确计算有机质含量 | √ | √ | √ |
| | | | 1.17.6　能够编写检测报告 | | √ | √ |
| | | | 1.17.7　具备对检测报告进行校核的能力 | | | √ |
| | | | 1.17.8　具备对可疑数据进行分析并且处理的能力 | | | √ |

续表 1-2

| 工作领域 | 工作任务 | 试验成果 | 职业技能要求 | 初级 | 中级 | 高级 |
|---|---|---|---|---|---|---|
| 土的物理性质指标 | 1.18 酸碱度试验（电位法） | pH | 1.18.1 能熟练掌握酸碱度试验（电位法）的基本原理、适用范围、试样要求 | √ | √ | √ |
| | | | 1.18.2 能够正确制备土悬液 | √ | √ | √ |
| | | | 1.18.3 能熟练掌握酸度计的校正方法 | √ | √ | √ |
| | | | 1.18.4 能熟练掌握酸度计的测定方法 | √ | √ | √ |
| | | | 1.18.5 能熟练掌握酸度计的维护保养 | √ | √ | √ |
| | | | 1.18.6 能够编写检测报告 | | √ | √ |
| | | | 1.18.7 具备对检测报告进行校核的能力 | | | √ |
| | | | 1.18.8 具备对可疑数据进行分析并且处理的能力 | | | √ |
| | 1.19 烧失量试验 | *X* | 1.19.1 能熟练掌握烧失量试验的检测方法、适用范围、试样要求以及不同种类土的灼烧温度要求 | √ | √ | √ |
| | | | 1.19.2 能正确计算烧失量，并对允许平行差值做出判断 | √ | √ | √ |
| | | | 1.19.3 能正确选择使用天平、高温电炉设备 | √ | √ | √ |
| | | | 1.19.4 能够编写检测报告 | | √ | √ |
| | | | 1.19.5 具备对检测报告进行校核的能力 | | | √ |
| | | | 1.19.6 具备对可疑数据进行分析并且处理的能力 | | | √ |

**【知识目标】**

能说出预考取技能等级应具备的土的工程性质指标的名称、含义和常见数值范围；

能说出预考取技能等级应具备的土的工程性质指标的名称和试验方法；

能叙述预考取技能等级应具备的土的工程性质指标的试验原理；

能叙述预考取技能等级应具备的土的工程性质指标的数据处理方法。

**【技能目标】**

能规范地完成预考取技能等级应具备的土的工程性质指标的试验；

能准确计算预考取技能等级应具备的土的工程性质指标；

能够编写检测报告（中级和高级）；

能对检测报告进行校核（高级）；

具备对可疑数据分析并且处理的能力（高级）。

**【素质目标】**

试验操作规范、细致、不怕辛苦，具有劳动精神；

试验记录及时、准确、完整，具有实事求是的职业道德；

能根据工程实际情况选择试验方法，具有工程思维；

珍惜爱惜土资源，具有人与土资源和谐共生的生态理念。

# 任务一　含水率试验——烘干法

码 1-5　微课-含水率试验工程意义

码 1-6　微课-含水率试验方法原理

【任务引入】

小浪底大坝为黏土斜心墙土石坝，横剖面图如图 1-2 所示，坝体各区所采用的土石材料中有机质含量均小于 5%。图 1-2 中①区为黏土斜心墙，拟采用给定黏土料填筑，已知该黏土料的最优含水率为 26%。根据《碾压式土石坝设计规范》(SL 274—2020)，黏性土的施工填筑含水率应根据土料性质、填筑部位、气候条件和施工机械等情况，控制在最优含水率的-2%～+3%。请测定料场心墙土料的含水率，进而判断料场土料是否满足上坝填筑的含水率要求。

【知识储备】

土中水的质量与土粒质量之比，称为土的含水率(量)，符号为$w$，以百分数计，表达式如式(1-1)所示：

$$w = \frac{m_w}{m_s} \times 100\% \tag{1-1}$$

式中　$w$——含水率(%)；

$m_w$——土中水的质量；

$m_s$——土粒的质量。

含水率$w$是标志土含水程度的一个重要的物理指标。天然土层的含水率变化范围很大，它与土的种类、埋藏条件及其所处的自然地理环境等有关。一般干的粗砂，其含水率接近零，而饱和砂土含水率可达 40%。坚硬黏性土的含水率可小于 30%，而饱和软黏土(如淤泥)含水率可达 60%或更大。一般同一类土特别是细粒土，强度随含水率的增加而降低，工程上研究土的强度等工程性质需要测定其含水率，进行土方填筑和施工质量检测也需要测定其含水率。土的含水率一般用“烘干法”测定。

【任务实施】

## 一、试验基本要求

### (一)根据工程情况选择试验方法

土的含水率试验以烘干法为室内试验的标准方法，标准方法一般需要较长的时间才能测定含水率，效率低。当野外无烘箱设备或要求快速测定含水率时，可用酒精燃烧法测定细粒土的含水率。在填方和土坝等施工质量管理中，常常要求很快得出填土的含水率，此时，可采用酒精燃烧法快速测定含水率。

### (二)注意有机质含量的影响

对含有机质的土，由于在 105～110 ℃下经长时间烘干后，有机质特别是腐殖酸会在

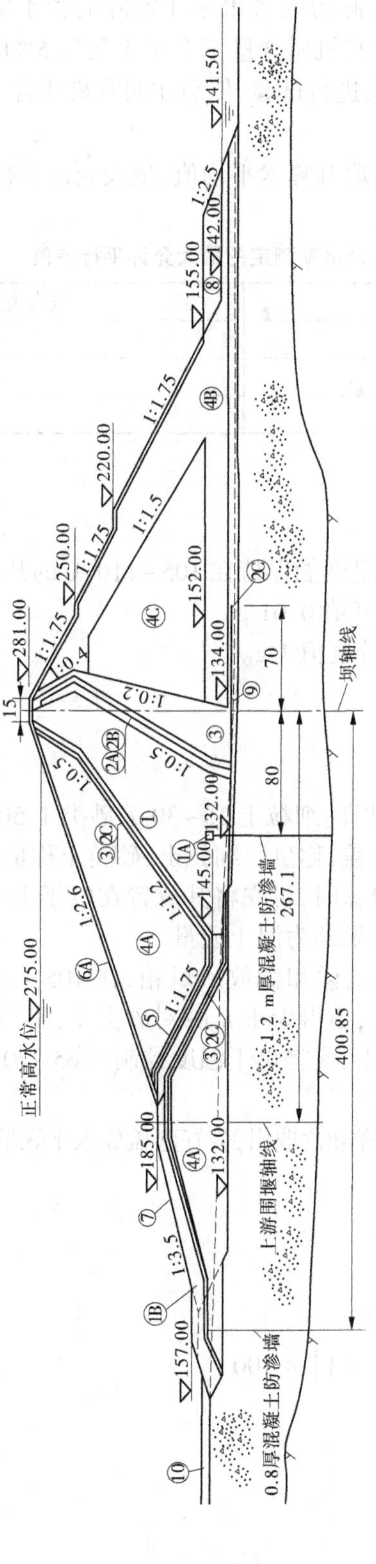


图 1-2　小浪底大坝横剖面图（单位：m）

①、①B—黏土；①A—高塑性黏土；②A、②B、②C—反滤层；③—过滤料；④A、④B、④C—堆石；⑤—掺合料；⑥A—护坡块石；⑦—堆石护坡；⑧—石渣；⑨—回填砂卵石；⑩—上游铺盖。

烘干过程中逐渐分解而不断损失，测得的含水率比实际的含水率大，土中有机质含量越高，误差就越大。故烘干法适用于有机质含量不大于干质量5%的土，当土中有机质含量在5%~10%时，仍允许采用烘干法进行试验，但须注明有机质含量，以作参考。

**（三）进行两次平行试验**

本试验应进行两次平行测定，取其算术平均值，最大允许平行差值应符合表1-3的规定，否则重新进行试验。

**表1-3 含水率测定的最大允许平行差值** %

| 含水率 $w$ | 最大允许平行差值 |
|---|---|
| <10 | ±0.5 |
| 10~40 | ±1.0 |
| >40 | ±2.0 |

## 二、试验仪器

（1）烘箱：可采用电热烘箱或温度能保持在105~110 ℃的其他能源烘箱。

（2）电子天平：称量200 g，分度值0.01 g。

（3）电子台秤：称量5 000 g，分度值1 g。

（4）其他：干燥器、称量盒。

## 三、试验步骤

（1）取样称量。取有代表性试样：细粒土15~30 g，砂类土50~100 g，砂砾石2~5 kg。将试样放入称量盒内，立即盖好盒盖，称量。细粒土、砂类土称量应准确至0.01 g，砂砾石称量应准确至1 g。当使用恒质量盒时，可先将其放置在电子天平或电子台秤上清零，再称量装有试样的恒质量盒，称量结果即为湿土质量。

（2）烘干土样。揭开盒盖，将试样和盒放入烘箱，在105~110 ℃下烘到恒量。烘干时间，对黏质土，不得少于8 h；对砂类土，不得少于6 h；对有机质含量为5%~10%的土，应将烘干温度控制在65~70 ℃的恒温下烘至恒量。

（3）冷却称量。将烘干后的试样和盒取出，盖好盒盖放入干燥器内冷却至室温，称干土质量。

码1-7 微课-烘干法规范操作

## 四、试验成果整理

（1）含水率应按式（1-2）计算：

$$w = \left(\frac{m_0}{m_d} - 1\right) \times 100 \tag{1-2}$$

码1-8 微课-含水率试验数据处理

式中 $w$——含水率（%）；

$m_0$——湿土质量，g；

$m_d$——干土质量，g。

（2）计算至0.1%。

【任务说明】

(1)关于代表性试样选取及试样数量问题。进行含水率试验时,常因各种因素影响试验成果:如土层的不均匀、试样数量过少、扰动土样(如风干土)拌和不匀、钻探取土时取土器和筒壁的挤压、土样在运输和存放期间保护不当等。为此,选取含水率试验的试样可根据试验目的和要求而定。若为了了解全土层综合而概略的天然含水率,可沿土层剖面竖向切取土样,拌和均匀测定其含水率;如是配合压缩、抗剪强度、渗透试验,应在切取试样环刀的上下两面选取土样,这样测得含水率的结果可能由于土样层次不均有所差异,但有助于了解土层的真实情况和对试验成果的分析。

(2)关于试样的数量问题。对烘干法,为使试验结果准确可靠,同时考虑到烘焙时间的长短,细粒土规定为15~30 g;砂质土或砾质土因持水性较差,颗粒大小相差悬殊,含水量易于变化,所以试样应多取一些。

(3)关于平行试验和平行差值问题。标准采用平行试验的目的是避免操作中发生的错误。对原状土通过平行试验还可进一步了解含水率的均匀程度。为了保证试验的准确度,规定平行试验的允许误差是合理的。

【任务考核】

任务考核细则如表1-4所示。

表1-4　含水率试验——烘干法学生自评表

| 班级 | | 姓名 | | 学号 | |
|---|---|---|---|---|---|
| 学习任务 | 含水率检测 | | | | |
| 打分类别 | 考核要点 | | | 分值 | 得分 |
| 常规计分项目 | 会根据工程需要选择含水率检测方法 | | | 10 | |
| | 试验仪器、工具、记录表等准备齐全 | | | 5 | |
| | 天平选用正确 | | | 5 | |
| | 四分法取代表性土样正确 | | | 10 | |
| | 取样数量正确 | | | 5 | |
| | 天平调平、校准正确 | | | 10 | |
| | 烘箱温度设置正确 | | | 10 | |
| | 烘干时间正确 | | | 5 | |
| | 土样烘干后冷却、称量正确 | | | 10 | |
| | 记录表填写准确规范 | | | 5 | |
| | 计算正确 | | | 5 | |
| | 试验仪器工具等摆放条理、工作台整齐干净 | | | 5 | |
| | 团队配合默契,能展示团队力量 | | | 5 | |
| | 试验操作有条不紊,干净利落,不拖泥带水 | | | 10 | |
| 附加分 | 试验仪器工具等有创新点 | | | 10 | |
| | 数据处理有创新 | | | 5 | |
| | 试验精益求精,具有工匠精神 | | | 10 | |
| 扣分 | 一旦发现试验中篡改伪造数据,本项目0分计 | | | -100 | |
| | 不能将组内负责任务完成 | | | -30 | |
| 总计 | | | | | |

(3)点燃盒中酒精,烧至火焰熄灭。

(4)将试样冷却数分钟,重复第(2)步和第(3)步再燃烧两次。当第3次火焰熄灭后,立即盖好盒盖,称干土质量。

(5)本试验称量应准确至0.01 g。

## 四、试验成果整理

含水率应按式(1-2)计算,计算至0.1%。

**【任务说明】**

(1)酒精燃烧法多为施工质量控制所采用,为使酒精用量不过大,根据实践经验,黏土试样的数量为5~10 g。

(2)对酒精燃烧法,《土工试验方法标准》(GB/T 50123—2019)中规定了平行测定而未规定允许误差的范围,这是因为该方法准确度较差,可以参考烘干法的规定,斟酌采用。

**【任务考核】**

任务考核细则如表1-5所示。

**表1-5 含水率试验——酒精燃烧法学生自评表**

| 班级 | | 姓名 | | 学号 | |
|---|---|---|---|---|---|
| 学习任务 | 含水率检测 | | | | |
| 打分类别 | 考核要点 | | | 分值 | 得分 |
| 常规计分项目 | 会根据工程需要选择含水率检测方法 | | | 10 | |
| | 试验仪器、工具、记录表等准备齐全 | | | 5 | |
| | 天平选用正确 | | | 5 | |
| | 四分法取代表性土样正确 | | | 10 | |
| | 取样数量正确 | | | 5 | |
| | 天平调平、校准正确 | | | 10 | |
| | 酒精选择和安放方式正确 | | | 10 | |
| | 酒精添加方式和添加量正确 | | | 5 | |
| | 酒精点燃方式正确 | | | 10 | |
| | 记录表填写准确规范 | | | 5 | |
| | 计算正确 | | | 5 | |
| | 试验仪器工具等摆放条理、工作台整齐干净 | | | 5 | |
| | 团队配合默契,能展示团队力量 | | | 5 | |
| | 试验操作有条不紊,干净利落,不拖泥带水 | | | 10 | |

续表 1-5

| 打分类别 | 考核要点 | 分值 | 得分 |
|---|---|---|---|
| 附加分 | 试验仪器工具等有创新点 | 10 | |
| | 数据处理有创新 | 5 | |
| | 试验精益求精，具有工匠精神 | 10 | |
| 扣分 | 一旦发现试验中篡改伪造数据，本项目 0 分计 | -100 | |
| | 不能将组内负责任务完成 | -30 | |
| 总计 | | | |

码 1-9　微课-密度试验工程意义

## 任务三　密度试验——环刀法

**【任务引入】**

某工程地质勘察阶段已钻孔采取某一位置的原状土样，需测定该原状土样的密度，进而了解该土样的工程性质。通过观察，初步判断该土样为黏性土，请测定其密度。

**【知识储备】**

码 1-10　微课-密度试验方法原理

单位体积土的质量称为土的（湿）密度，符号为 $\rho$，单位为"$g/cm^3$"，表达式如式(1-3)所示：

$$\rho = \frac{m}{V} \tag{1-3}$$

式中　$m$——土的总质量，g；

$V$——土的总体积，$cm^3$。

天然状态下土的密度变化范围很大，一般黏性土 1.8~2.0 $g/cm^3$；砂土 1.6~2.0 $g/cm^3$；腐殖土 1.5~1.7 $g/cm^3$。含水率一定时，土的密度能反映土的密实程度。工程中，密度结合含水率和比重指标可以计算出土的干密度、孔隙比、孔隙率、饱和度等指标。

**【任务实施】**

### 一、试验基本要求

#### （一）试样制备

原状土试样制备时，应小心开启原状土样包装皮，辨别土样上下和层次，整平土样两端。无特殊要求时，切土方向应与天然层次垂直。

#### （二）试件描述

为了便于计算和与制备标准比较，要进行原状土开土记录及扰动土试样制备记录。原状土开土时的土样描述对于试验成果的分析有很大的用处，内容包括试样编号、取土高程、取土深度、颜色、气味、结构、夹杂物、包装与扰动情况，其他的描述可记载在“其他”一栏中。原状土开土记录格式应符合表 1-6 的规定。

**表 1-6　原状土开土记录**

| 任务单号 | | | | | | 进室日期：　年　月　日 | | | |
|---|---|---|---|---|---|---|---|---|---|
| 记录者 | | | | | | 开土日期：　年　月　日 | | | |
| 试样编号 | | 取土高程/m | 取土深度/m | 颜色 | 气味 | 结构 | 夹杂物 | 包装与扰动情况 | 其他 |
| 室内 | 野外 | | | | | | | | |
| | | | | | | | | | |
| | | | | | | | | | |
| | | | | | | | | | |
| | | | | | | | | | |
| | | | | | | | | | |
| | | | | | | | | | |
| | | | | | | | | | |

**(三) 平行试验**

本试验应进行两次平行测定，其最大允许平行差值应为±0.03 g/cm³，取其算术平均值。

码 1-11　微课-环刀法规范操作

## 二、试验仪器

(1) 环刀：尺寸参数应符合国家现行标准《岩土工程仪器基本参数及通用技术条件》(GB/T 15406—2007) 的规定。

(2) 天平：称量 500 g，分度值 0.1 g；称量 200 g，分度值 0.01 g。

## 三、试验步骤

(1) 按工程需要取原状土试样，整平其两端，将环刀内壁涂一薄层凡士林，刃口向下放在试样上。

码 1-12　动画-环刀法规范操作

(2) 用切土刀（或钢丝锯）将土样削成略大于环刀直径的土柱。然后将环刀垂直下压，边压边削，至土样伸出环刀为止。将两端余土削去修平，取剩余的代表性土样测定含水率。切取试样后剩余的原状土样，应用蜡纸包好置于保湿器内，以备补做试验之用；切削的余土做物理性试验。

(3) 擦净环刀外壁称量，准确至 0.1 g。

码 1-13　微课-灌砂法规范操作

## 四、试验成果整理

密度及干密度应按式(1-4)、式(1-5)计算，计算至 0.01 g/cm³。

$$\rho = \frac{m_0}{V} \tag{1-4}$$

$$\rho_d = \frac{\rho}{1 + 0.01w} \tag{1-5}$$

码 1-14　微课-灌水法规范操作

码 1-15　微课-密度试验数据处理

式中　$\rho$——试样的湿密度，g/cm$^3$；

$\rho_d$——试样的干密度，g/cm$^3$；

$V$——环刀容积，cm$^3$；

其他符号意义同前。

**【任务说明】**

环刀法测密度时，环刀参数应符合国家现行标准《岩土工程仪器基本参数及通用技术条件》（GB/T 15406—2007）的规定；GB/T 15406—2007 第 5.1.1.2.2 条规定，环刀基本参数如表 1-7 所示。

**表 1-7　环刀基本参数**

| 仪器名称 | 型式 | 内径/mm | 高度/mm | 刃口宽度/mm | 刃口角度/(°) |
|---|---|---|---|---|---|
| 环刀 | 带边 | 61.8,64 | 20,40 | 0.3 | 10 |
| | 不带边 | 40,50,46,61.8,64,70,79.8,100,200 | | | |

## 一、产品结构形式

（1）顶端带边式环刀，见图 1-4。

（2）顶端不带边式环刀，见图 1-5。

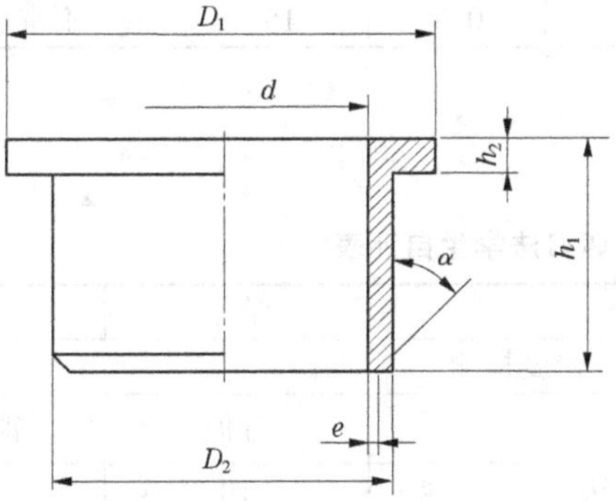


$D_1$—带边环刀外径；$\alpha$—刃口角度；$D_2$—环刀外径；$d$—环刀内径；$h_1$—环刀高度；$e$—刃口宽；$h_2$—环刀边高。

**图 1-4　顶端带边式环刀**

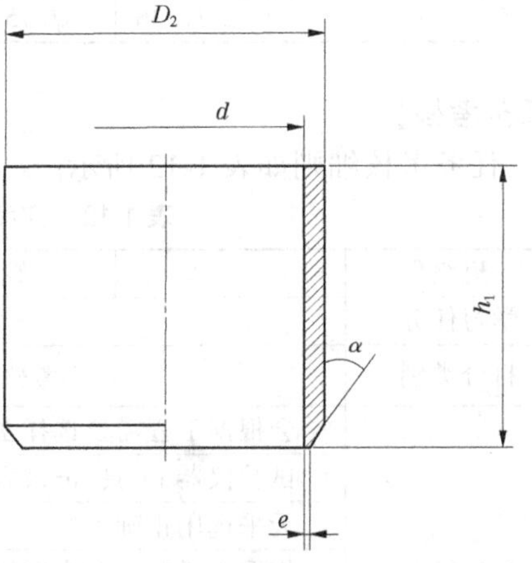


$D_2$—环刀外径；$\alpha$—刃口角度；$h_1$—环刀高度；$d$—环刀内径；$e$—刃口宽。

**图 1-5　不带边式环刀**

## 二、产品规格

(1)取样面积为 30 $cm^2$ 的环刀,其规格尺寸应符合表 1-8 的规定。

表 1-8　面积为 30 $cm^2$ 的环刀

| $h_1$/mm | $D_1$/mm | $d$/mm | $D_2$/mm | $h_2$/mm | $e$/mm | $\alpha$/(°) | 外形 |
|---|---|---|---|---|---|---|---|
| 20 | $\phi$ 70 | $\phi$ 61.8 | $\phi$ 65 | 2.5 | 0.3 | 10 | 带边 |
| 40 | $\phi$ 70 | $\phi$ 61.8 | $\phi$ 65 | 2.5 | 0.3 | 10 | 带边 |
| 20 | — | $\phi$ 61.8 | $\phi$ 65 | — | 0.3 | 10 | 不带边 |

(2)取样面积为 50 $cm^2$ 的环刀,其规格尺寸应符合表 1-9 的规定。

表 1-9　面积为 50 $cm^2$ 的环刀

| $h_1$/mm | $D_1$/mm | $d$/mm | $D_2$/mm | $h_2$/mm | $e$/mm | $\alpha$/(°) | 外形 |
|---|---|---|---|---|---|---|---|
| 20 | $\phi$ 88 | $\phi$ 79.8 | $\phi$ 83 | 2.5 | 0.3 | 10 | 带边 |
| 40 | $\phi$ 88 | $\phi$ 79.8 | $\phi$ 83 | 2.5 | 0.3 | 10 | 带边 |
| 20 | — | $\phi$ 79.8 | $\phi$ 83 | — | 0.3 | 10 | 不带边 |

(3)取样容积为 100 $cm^3$ 的环刀,其规格尺寸应符合表 1-10 的规定。

表 1-10　容积为 100 $cm^3$ 的环刀

| $h_1$/mm | $D_1$/mm | $d$/mm | $D_2$/mm | $h_2$/mm | $e$/mm | $\alpha$/(°) | 外形 |
|---|---|---|---|---|---|---|---|
| 50 | — | $\phi$ 50.46 | $\phi$ 55 | — | 0.3 | 15 | 不带边 |

(4)取样容积为 200 $cm^3$ 的环刀,其规格尺寸应符合表 1-11 的规定。

表 1-11　容积为 200 $cm^3$ 的环刀

| $h_1$/mm | $D_1$/mm | $d$/mm | $D_2$/mm | $h_2$/mm | $e$/mm | $\alpha$/(°) | 外形 |
|---|---|---|---|---|---|---|---|
| 50 | — | $\phi$ 71.36 | $\phi$ 75 | — | 0.3 | 15 | 不带边 |

**【任务考核】**

任务考核细则如表 1-12 所示。

表 1-12　密度试验——环刀法学生自评表

| 班级 | | 姓名 | | 学号 | |
|---|---|---|---|---|---|
| 学习任务 | 密度检测 | | | | |
| 打分类别 | 考核要点 | | | 分值 | 得分 |
| 常规计分项目 | 会根据工程需要选择密度检测方法 | | | 10 | |
| | 试验仪器、工具、记录表等准备齐全 | | | 5 | |
| | 天平选用正确 | | | 5 | |
| | 切取土样时环刀内壁涂抹薄层凡士林正确 | | | 10 | |
| | 整平土样两端 | | | 5 | |
| | 环刀刃口向下放在试样上 | | | 5 | |
| | 用切土刀(或钢丝锯)将土样削成略大于环刀直径的土柱 | | | 10 | |

续表 1-12

| 打分类别 | 考核要点 | 分值 | 得分 |
|---|---|---|---|
| 常规计分项目 | 环刀垂直下压 | 5 | |
| | 边压边削 | 10 | |
| | 压至土样伸出环刀为止 | 5 | |
| | 将两端余土削去修平 | 10 | |
| | 取剩余的代表性土样测定含水率 | 5 | |
| | 擦净环刀外壁称量环刀加土质量，准确至 0.1 g | 5 | |
| | 整个试验过程中试验台面工具仪器摆放整齐、试验结束后台面收拾干净，仪器工具归位并摆放整齐 | 10 | |
| 附加分 | 试验仪器、工具、操作方法等有创新想法 | 10 | |
| | 数据处理有创新 | 5 | |
| | 试验精益求精，具有工匠精神 | 10 | |
| 扣分 | 一旦发现试验中篡改伪造数据，本项目 0 分计 | -100 | |
| | 不能将组内负责任务完成 | -30 | |
| 总计 | | | |

# 任务四　密度试验——蜡封法

**【任务引入】**

某工程已钻孔采取某一位置的原状土样，该土样坚硬易碎、难以切削，请测定其密度。

**【知识储备】**

《土工试验方法标准》(GB/T 50123—2019)规定，当试样易碎裂、难以切削时，可用蜡封法测定其密度。当试样易碎裂时，试样形体一般是不规则的，试样的质量可以用天平称量，但是试样的体积很难计算，所以测定试样密度的关键是测定试样的体积，阿基米德浮力定律可用来测定不规则物体的体积。

阿基米德浮力定律是流体静力学的一个重要原理，它指出，浸入静止流体中的物体受到一个浮力，其大小等于该物体所排开的流体重量，方向竖直向上并通过所排开流体的形心。这一结论是阿基米德首先提出的，故称阿基米德原理。表达式如式(1-6)所示：

$$F_{浮}=\rho_{液} gV_{排} \tag{1-6}$$

因为土样所受的浮力等于土样在空气中称量的重量与在液体中称量的重力差，如式(1-7)所示。由式(1-6)和式(1-7)可得式(1-8)，整理式(1-8)可得式(1-9)，即不规则物体的体积等于该物体在空气中的质量与其在液中的质量差除以液体的密度。

$$F_{浮}=m_{空气中} g-m_{液体中} g \tag{1-7}$$

$$\rho_{液} gV_{排}=m_{空气中} g-m_{液体中} g \tag{1-8}$$

$$V_{排}=\frac{m_{空气中}-m_{液体中}}{\rho_{液}} \tag{1-9}$$

因为土样直接浸没于水中部分矿物可能会溶解甚至崩解分散，所以在土样浸水之前先用蜡把土样封住，以保持土样的原状，这种方法称为蜡封法。

**【任务实施】**

## 一、试验基本要求

为了保证试验的可靠性，对本试验方法规定了平行试验，同时最大允许平行差值应为±0.03 g/cm$^3$。当平行差值超过允许范围时，须核实所取试样的代表性，如有异常，则重新进行测定；如无异常，则应分别列出两次测定结果，以备选用。

## 二、试验仪器

(1)蜡封设备：应附熔蜡加热器。

(2)天平：称量 500 g，分度值 0.1 g；称量 200 g，分度值 0.01 g。

## 三、试验步骤

(1)切取约 30 cm$^3$ 的试样。削去松浮表土及尖锐棱角后，系于细线上称量，准确至 0.01 g，取代表性试样测定含水率。

(2)持线将试样徐徐浸入刚过熔点的蜡中，待全部沉浸后，立即将试样提出。检查涂在试样四周的蜡中有无气泡存在。当有气泡时，应用热针刺破，并涂平孔口。冷却后称蜡封试样质量，准确至 0.1 g。

(3)用线将试样吊在天平(见图 1-6)的一端，并使试样浸没于纯水中称量，准确至 0.1 g。测记纯水的温度。

(4)取出试样，擦干蜡表面的水分，用天平称量蜡封试样，准确至 0.1 g。当试样质量增加时，应另取试样重做试验。

## 四、试验成果整理

湿密度及干密度应按式(1-10)、式(1-5)计算：

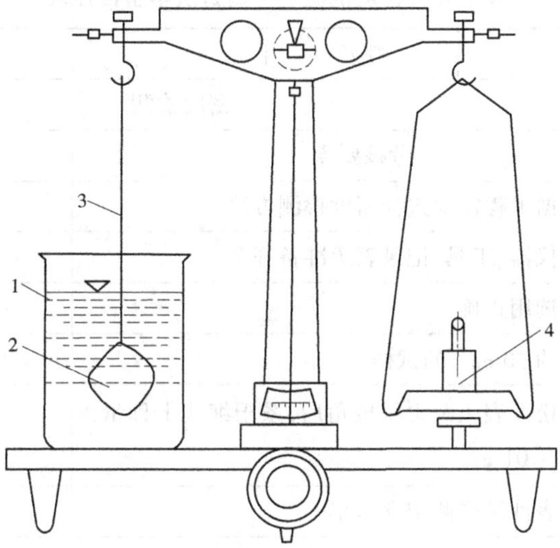


1—盛水杯;2—蜡封试样;3—细线;4—砝码。

图 1-6　天平

$$\rho = \frac{m_0}{\dfrac{m_n - m_{nw}}{\rho_{wT}} - \dfrac{m_n - m_0}{\rho_n}} \tag{1-10}$$

式中　$m_n$——试样加蜡质量,g;

$m_{nw}$——试样加蜡在水中质量,g;

$\rho_{wT}$——纯水在 $T$ ℃时的密度,$g/cm^3$,准确至 0.01 $g/cm^3$;

$\rho_n$——蜡的密度,$g/cm^3$,准确至 0.01 $g/cm^3$。

**【任务说明】**

土样浸入熔解的蜡中密封时,如果蜡的温度过高,对土样的含水率和结构都会造成一定的影响,而温度太低会使蜡熔解不均匀,不易封好蜡皮。《土工试验方法标准》(GB/T 50123—2019)规定蜡的温度控制到刚过熔点。

封蜡时为避免易碎裂土样的扰动和有气泡封闭在土与蜡中间,采用将土样一次徐徐沉浸在蜡中。

蜡封试样在水中的质量与水的密度有关,水的密度随温度而变化,测定水温的目的是消除因水密度变化而产生的影响。

**【任务考核】**

任务考核细则如表 1-13 所示。

表 1-13　密度试验——蜡封法学生自评表

| 班级 | | 姓名 | | 学号 | |
| --- | --- | --- | --- | --- | --- |
| 学习任务 | 密度检测 | | | | |
| 打分类别 | 考核要点 | | | 分值 | 得分 |
| 常规计分项目 | 会根据工程需要选择密度检测方法 | | | 10 | |
| | 试验仪器、工具、记录表等准备齐全 | | | 5 | |
| | 天平选用正确 | | | 5 | |
| | 切取约 30 $cm^3$ 的试样 | | | 5 | |
| | 削去松浮表土及尖锐棱角后，系于细线上称量，准确至 0.01 g | | | 10 | |
| | 取代表性试样测定含水率 | | | 5 | |
| | 将试样徐徐浸入刚过熔点的蜡中 | | | 10 | |
| | 待全部沉浸蜡中后，立即将试样提出 | | | 5 | |
| | 检查涂在试样四周的蜡中有无气泡存在。当有气泡时，应用热针刺破，并涂平孔口 | | | 10 | |
| | 冷却后称蜡封试样质量，准确至 0.1 g | | | 5 | |
| | 试样浸没于纯水中称量，准确至 0.1 g | | | 10 | |
| | 测记纯水的温度 | | | 5 | |
| | 取出试样，擦干蜡表面的水分，用天平称量蜡封试样，准确至 0.1 g | | | 5 | |
| | 判断浮称前后蜡封试样质量是否增加 | | | 10 | |
| 附加分 | 试验仪器、工具、操作方法等有创新想法 | | | 10 | |
| | 数据处理有创新 | | | 5 | |
| | 试验精益求精，具有工匠精神 | | | 10 | |
| 扣分 | 一旦发现试验中篡改伪造数据，本项目 0 分计 | | | -100 | |
| | 不能将组内负责任务完成 | | | -30 | |
| 总计 | | | | | |

# 任务五　比重试验——比重瓶法

**【任务引入】**

图 1-2 所示的小浪底大坝,①区斜心墙为黏土料,在研究土的强度等工程性质时,需要测定土的比重,然后联合土的密度和含水率计算其他物理、力学等性质指标,请测定①区黏土料的比重。

**【知识储备】**

土粒质量与同体积 4 ℃时纯水的质量比,称为土粒比重,符号为 $G_s$,无量纲,表达式如式(1-11)所示:

$$G_s = \frac{m_s}{V_s \rho_{w1}} = \frac{\rho_s}{\rho_{w1}} \tag{1-11}$$

码 1-16　微课-比重试验工程意义

式中　$G_s$——土粒比重;

$m_s$——土粒质量,g;

$V_s$——土粒体积,$cm^3$;

$\rho_s$——土粒密度,$g/cm^3$;

$\rho_{w1}$——纯水在 4 ℃时的密度,等于 1 $g/cm^3$ 或 1 $t/m^3$。

码 1-17　微课-比重试验方法原理

土粒的比重取决于土的矿物成分,一般无机矿物颗粒的比重为 2.5~2.8;有机质为 2.4~2.5;泥炭为 1.5~1.8。无机矿物颗粒形成的土粒的比重变化幅度很小,在试验室内由比重试验测定,也可参考经验数值,土粒比重的参考值见表 1-14。

**表 1-14　土粒比重的参考值**

| 土的名称 | 砂类土 | 粉性土 | 黏性土 | |
|---|---|---|---|---|
| | | | 粉质黏土 | 黏土 |
| 土粒比重 | 2.65~2.69 | 2.70~2.71 | 2.72~2.73 | 2.74~2.76 |

**【任务实施】**

## 一、试验基本要求

### (一)根据土粒粒径选择试验方法

《土工试验方法标准》(GB/T 50123—2019)规定,按照土粒粒径可分别用下列方法进行比重测定:

(1)粒径小于 5 mm 的土,用比重瓶法进行比重测定。

(2)粒径不小于 5 mm 的土,且其中粒径大于 20 mm 的颗粒含量小于 10%时,应用浮称法;粒径大于 20 mm 的颗粒含量不小于 10%时,应用虹吸筒法。

本任务待测土料为黏土料,粒径小于 5 mm,应采用比重瓶法测定其比重。

**(二)进行两次平行试验**

本试验应进行两次平行测定,两次测定的最大允许差值应为±0.02。试验结果取其算术平均值。

**(三)根据土粒成分选择试验液体**

一般土粒的比重应用纯水测定;对含有易溶盐、亲水性胶体或有机质的土,应用煤油等中性液体替代纯水测定。

## 二、试验仪器

(1)比重瓶:容量 100 mL 或 50 mL,分长颈和短颈两种。

(2)天平:称量 200 g,分度值 0.001 g。

(3)恒温水槽:最大允许误差应为±1 ℃。

(4)砂浴:应能调节温度。

(5)真空抽气设备:真空度-98 kPa。

(6)温度计:测量范围 0~50 ℃,分度值 0.5 ℃。

(7)筛:孔径 5 mm。

(8)其他:烘箱、纯水、中性液体、漏斗、滴管。

码 1-18 实操视频-比重瓶法规范操作

码 1-19 动画-比重瓶法规范操作

## 三、试验步骤

**(一)比重瓶的校准**

比重瓶的校准应按下列步骤进行:

(1)将比重瓶洗净,烘干,称量两次,准确至 0.001 g。取其算术平均值,其最大允许平行差值应为±0.002 g。

(2)将煮沸并冷却的纯水注入比重瓶,对长颈比重瓶,达到刻度为止;对短颈比重瓶,注满水,塞紧瓶塞,多余水自瓶塞毛细管中溢出。移比重瓶入恒温水槽。待瓶内水温稳定后,将瓶取出,擦干外壁的水,称瓶、水总质量,准确至 0.001 g。测定两次,取其算术平均值,其最大允许平行差值应为±0.002 g。

(3)将恒温水槽水温以 5 ℃级差调节,逐级测定不同温度下的瓶、水总质量。

(4)以瓶、水总质量为横坐标,温度为纵坐标,绘制瓶、水总质量与温度的关系曲线。

**(二)比重瓶法试验**

比重瓶法试验应按下列步骤进行:

(1)将比重瓶烘干。当使用 100 mL 比重瓶时,应称粒径小于 5 mm 的烘干土 15 g 装入;当使用 50 mL 比重瓶时,应称粒径小于 5 mm 的烘干土 12 g 装入。

(2)可采用煮沸法或真空抽气法排除土中的空气。向已装有干土的比重瓶注入纯水至瓶的一半处,摇动比重瓶,将瓶放在砂浴上煮沸,煮沸时间自悬液沸腾起计,砂土不得少于 30 min,细粒土不得少于 1 h。煮沸时应注意不使土液溢出瓶外。

(3)将纯水注入比重瓶,当采用长颈比重瓶时,注水至略低于瓶的刻度处;当采用短颈比重瓶时,应注水至近满,有恒温水槽时,可将比重瓶放于恒温水槽内。待瓶内悬液温度稳定及瓶上部悬液澄清。

(4)当采用长颈比重瓶时，用滴管调整液面恰至刻度处，以弯液面下缘为准，擦干瓶外及瓶内壁刻度以上部分的水，称瓶、水、土总质量；当采用短颈比重瓶时，塞好瓶塞，使多余水分自瓶塞毛细管中溢出，将瓶外水分擦干后，称瓶、水、土总质量。称量后应测定瓶内水的温度。

(5)根据测得的温度，从已绘制的温度与瓶、水总质量关系中查得瓶、水总质量。

(6)当土粒中含有易溶盐、亲水性胶体或有机质时，测定其土粒比重应用中性液体代替纯水，用真空抽气法代替煮沸法，排除土中空气。抽气时真空度应接近一个大气负压值(−98 kPa)，抽气时间可为1~2 h，直至悬液内无气泡逸出时。其余步骤应按上述步骤(3)~步骤(5)的规定进行。

(7)本试验称量应准确至0.001 g，温度应准确至0.5 ℃。

码1-20　微课-比重瓶法数据处理

## 四、试验成果整理

土粒比重应按下列公式计算：

(1)用纯水测定时：

$$G_s = \frac{m_d}{m_{bw} + m_d - m_{bws}} G_{wT} \tag{1-12}$$

式中　$m_{bw}$——比重瓶、水总质量，g；

$m_{bws}$——比重瓶、水、干土总质量，g；

$G_{wT}$——$T$ ℃时纯水的比重(可查物理手册)，准确至0.001。

(2)用中性液体测定时：

$$G_s = \frac{m_d}{m_{bk} + m_d - m_{bks}} G_{kT} \tag{1-13}$$

式中　$m_{bk}$——瓶、中性液体总质量，g；

$m_{bks}$——瓶、中性液体、干土总质量，g；

$G_{kT}$——$T$ ℃时中性液体的比重(实测得)，准确至0.001。

**【任务说明】**

(1)比重瓶大小的选择。目前，各单位多采用100 mL的比重瓶，也有采用50 mL的。通过试验比较，认为瓶的大小对比重成果影响不大。用100 mL的比重瓶可多取些试样，使试样的代表性和试验的准确度提高。《土工试验方法标准》(GB/T 50123—2019)建议采用100 mL的比重瓶，但也允许采用50 mL的比重瓶。

(2)试样的烘干。用比重瓶法测定土粒比重，目前绝大多数试验室都采用烘干土，认为可减少计算中的累计误差，也适合于含有机质、易溶盐、亲水性胶体等的土用中性液体测定。同时认为烘焙对土中胶体的影响并无害处。因此，标准中采用烘干土。但也有人认为试样在高温下烘焙会引起土中胶体的变化，也会引起有机质土中腐殖物烧失，如美国陆军水道实验站工程手册中提到特别是对那些有机质含量高的土一经烘干后往往难以重新湿润。对这些土，首先可不预先烘干即做试验，待试验结束后，再测定试样的烘干质量。因此，在实际工作中如遇有某些土用烘干土测定会影响试验成果时，也可采用风干土或天然土用纯水测定，试验结束后，再测定试样的烘干质量。

(3)试验用水。《土工试验方法标准》(GB/T 50123—2019)规定,一般土粒的比重试验用水为纯水,对于含有易溶盐、亲水性胶体或有机质的土,须用中性液体代替纯水测定。这是因为含有机质、易溶盐、亲水性胶体的土与水相互作用时,使靠近土粒表面的水密度大,使一定容积内的瓶、水、土总质量增大,比重值亦相应增大。对含水溶盐的土,则由于盐类部分或全部溶于水中,同样会使瓶、水、土总质量增大,也会使比重值增大。关于中性液体,目前多采用煤油,也有采用苯或酒精的。

(4)排气方法。标准中仍以煮沸法为主,此法简单易行,效果好。如需用中性液体时,则采用真空抽气法。砂土煮沸时砂粒容易跳出,亦允许用真空抽气法代替煮沸法。

**【任务考核】**

任务考核细则如表 1-15 所示。

**表 1-15 比重试验——比重瓶法学生自评表**

| 班级 | | 姓名 | | 学号 | |
|---|---|---|---|---|---|
| 学习任务 | 比重试验检测 | | | | |
| 打分类别 | 考核要点 | | | 分值 | 得分 |
| 常规计分项目 | 会根据工程需要选择比重检测方法 | | | 10 | |
| | 试验仪器、工具、记录表等准备齐全 | | | 5 | |
| | 天平选用正确 | | | 5 | |
| | 比重瓶烘干、土样烘干 | | | 5 | |
| | 比重瓶内加土样的粒径和质量正确 | | | 10 | |
| | 比重瓶内土样煮沸排气时的加水量、煮沸时间正确 | | | 5 | |
| | 煮沸时没有土液溢出 | | | 10 | |
| | 煮沸后恒温时的加水量正确 | | | 5 | |
| | 恒温标准正确:悬液温度稳定及瓶上部悬液澄清 | | | 10 | |
| | 恒温后瓶内加水量正确 | | | 5 | |
| | 恒温后称量瓶、水、土总质量正确 | | | 10 | |
| | 称量瓶、水、土总质量后测定瓶内水温正确 | | | 5 | |
| | 试验记录表计算修约正确 | | | 5 | |
| | 两次平行试验结果差小于等于最大允许平行差值要求 | | | 5 | |
| | 试验记录表计算结果正确 | | | 5 | |
| 附加分 | 试验仪器、工具、操作方法等有创新想法 | | | 10 | |
| | 数据处理有创新 | | | 5 | |
| | 试验精益求精,具有工匠精神 | | | 10 | |
| 扣分 | 一旦发现试验中篡改伪造数据,本项目 0 分计 | | | -100 | |
| | 不能将组内负责任务完成 | | | -30 | |
| 总计 | | | | | |

# 任务六　比重试验——浮称法

【任务引入】

图 1-2 所示的小浪底大坝，②A区为斜心墙下游的第一层反滤层，采用 0.1～20 mm 土料分层碾压填筑而成。在研究土的强度等工程性质时，需要测定土的比重，然后联合土的密度和含水率计算其他物理、力学等性质指标，请测定②A区反滤层土粒的比重。

【知识储备】

式(1-3)土粒比重的定义式中，土粒的质量可以通过称量烘干土的质量得到，4 ℃时纯水的密度已知，为 1 g/cm$^3$，所以测定土粒比重的关键是测定土粒的体积。因为土中的土粒众多、大小不一且形状也不规则，所以土粒体积很难计算得到。在任务四蜡封法测密度中，我们将学习利用阿基米德原理测定不规则物体的体积，那么我们也可以利用阿基米德原理测定众多土粒的体积，因为需要在水中称量土粒的质量，所以该方法我们称为浮称法。因为土粒中存在开口孔隙，所以我们在浮称土粒的质量时先要将土粒浸泡，使孔隙中充满水，然后取出土粒，擦去其表面水分称量其质量（得到土粒的饱和面干质量），最后通过计算可得到土粒的体积。

【任务实施】

## 一、试验基本要求

### (一)根据土粒粒径选择试验方法

②A区反滤层土料的粒径为 0.1～20 mm，根据《土工试验方法标准》(GB/T 50123—2019)，土料中粒径小于 5 mm 的土粒用比重瓶法测定；又因为该土料中 5 mm 以上的土粒中粒径大于 20 mm 的颗粒含量为 0，小于 10%，所以大于 5 mm 的土粒比重采用浮称法测定；②A区反滤层土粒的比重最终由比重瓶法和浮称法测得的结果综合计算得到。比重瓶法的测定方法在任务五中已经学过，所以本任务主要学习浮称法的测定方法。

### (二)确定平行试验次数及选择试验液体

本试验对平行试验及试验液体的要求同比重瓶法。

## 二、试验仪器

(1)铁丝筐：孔径小于 5 mm，直径为 10～15 cm，高为 10～20 cm。

(2)盛水容器：适合铁丝筐沉入。

(3)浮称天平(见图 1-7)或秤：称量 2 kg，分度值 0.2 g；称量 10 kg，分度值 1 g。

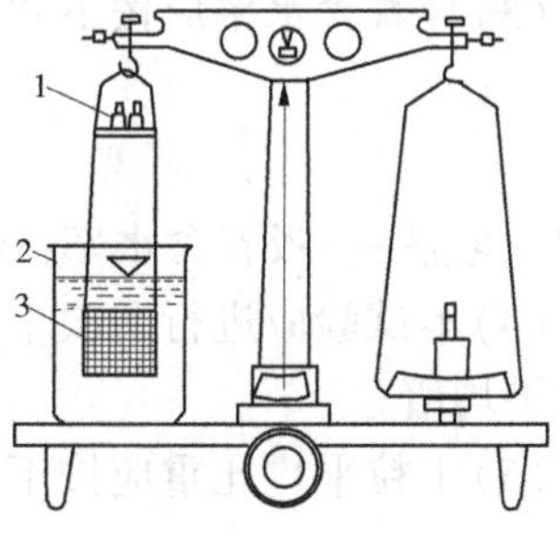


1—调天平平衡砝码盘；
2—盛水容器；3—盛粗粒土的铁丝筐。

**图 1-7　浮称天平**

(4)筛:孔径为 5 mm、20 mm。

(5)其他:烘箱、温度计。

码 1-21　实操视频-浮称法规范操作

## 三、试验步骤

(1)取粒径不小于 5 mm,且其中粒径大于 20 mm 的颗粒含量小于 10%的代表性试样 500~1 000 g,当采用秤称时,称取 1~2 kg。

(2)冲洗试样,直至颗粒表面无尘土和其他污物。

(3)将试样浸在水中 24 h 后取出,将试样放在湿毛巾上擦干表面,即为饱和面干试样,称取饱和面干试样质量后,立即放入铁丝筐,缓缓浸没于水中,并在水中摇晃至无气泡逸出时为止。

(4)称铁丝筐和试样在水中的总质量。

(5)取出试样烘干、称量。

(6)称铁丝筐在水中质量,并应测量容器内水的温度,准确至 0.5 ℃。

(7)本试验称量应准确至 0.2 g。

## 四、试验成果整理

(1)土粒比重应按下式计算:

$$G_s = \frac{m_d}{m_d - (m_{ks} - m_k)} G_{wT} \tag{1-14}$$

式中　$m_{ks}$——试样加铁丝筐在水中总质量,g;

$m_k$——铁丝筐在水中质量,g。

(2)干比重应按下式计算:

$$G'_s = \frac{m_d}{m_b - (m_{ks} - m_k)} G_{wT} \tag{1-15}$$

式中　$m_b$——饱和面干试样质量,g;

其他符号含义同前。

(3)吸着含水率应按下式计算:

$$w_{ab} = \left(\frac{m_b}{m_d} - 1\right) \times 100 \tag{1-16}$$

式中　$w_{ab}$——吸着含水率(%),计算至 0.1%。

(4)本试验应进行两次平行测定,两次测定最大允许差值应为±0.02,试验结果取其算术平均值。

(5)土粒平均比重应按下式计算:

$$G_s = \frac{1}{\dfrac{P_5}{G_{s1}} + \dfrac{1 - P_5}{G_{s2}}} \tag{1-17}$$

式中　$P_5$——粒径大于 5 mm 的土粒占总质量的含量,以小数计;

$G_{s1}$——粒径大于 5 mm 的土粒的比重；

$G_{s2}$——粒径小于 5 mm 的土粒的比重。

**【任务说明】**

粗、细土粒混合测定问题。天然土常由粗细颗粒混合而成，对这类土的比重应区别情况进行测定，以不影响准确度为原则。当其中粒径大于 5 mm 的粗粒含量较少时，可直接用比重瓶法一次测定。也允许将少量粒径大于 5 mm 的颗粒打碎拌和均匀后取样，颗粒打碎有助于排除孔隙里的空气。当粒径大于 5 mm 的粗粒含量较多时，根据实际情况分别用浮称法（或虹吸筒法）和比重瓶法测定，然后再求其加权平均值。

**【任务考核】**

任务考核细则如表 1-16 所示。

**表 1-16　比重试验——浮称法学生自评表**

| 班级 | | 姓名 | 学号 | |
|---|---|---|---|---|
| 学习任务 | 比重试验检测 | | | |
| 打分类别 | 考核要点 | | 分值 | 得分 |
| 常规计分项目 | 会根据工程需要选择比重检测方法 | | 10 | |
| | 试验仪器、工具、记录表等准备齐全 | | 5 | |
| | 天平选用正确 | | 5 | |
| | 取粒径不小于 5 mm，且其中粒径大于 20 mm 的颗粒含量小于 10%的代表性试样 500～1 000 g，当采用秤称时，称取 1～2 kg | | 5 | |
| | 冲洗试样，直至颗粒表面无尘土和其他污物 | | 10 | |
| | 将试样浸在水中 24 h 后取出，将试样放在湿毛巾上擦干表面，即为饱和面干试样，称取饱和面干试样质量 | | 5 | |
| | 将盛有试样的铁丝筐缓缓浸没于水中，并在水中摇晃，至无气泡逸出时为止 | | 10 | |
| | 称铁丝筐和试样在水中的总质量 | | 5 | |
| | 试样烘干、称量 | | 10 | |
| | 称铁丝筐在水中质量 | | 5 | |
| | 测量容器内水的温度，准确至 0.5 ℃ | | 10 | |
| | 本试验称量应准确至 0.2 g | | 5 | |
| | 试验记录表计算修约正确 | | 5 | |
| | 两次平行试验结果差小于等于最大允许平行差值要求 | | 5 | |
| | 试验记录表计算结果正确 | | 5 | |
| 附加分 | 试验仪器、工具、操作方法等有创新想法 | | 10 | |
| | 数据处理有创新 | | 5 | |
| | 试验精益求精，具有工匠精神 | | 10 | |
| 扣分 | 一旦发现试验中篡改伪造数据，本项目 0 分计 | | −100 | |
| | 不能将组内负责任务完成 | | −30 | |
| 总计 | | | | |

# 任务七　比重试验——虹吸筒法

【任务引入】

图 1-2 所示的小浪底大坝，②B区为斜心墙下游的第二层反滤层，采用 5~60 mm 的土料分层碾压填筑而成，在研究土的强度等工程性质时，需要测定土的比重，然后联合土的密度和含水率计算其他物理、力学等性质指标，请测定②B区反滤层土粒的比重。

【知识储备】

任务四中，我们利用阿基米德浮力定律通过浮称的方法求得了土块和土粒的体积，那么还有其他办法可以得到不规则物体的体积吗？还有一种试验的方法，那就是排水法测体积。方法是将一个开口容器里注满水，然后将不规则的物体放入盛满水的容器中，那么容器中排出水的体积就是不规则物体的体积(见图 1-8)。

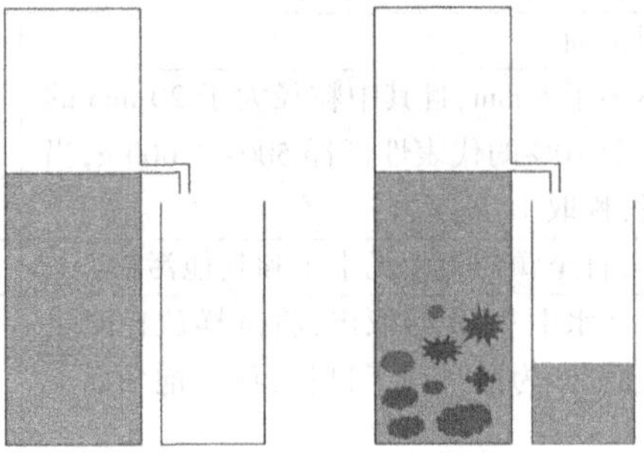

图 1-8　排水法测体积示意图

【任务实施】

## 一、试验基本要求

### (一)根据土粒粒径选择试验方法

②B区土料粒径为 5~60 mm，取②B区代表性土样 1 000~7 000 g，称量记录土样质量，再将筛上土样过 20 mm 筛，并称量、记录筛上和筛下土粒质量，计算得粒径大于 20 mm 的颗粒含量大于 10%，根据《土工试验方法标准》(GB/T 50123—2019)，应采用虹吸筒法检测②B区土粒比重。

### (二)确定平行试验次数及选择试验液体

本试验对平行试验及试验液体的要求同比重瓶法。

## 二、试验仪器

(1)虹吸筒(见图 1-9)。

(2)台秤：称量 10 kg，分度值 1 g。

(3)量筒：容量大于 2 000 mL。

码 1-22　动画-虹吸筒法规范操作

（4）筛：孔径 5 mm、20 mm。

（5）其他：烘箱、温度计、搅拌棒。

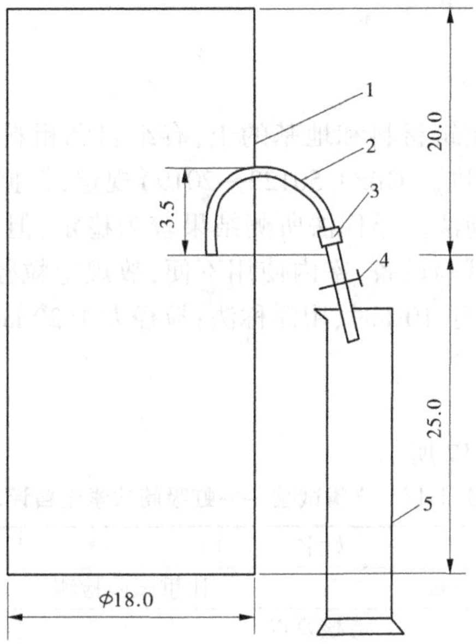


1—虹吸筒；2—虹吸管；3—橡皮管；4—管夹；5—量筒。

**图 1-9　虹吸筒**　（单位：cm）

## 三、试验步骤

（1）取粒径不小于 5 mm，且其中粒径不小于 20 mm 的颗粒含量大于 10%的代表性试样 1 000~7 000 g。

（2）将试样冲洗，直至颗粒表面无尘土和其他污物。

（3）将试样浸在水中 24 h 后取出，晾干（或用布擦干）其表面水分，称量。

（4）注清水入虹吸筒，至管口有水溢出时停止注水。待管口不再有水流出后，关闭管夹，将试样缓缓放入筒中，边放边使用搅拌棒搅拌，至无气泡逸出时为止，搅动时勿使水溅出筒外。

（5）待虹吸筒中水面平静后，打开管夹，让试样排开的水通过虹吸管流入量筒中。

（6）称量筒与水总质量。测量筒内水的温度，准确至 0.5 ℃。

（7）取出虹吸筒内试样，烘干、称量。

（8）本试验称量应准确至 1 g。

## 四、试验成果整理

比重应按下式计算：

$$G_s=\frac{m_d}{(m_{cw}-m_c)-(m_{ad}-m_d)}G_{wT} \tag{1-18}$$

式中 $m_{cw}$——量筒加排开水总质量,g;

$m_c$——量筒质量,g;

$m_{ad}$——晾干试样质量,g;

其他符号意义同前。

**【任务说明】**

在工程建设中,作为建筑材料和地基的土,有细料和粗料(以粒径 5 mm 为界限)之分,因此《土工试验方法标准》(GB/T 50123—2019)规定,根据土颗粒粒径大小分别采用比重瓶法、浮称法和虹吸筒法。浮称法所测结果较为稳定,但当粒径大于 20 mm 的粗粒较多时,用该方法将增加试验设备,室内使用不便,故规定粒径大于 5 mm 的试样中粒径大于 20 mm 的颗粒含量小于 10%时,用浮称法;粒径大于 20 mm 的颗粒含量大于 10%时,用虹吸筒法。

**【任务考核】**

任务考核细则如表 1-17 所示。

**表 1-17 比重试验——虹吸筒法学生自评表**

| 班级 | | 姓名 | | 学号 | |
|---|---|---|---|---|---|
| 学习任务 | 比重试验检测 | | | | |
| 打分类别 | 考核要点 | | | 分值 | 得分 |
| 常规计分项目 | 会根据工程需要选择比重检测方法 | | | 10 | |
| | 试验仪器、工具、记录表等准备齐全 | | | 5 | |
| | 天平选用正确 | | | 5 | |
| | 取粒径不小于 5 mm,且其中粒径不小于 20 mm 的颗粒含量大于 10%的代表性试样 1 000~7 000 g | | | 5 | |
| | 冲洗试样,直至颗粒表面无尘土和其他污物 | | | 10 | |
| | 将试样浸在水中 24 h 后取出,晾干(或用布擦干)其表面水分,称量 | | | | |
| | 注清水入虹吸筒,至管口有水溢出时停止注水。待管口不再有水流出后,关闭管夹 | | | 10 | |
| | 将试样缓缓放入筒中,边放边使用搅拌棒搅拌,至无气泡逸出时为止,搅动时勿使水溅出筒外 | | | 5 | |
| | 待虹吸筒中水面平静后,开管夹,让试样排开的水通过虹吸管流入量筒中 | | | 10 | |
| | 称量筒与水总质量 | | | 5 | |
| | 测量筒内水的温度,准确至 0.5 ℃ | | | 10 | |
| | 取出虹吸筒内试样,烘干、称量 | | | 5 | |
| | 试验记录表计算修约正确 | | | 5 | |
| | 两次平行试验结果差小于等于最大允许平行差值要求 | | | 5 | |
| | 试验记录表计算结果正确 | | | 5 | |

续表 1-17

| 打分类别 | 考核要点 | 分值 | 得分 |
|---|---|---|---|
| 附加分 | 试验仪器、工具、操作方法等有创新想法 | 10 | |
| | 数据处理有创新 | 5 | |
| | 试验精益求精，具有工匠精神 | 10 | |
| 扣分 | 一旦发现试验中篡改伪造数据，本项目 0 分计 | -100 | |
| | 不能将组内负责任务完成 | -30 | |
| 总计 | | | |

# 任务八　颗粒分析试验——筛析法

**【任务引入】**

图 1-2 所示的小浪底大坝，②A和②B区为反滤层，作用是防止渗流带走心墙黏土粒，防止坝体发生渗透破坏。反滤层的反滤效果与其颗粒级配情况密切相关，所以施工之前需要检测反滤料的颗粒级配情况，级配合格才能用于施工。②A区采用 0.1~20 mm 土料，②B区采用 5~60 mm 土料，请测定②A区和②B区反滤层土料的颗粒级配。

码 1-23　微课-颗分试验工程意义

**【知识储备】**

土粒的个体特征主要包括土粒的大小和形状。物理风化形成的土颗粒较粗，其形状呈块状或粒状，随着搬运或风化程度不同而呈现不同的形状；化学风化形成的颗粒细小，土粒主要呈片状。自然界中的土是土粒的集合体，是由大小不同的土粒组成的。土粒的粒径由粗到细逐渐变化时土的性质相应地发生变化。工程上，通常把工程性质相近的土粒分为一组，称为粒组。划分粒组的分界尺寸称为界限粒径。目前，土的粒组划分方法并不完全一致，表 1-18 列出了《土的工程分类标准》(GB/T 50145—2007)和《公路土工试验规程》(JTG 3430—2020)中粒组的划分方法，表中根据界限粒径 200 mm、60 mm、2 mm、0.075 mm 和 0.005(0.002) mm 把土粒分为六大粒组：漂石或块石颗粒、卵石或碎石颗粒、砾粒、砂粒、粉粒及黏粒。

码 1-24　微课-颗分试验方法原理

表 1-18　土的粒组划分方法

| 粒组统称 | 粒组粒径范围/mm | 标准名称 | | | |
|---|---|---|---|---|---|
| | | 《土的工程分类标准》(GB/T 50145—2007) | | 《公路土工试验规程》(JTG 3430—2020) | |
| 巨粒 | $d>200$ | 漂石(块石) | | 漂石(块石) | |
| | $60<d\leqslant200$ | 卵石(碎石) | | 卵石(小块石) | |
| 粗粒 | $20<d\leqslant60$ | 砾粒 | 粗砾 | 砾粒 | 粗砾 |
| | $5<d\leqslant20$ | | 中砾 | | 中砾 |
| | $2<d\leqslant5$ | | 细砾 | | 细砾 |
| | $0.5<d\leqslant2$ | 砂粒 | 粗砂 | 砂粒 | 粗砂 |
| | $0.25<d\leqslant0.5$ | | 中砂 | | 中砂 |
| | $0.075<d\leqslant0.25$ | | 细砂 | | 细砂 |
| 细粒 | $0.005<d\leqslant0.075$ | 粉粒 | | $0.002<d\leqslant0.075$ | 黏粒 |
| | $d\leqslant0.005$ | 黏粒 | | $d\leqslant0.002$ | 粉粒 |

土体的粒组组成及百分含量不同,土的工程性质差异很大。工程中常用各粒组的相对含量,即各粒组占总质量的百分数来表示,称为土的颗粒级配。颗粒级配是反映无黏性土工程性质的一项重要指标,也是粗粒类土分类定名的一项重要指标。

根据颗粒级配的概念,如果能将土中各粒组分离开,然后分别称重,那么就能计算出土中各粒组的相对含量,得到土的颗粒级配情况了。对于粒径大于 0.075 mm 的土,用一套不同孔径的标准筛可以将土中的各粒组分开,然后计算出土中各粒组的相对含量,这种颗粒级配试验方法称为筛析法。对于粒径小于 0.075 mm 的土,可以根据土颗粒粗细不同,在水中下沉的速度也不同这一规律,将土置于水中进行沉降分析,沉降分析时需要测得悬液的密度。如果用密度计测得密度,称为密度计法;如果用移液管测得密度,称为移液管法。当土中同时含有大于和小于 0.075 mm 的土粒时,需要联合使用筛析法和沉降分析法,并将试验结果合并。

试验结果整理,是以小于某粒径的试样质量占试样总质量的百分数为纵坐标,颗粒粒径为横坐标,在单对数坐标上绘制颗粒级配曲线(见图 1-10)。

从颗粒级配曲线形状上,可以大致判断土粒均匀程度和级配是否良好。如果曲线较陡,表示粒径大小相差不多,土粒较均匀,那么土中颗粒之间的孔隙没有较小的颗粒来填充,所以级配不良。反之,如果曲线平缓,则表示粒径大小相差悬殊,土粒不均匀,中颗粒可以填充到大颗粒的孔隙,小颗粒可以填充到中颗粒的孔隙,土体容易密实,所以级配良好。

为了定量地评判土的颗粒级配情况,一般根据颗粒级配曲线计算不均匀系数 $C_u$ 和曲率系数 $C_c$,计算方法如式(1-19)和式(1-20)所示,然后根据 $C_u$ 和 $C_c$ 的数值判断级配是否良好。

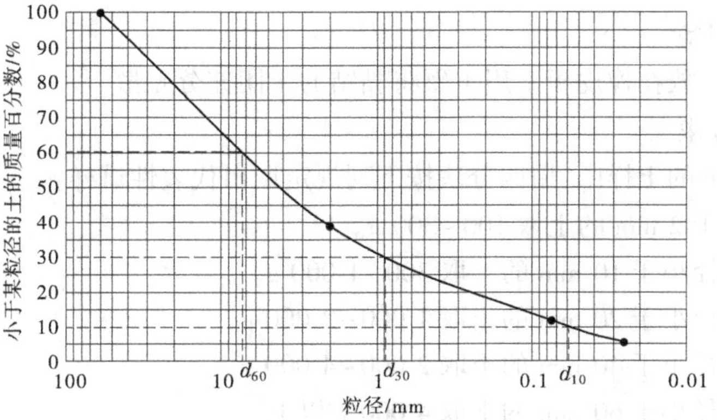


**图 1-10　土的颗粒级配曲线**

$$C_u = \frac{d_{60}}{d_{10}} \tag{1-19}$$

$$C_c = \frac{d_{30}^2}{d_{10}d_{60}} \tag{1-20}$$

式中　$d_{10}$——颗粒级配曲线上小于某粒径的土粒含量分别为 10%粒径，也称为有效粒径；

$d_{30}$——颗粒级配曲线上小于某粒径的土粒含量分别为 30%粒径；

$d_{60}$——颗粒级配曲线上小于某粒径的土粒含量分别为 60%粒径，也称为限制粒径。

一般情况下，工程上把 $C_u < 5$ 的土看作是均粒土，属于级配不良；$C_u > 10$ 的土属于级配良好。对于级配连续的土，单一采用指标 $C_u$，即可达到比较满意的判别结果。但是对于级配不连续的土，缺乏中间粒径，颗粒级配曲线呈现台阶状，单一采用指标 $C_u$，难以有效判定土的级配好与差，需要联合曲率系数 $C_c$ 共同判定土的级配，需要同时满足 $C_u \geq 5$ 和 $C_c = 1 \sim 3$ 两个条件时，则为级配良好，否则为级配不良。

**【任务实施】**

## 一、试验基本要求

### (一) 根据土粒粒径选择试验方法

土的颗粒分析试验方法分为筛析法、密度计法、移液管法。《土工试验方法标准》(GB/T 50123—2019)规定土的颗粒大小及级配情况，可分别采用下列 4 种方法：

(1)筛析法：适用于粒径为 0.075~60 mm 的土。

(2)密度计法：适用于粒径小于 0.075 mm 的土。

(3)移液管法：适用于粒径小于 0.075 mm 的土。

(4)当土中粗细兼有时，应联合使用筛析法和密度计法或筛析法和移液管法。

本任务中②Ⓐ区和②Ⓑ区反滤层土料的粒径基本都大于 0.075 mm 小于 60 mm 时，需要采用筛析法进行颗粒分析试验。

**(二)试样制备**

将土样风干,放在橡皮板上用土碾将黏结的土团充分碾散。

**(三)取样要求**

从风干、松散的土样中,用四分法按下列规定取出代表性试样:

(1)粒径小于 2 mm 的土取 100~300 g。

(2)最大粒径小于 10 mm 的土取 300~1 000 g。

(3)最大粒径小于 20 mm 的土取 1 000~2 000 g。

(4)最大粒径小于 40 mm 的土取 2 000~4 000 g。

(5)最大粒径小于 60 mm 的土取 4 000 g 以上。

## 二、试验仪器

(1)试验筛:应符合现行国家标准《试验筛 技术要求和检验 第 1 部分:金属丝编织网试验筛》(GB/T 6003.1—2022)的规定。

(2)粗筛:孔径为 60 mm、40 mm、20 mm、10 mm、5 mm、2 mm。

(3)细筛:孔径为 2.0 mm、1.0 mm、0.5 mm、0.25 mm、0.1 mm、0.075 mm。

(4)天平:称量 1 000 g,分度值 0.1 g;称量 200 g,分度值 0.01 g。

(5)台秤:称量 5 kg,分度值 1 g。

(6)振筛机:应符合《实验室用标准筛振荡机技术条件》(DZ/T 0118)的规定。

(7)其他:烘箱、量筒、漏斗、瓷杯、附带橡皮头研杵的研钵、瓷 盘、毛刷、匙、木碾。

## 三、试验步骤

**(一)砂砾土筛析法**

砂砾土筛析法应按下列步骤进行:

(1)按取样要求的数量取出试样,称量应准确至 0.1 g;当试样质量大于 500 g 时,应准确至 1 g。

(2)将试样过 2 mm 细筛,分别称出筛上和筛下土质量。

(3)若 2 mm 筛下的土小于试样总质量的 10%,则可省略细筛筛析。若 2 mm 筛上的土小于试样总质量的 10%,则可省略粗筛筛析。

(4)取 2 mm 筛上试样倒入依次叠好的粗筛的最上层筛中;取 2 mm 筛下试样倒入依次选好的细筛的最上层筛中,进行筛析。细筛宜放在振筛机上振摇,振摇时间应为 10~15 min。

(5)由最大孔径筛开始,顺序将各筛取下,在白纸上用手轻叩摇晃筛,当仍有土粒漏下时,应继续轻叩摇晃筛,至无土粒漏下为止。漏下的土粒应全部放入下级筛内。并将留在各筛上的试样分别称量,当试样质量小于 500 g 时,准确至 0.1 g。

(6)筛前试样总质量与筛后各级筛上和筛底试样质量的总和的差值不得大于试样总质量的 1%。

**(二)含有黏土粒的砂砾土**

含有黏土粒的砂砾土应按下列步骤进行：

(1)从风干碾散的土样中，按上述取样要求称取代表性试样，置于盛有清水的瓷盆中，用搅棒搅拌，使试样充分浸润和粗细颗粒分离。

(2)将浸润后的混合液过 2 mm 细筛，边搅拌边冲洗边过筛，直至筛上仅留大于 2 mm 的土粒。然后将筛上的土烘干称量，准确至 0.1 g。按试验步骤中步骤(3)~步骤(5)的规定进行粗筛筛析。

(3)用带橡皮头的研杵研磨粒径小于 2 mm 的混合液，待稍沉淀，将上部悬液过 0.075 mm 筛。再向瓷盆加清水研磨，静置过筛。如此反复，直至盆内悬液澄清。最后将全部土料倒在 0.075 mm 筛上，用水冲洗，直至筛上仅留粒径大于 0.075 mm 的净砂为止。

(4)将粒径大于 0.075 mm 的净砂烘干称量，准确至 0.01 g。并按试验步骤中步骤(3)~步骤(5)的规定进行细筛筛析。

(5)将粒径大于 2 mm 的土和粒径为 0.075~2 mm 的土的质量从原取土总质量中减去，即得粒径小于 0.075 mm 的土的质量。

(6)当粒径小于 0.075 mm 的试样质量大于总质量的 10%时，应按密度计法或移液管法测定粒径小于 0.075 mm 的颗粒组成。

## 四、试验成果整理

(1)计算小于某粒径的试样质量占试样总质量的百分数。

按下式计算：

$$X=\frac{m_A}{m_B}d_x \tag{1-21}$$

式中 $X$——小于某粒径的试样质量占试样总质量的百分数(%)；

$m_A$——小于某粒径的试样质量，g；

$m_B$——当细筛分析时或用密度计法分析时所取试样质量(粗筛分析时则为试样总质量)，g；

$d_x$——粒径小于 2 mm 或粒径小于 0.075 mm 的试样质量占总质量的百分数(%)。

(2)绘制颗粒大小分布曲线。

以小于某粒径的土的质量百分数为纵坐标，粒径为横坐标，在单对数坐标上绘制颗粒级配曲线。当与筛析法联合分析时，应将两段曲线绘成一平滑曲线。

(3)计算不均匀系数和曲率系数，判断颗粒级配情况。

按式(1-20)和式(1-21)计算不均匀系数 $C_u$ 和曲率系数 $C_c$，并判断土的颗粒级配情况是否良好。

**【任务说明】**

关于试样的用量，以往有的标准规定按粒径大于 2 mm 的含量百分数来确定取样量。根据以往经验，按上述方法确定试样用量，在实际工作中是不便于掌握的。鉴于土样中粗颗粒的含量(以质量计)一般与颗粒的大小有关，因而以最大颗粒粒径为标准来确定试样的用量，比较直观易于掌握。

**【任务考核】**

任务考核细则如表 1-19 所示。

**表 1-19 颗粒分析试验——筛析法学生自评表**

<table>
<tr><td>班级</td><td colspan="2"></td><td>姓名</td><td></td><td>学号</td><td></td></tr>
<tr><td>学习任务</td><td colspan="6">颗粒级配检测</td></tr>
<tr><td>打分类别</td><td colspan="4">考核要点</td><td>分值</td><td>得分</td></tr>
<tr><td rowspan="5">常规计分项目</td><td colspan="4">会根据土样选择颗粒分析试验方法</td><td>10</td><td></td></tr>
<tr><td colspan="4">试验仪器、工具、记录表等准备齐全</td><td>5</td><td></td></tr>
<tr><td colspan="4">天平选用正确</td><td>5</td><td></td></tr>
<tr><td colspan="4">取试样具有代表性</td><td>5</td><td></td></tr>
<tr><td colspan="4">取试样数量正确</td><td>5</td><td></td></tr>
<tr><td rowspan="11">常规计分项目</td><td rowspan="4">砂砾土</td><td colspan="3">取试样后过 2 mm 筛</td><td>5</td><td></td></tr>
<tr><td colspan="3">粗筛和细筛振摇正确</td><td>10</td><td></td></tr>
<tr><td colspan="3">称量各筛上试样质量时，按顺序将各筛取下，在白纸上用手轻叩摇晃筛，当仍有土粒漏下时，应继续轻叩摇晃筛，至无土粒漏下为止。漏下的土粒应全部放入下级筛内。并将留在各筛上的试样分别称量，当试样质量小于 500 g 时，准确至 0.1 g</td><td>10</td><td></td></tr>
<tr><td colspan="3">筛前试样总质量与筛后各级筛上和筛底试样质量的总和的差值不得大于试样总质量的 1%</td><td>5</td><td></td></tr>
<tr><td rowspan="7">含有黏土粒的砂砾土</td><td colspan="3">土样碾散、取土具有代表性</td><td>5</td><td></td></tr>
<tr><td colspan="3">浸泡和搅拌土样，使土样充分浸润和粗细颗粒分离</td><td>5</td><td></td></tr>
<tr><td colspan="3">浸润后的混合液过 2 mm 细筛，边搅拌边冲洗边过筛，直至筛上仅留大于 2 mm 的土粒</td><td>5</td><td></td></tr>
<tr><td colspan="3">将 2 mm 筛上的土烘干称量，准确至 0.1 g，进行粗筛筛析</td><td>5</td><td></td></tr>
<tr><td colspan="3">小于 2 mm 的混合液，反复加清水研磨，静置过 0.075 mm 筛。直至盆内悬液澄清，筛上仅留粒径大于 0.075 mm 的净砂</td><td>5</td><td></td></tr>
<tr><td colspan="3">计算粒径小于 0.075 mm 的试样的质量，当粒径小于 0.075 mm 的试样质量大于总质量的 10%时，按密度计法或移液管法测定粒径小于 0.075 mm 的颗粒组成</td><td>5</td><td></td></tr>
<tr><td colspan="3">计算和绘图正确</td><td>10</td><td></td></tr>
</table>

续表 1-19

| 打分类别 | 考核要点 | 分值 | 得分 |
|---|---|---|---|
| 附加分 | 试验仪器、工具、操作方法等有创新想法 | 10 | |
| | 数据处理有创新 | 5 | |
| | 试验精益求精，具有工匠精神 | 10 | |
| 扣分 | 一旦发现试验中篡改伪造数据，本项目 0 分计 | -100 | |
| | 不能将组内负责任务完成 | -30 | |
| 总计 | | | |

# 任务九　颗粒分析试验——密度计法

**【任务引入】**

图 1-2 所示的小浪底大坝，①区为黏土斜心墙，由黏土料分层碾压填筑而成，是小浪底大坝的主防渗线之一，心墙的防渗效果直接关系到大坝的安全。心墙越密实，防渗效果越好，心墙土料的颗粒级配越好，碾压之后越密实，所以施工之前需要检测心墙料的颗粒级配情况，级配合格才能用于施工，请测定心墙土料的颗粒级配。

**【知识储备】**

分散在水中的土颗粒，形状、大小、密度及水的黏滞度不同时，在水中下沉的速度也不同，当土粒简化为理想球体时，土粒的沉降速度可以用斯托克斯定律来计算：

$$v=\frac{\rho_s-\rho_{wT}}{18\eta}gd^2 \tag{1-22}$$

式中　$v$——土粒在水中的沉降速度，cm/s；

$g$——重力加速度，$g=981\ \mathrm{cm/s^2}$；

$\rho_s$——土粒的密度，g/cm³；

$d$——土粒的直径，cm；

$\rho_{wT}$——$T$ ℃时水的密度，g/cm³；

$\eta$——黏滞度，$10^{-3}$ Pa·s。

沉降速度 $v$ 与沉降距离 $L$ 和沉降时间 $t$ 的关系如式(1-23)所示：

$$v=\frac{\text{距离}}{\text{时间}}=\frac{L}{t} \tag{1-23}$$

土粒比重等于土粒的密度除以 4 ℃时纯水的密度，所以土粒的密度等于土粒比重 $G_s$ 乘以 4 ℃时纯水的密度 $\rho_{w0}$，如式(1-24)所示；同理，$T$ ℃时水的密度等于 $T$ ℃时水的比重 $G_{wT}$ 乘以 4 ℃时纯水的密度 $\rho_{w0}$，如式(1-25)所示：

$$\rho_s=G_s\rho_{w0} \tag{1-24}$$

$$\rho_{wT} = G_{wT}\,\rho_{w0} \tag{1-25}$$

将式(1-23)和式(1-24)代入式(1-22),可变换得到土粒粒径 $d$ 的计算式,如式(1-26)所示:

$$d = \sqrt{\frac{18\eta}{(G_s - G_{wT})\rho_{w0}\,g}}\sqrt{\frac{L}{t}} \tag{1-26}$$

式(1-23)或(1-27)要满足斯托克斯定律的3条假定:①颗粒是球形的;②颗粒周围的水流是线流;③颗粒大小要比分子大得多。所以,理论公式(1-26)求得的粒径并不是实际的土粒尺寸,而是与实际土粒在液体中具有相同沉降速度的理想球体的直径,称为水力当量直径。此时,土粒沉降距离 $L$ 处的悬液密度可采用密度计法或移液管法测得,并可由此计算出小于该粒径 $d$ 的累计百分含量。采用不同的测试时间 $t$,即可测得细颗粒各粒组的相对含量。

**【任务实施】**

## 一、试验基本要求

### (一)根据土粒粒径选择试验方法

①区心墙料为黏性土料,粒径基本都小于0.075 mm,根据《土工试验方法标准》(GB/T 50123—2019)的规定,应采用密度计法和移液管法进行颗粒分析试验,本书采用密度计法。

### (二)试样制备

黏质土颗粒分析的结果主要取决于分析时试样状态、制备方法和分析方法等因素。试样通常可分为天然湿度、风干和烘干三种状态。

实践证明,用天然湿度状态下的试样比用风干和烘干状态下的试样所得的黏粒含量均偏高。因为黏土中往往有非可逆性的胶体物质,经过干燥后细粒能胶结成团,难以再度分散。所以,一般来说,用天然湿度状态下的试样分析更符合实际。但是在实际工作中,往往在土样取出后,特别是坝料,在查勘时所取得的扰动土样,经过长途运送,历时较长,无法保持其天然含水率。因此,原则上,密度计法和移液管法应采用天然含水率的土样进行。若土样无法保持其天然含水率时,允许用风干或烘干土样进行分析。但应该注意,同一地区同一工程用途应该采用相同状态的土样进行分析,以便比较。风干土样试样制备按下面步骤进行。

1. 风干土样并计算取土质量

宜采用风干土试样,并应按下式计算试样干质量为30 g时所需的风干土质量:

$$m_0 = m_d(1 + 0.01\,w_0) \tag{1-27}$$

式中 $w_0$——风干土含水率(%)。

2. 判断是否需要洗盐

试样中易溶盐含量大于总质量的0.5%时,应洗盐。易溶盐含量检验可用电导法或目测法。

(1)电导法。应按电导率仪使用说明书操作,测定温度 $T$ ℃时试样溶液(土水比1:5)的电导率,20 ℃时的电导率应按下式计算:

$$K_{20}=\frac{K_T}{1+0.02(T-20)} \tag{1-28}$$

式中　$K_{20}$——20 ℃时悬液的电导率，μS/cm；

$K_T$——$T$ ℃时悬液的电导率，μS/cm；

$T$——测定时悬液的温度，℃。

当 $K_{20}$>1 000 μS/cm 时，应洗盐。

(2)目测法。应取风干试样 3 g 置于烧杯中，加适量纯水调成糊状研散，再加纯水 25 mL 煮沸 10 min，冷却后移入试管中，放置过夜，观察试管，当出现凝聚现象时应洗盐。

3. 洗盐

洗盐操作步骤如下：

(1)将分析用的试样放入调土杯内，注入少量蒸馏水，拌和均匀。迅速倒入贴有滤纸的漏斗中，并注入蒸馏水冲洗过滤。附在调土杯上的土粒全部洗入漏斗。发现滤液浑浊时，应重新过滤。

(2)应经常使漏斗内的液面保持高出土面约 5 cm。每次加水后，应用表面皿盖住漏斗。

(3)检查易溶盐清洗程度，可用 2 个试管各取刚滤下的滤液 3~5 mL，一管加入 3~5 滴 10%盐酸和 5%氯化钡；另一管加入 3~5 滴 10%硝酸和 5%硝酸银。当发现管中有白色沉淀时，意味着试样中的易溶盐未洗净，应继续清洗，直至检查时试管中均不再出现白色沉淀。

(4)洗盐后将漏斗中的土样仔细洗下，风干试样。

## 二、试验仪器及试剂

### (一)试验仪器

(1)密度计。密度计应符合下列规定：

①甲种：刻度单位以 20 ℃时每 1 000 mL 悬液内所含土质量的克数表示，刻度为-5~50，分度值为 0.5。

②乙种：刻度单位以 20 ℃时悬液的比重表示，刻度为 0.995~1.020，分度值为 0.000 2。

(2)量筒。高约 45 cm，直径约 6 cm，容积 1 000 mL。刻度为 0~1 000 mL，分度值为 10 mL。

(3)试验筛。试验筛应符合下列规定：

①细筛：孔径 2 mm、1 mm、0.5 mm、0.25 mm、0.15 mm。

②洗筛：孔径 0.075 mm。

(4)天平：称量 200 g，分度值 0.01 g。

(5)温度计：刻度 0~50 ℃，分度值 0.5 ℃。

(6)洗筛漏斗：直径略大于洗筛直径，使洗筛恰可套入漏斗中。

(7)搅拌器：轮径 50 mm，孔径约 3 mm，杆长约 400 mm，带旋转叶。

(8)煮沸设备：附冷凝管。

(9)其他：秒表、锥形瓶、研钵、木杵、电导率仪。

**(二)试验试剂**

试剂应符合下列规定：

(1)分散剂：浓度4%六偏磷酸钠，6%双氧水，1%硅酸钠。

(2)水溶盐检验试剂：10%盐酸，5%氯化钡，10%硝酸，5%硝酸银。

## 三、试验步骤

(1)称干质量为30 g的风干试样倒入锥形瓶中，勿使土粒丢失。注入水200 mL，浸泡约12 h。

(2)将锥形瓶放在煮沸设备上，连接冷凝管进行煮沸。煮沸时间约为1 h。

码1-25　动画-密度计法规范操作

(3)将冷却后的悬液倒入瓷杯中，静置约1 min，将上部悬液倒入量筒。杯底沉淀物用带橡皮头研杵细心研散，加水，经搅拌后，静置约1 min，再将上部悬液倒入量筒。如此反复操作，直至杯内悬液澄清。当土中粒径大于0.075 mm的颗粒大致超过试样总质量的15%时，应将其全部倒至0.075 mm筛上冲洗，直至筛上仅留大于0.075 mm的颗粒。

(4)将留在洗筛上的颗粒洗入蒸发皿内，倾去上部清水，烘干称量，并按筛析法的规定进行细筛筛析。

码1-26　动画-筛析法联合密度计法规范操作

(5)将过筛悬液倒入量筒，加浓度4%的六偏磷酸钠约10 mL于量筒溶液中，再注入纯水，使筒内悬液达1 000 mL。当加入六偏磷酸钠后土样产生凝聚时，应选用其他分散剂。

(6)用搅拌器在量筒内沿整个悬液深度上下搅拌约1 min，往复各约30次，搅拌时勿使悬液溅出筒外。使悬液内土粒均匀分布。

(7)取出搅拌器，将密度计放入悬液中同时开动秒表。可测经0.5 min、1 min、2 min、5 min、15 min、30 min、60 min、120 min、180 min和1 440 min时的密度计读数。

(8)每次读数均应在预定时间前10～20 s将密度计小心地放入悬液接近读数的深度，并应将密度计浮泡保持在量筒中部位置，不得贴近筒壁。

(9)密度计读数均以弯液面上缘为准。甲种密度计应准确至0.5，乙种密度计应准确至0.000 2。每次读数完毕，立即取出密度计放入盛有纯水的量筒中，并测定各相应的悬液温度，准确至0.5 ℃。放入或取出密度计时，应尽量减少悬液的扰动。

(10)当试样在分析前未过0.075 mm洗筛，在密度计第1个读数时，发现下沉的土粒已超过试样总质量的15%时，则应于试验结束后，将量筒中土粒过0.075 mm筛，将留在洗筛上的颗粒洗入蒸发皿内，倾去上部清水，烘干称量，并按筛析法的规定进行筛析，并应计算各级颗粒占试样总质量的百分数。

## 四、试验成果整理

**(一)甲种密度计成果整理**

甲种密度计按下式计算小于某粒径的质量百分数：

$$X=\frac{100}{m_d}C_s(R_1+m_T+n_w-C_D) \tag{1-29}$$

$$C_s=\frac{\rho_s}{\rho_s-\rho_{w20}}\times\frac{2.65-\rho_{w20}}{2.65} \tag{1-30}$$

码 1-27 动画-颗分试验数据处理

式中 $C_s$——土粒比重校正值，也可按表 1-20 执行；

$R_1$——甲种密度计读数；

$m_T$——温度校正值，可按表 1-21 执行；

$n_w$——弯液面校正值；

$C_D$——分散剂校正值；

$\rho_s$——土粒密度，$g/cm^3$；

$\rho_{w20}$——20 ℃时水的密度，$g/cm^3$。

**表 1-20 土粒比重校正值**

| 土粒比重 | 甲种密度计比重校正值 $C_s$ | 乙种密度计比重校正值 $C'_s$ | 土粒比重 | 甲种密度计比重校正值 $C_s$ | 乙种密度计比重校正值 $C'_s$ |
|---|---|---|---|---|---|
| 2.50 | 1.038 | 1.666 | 2.70 | 0.989 | 1.588 |
| 2.52 | 1.032 | 1.658 | 2.72 | 0.985 | 1.581 |
| 2.54 | 1.027 | 1.649 | 2.74 | 0.981 | 1.575 |
| 2.56 | 1.022 | 1.641 | 2.76 | 0.977 | 1.568 |
| 2.58 | 1.017 | 1.632 | 2.78 | 0.973 | 1.562 |
| 2.60 | 1.012 | 1.625 | 2.80 | 0.969 | 1.556 |
| 2.62 | 1.007 | 1.617 | 2.82 | 0.965 | 1.549 |
| 2.64 | 1.002 | 1.609 | 2.84 | 0.961 | 1.543 |
| 2.66 | 0.998 | 1.603 | 2.86 | 0.958 | 1.538 |
| 2.68 | 0.993 | 1.595 | 2.88 | 0.954 | 1.532 |

**表 1-21 温度校正值**

| 悬液温度/℃ | 甲种密度计温度校正值 $m_T$ | 乙种密度计温度校正值 $m'_T$ | 悬液温度/℃ | 甲种密度计温度校正值 $m_T$ | 乙种密度计温度校正值 $m'_T$ |
|---|---|---|---|---|---|
| 10.0 | −2.0 | −0.001 2 | 20.0 | +0.0 | +0.000 0 |
| 10.5 | −1.9 | −0.001 2 | 20.5 | +0.1 | +0.000 1 |
| 11.0 | −1.9 | −0.001 2 | 21.0 | +0.3 | +0.000 2 |
| 11.5 | −1.8 | −0.001 1 | 21.5 | +0.5 | +0.000 3 |
| 12.0 | −1.8 | −0.001 1 | 22.0 | +0.6 | +0.000 4 |
| 12.5 | −1.7 | −0.001 0 | 22.5 | +0.8 | +0.000 5 |
| 13.0 | −1.6 | −0.001 0 | 23.0 | +0.9 | +0.000 6 |
| 13.5 | −1.5 | −0.000 9 | 23.5 | +1.1 | +0.000 7 |
| 14.0 | −1.4 | −0.000 9 | 24.0 | +1.3 | +0.000 8 |
| 14.5 | −1.3 | −0.000 8 | 24.5 | +1.5 | +0.000 9 |
| 15.0 | −1.2 | −0.000 8 | 25.0 | +1.7 | +0.001 0 |
| 15.5 | −1.1 | −0.000 7 | 25.5 | +1.9 | +0.001 1 |

续表 1-21

| 悬液温度/℃ | 甲种密度计温度校正值 $m_T$ | 乙种密度计温度校正值 $m'_T$ | 悬液温度/℃ | 甲种密度计温度校正值 $m_T$ | 乙种密度计温度校正值 $m'_T$ |
|---|---|---|---|---|---|
| 16.0 | -1.0 | -0.000 6 | 26.0 | +2.1 | +0.001 3 |
| 16.5 | -0.9 | -0.000 6 | 26.5 | +2.2 | +0.001 4 |
| 17.0 | -0.8 | -0.000 5 | 27.0 | +2.5 | +0.001 5 |
| 17.5 | -0.7 | -0.000 4 | 27.5 | +2.6 | +0.001 6 |
| 18.0 | -0.5 | -0.000 3 | 28.0 | +2.9 | +0.001 8 |
| 18.5 | -0.4 | -0.000 3 | 28.5 | +3.1 | +0.001 9 |
| 19.0 | -0.3 | -0.000 2 | 29.0 | +3.3 | +0.002 1 |
| 19.5 | -0.1 | -0.000 1 | 29.5 | +3.5 | +0.002 2 |
| 20.0 | -0.0 | -0.000 0 | 30.0 | +3.7 | +0.002 3 |

**(二)乙种密度计成果整理**

乙种密度计按下式计算小于某粒径的质量百分含量：

$$X=\frac{100V}{m_d}C'_s[(R_2-1)+m'_T+n'_w-C'_D]\rho_{w20} \tag{1-31}$$

$$C'_s=\frac{\rho_s}{\rho_s-\rho_{w20}} \tag{1-32}$$

式中 $V$——悬液体积,mL;

$C'_s$——土粒比重校正值,也可按表 1-20 执行;

$R_2$——乙种密度计读数;

$m'_T$——温度校正值,可按表 1-21 执行;

$n'_w$——弯液面校正值;

$C'_D$——分散剂校正值。

**(三)计算粒径**

粒径应按下式计算：

$$d=\sqrt{\frac{1\ 800\times10^4\eta}{(G_s-G_{wT})\rho_{w0}g}\times\frac{L_t}{t}} \tag{1-33}$$

式中 $d$——粒径,mm;

$\eta$——水的动力黏滞系数($1\times10^{-6}$ kPa·s),可按表 1-22 执行;

$G_{wT}$——温度为 $T$ ℃时水的比重;

$\rho_{w0}$——4 ℃时水的密度,g/cm$^3$;

$g$——重力加速度,$g=981$ cm/s$^2$;

$L_t$——某一时间 $t$ 内的土粒沉降距离,cm;

$t$——沉降时间，s。

为了简化计算，式(1-33)也可写成：

$$d = K\sqrt{\frac{L_t}{t}} \tag{1-34}$$

$$K = \sqrt{\frac{1\,800 \times 10^4 \eta}{(G_s - G_{wT})\rho_{w0} g}}$$

式中　$K$——粒径计算系数，与悬液温度和土粒比重有关。其值可按表1-23执行。

**表1-22　水的动力黏滞系数、黏滞系数比、温度校正值**

| 温度 $T$/℃ | 动力黏滞系数 $\eta$/($1\times10^{-6}$ kPa·s) | $\eta_T/\eta_{20}$ | 温度校正系数 $T_D$ | 温度 $T$/℃ | 动力黏滞系数 $\eta$/($1\times10^{-6}$ kPa·s) | $\eta_T/\eta_{20}$ | 温度校正系数 $T_D$ |
|---|---|---|---|---|---|---|---|
| 5.0 | 1.516 | 1.501 | 1.17 | 17.5 | 1.074 | 1.066 | 1.66 |
| 5.5 | 1.493 | 1.478 | 1.19 | 18.0 | 1.061 | 1.050 | 1.68 |
| 6.0 | 1.470 | 1.455 | 1.21 | 18.5 | 1.048 | 1.038 | 1.70 |
| 6.5 | 1.449 | 1.435 | 1.23 | 19.0 | 1.035 | 1.025 | 1.72 |
| 7.0 | 1.428 | 1.414 | 1.25 | 19.5 | 1.022 | 1.012 | 1.74 |
| 7.5 | 1.407 | 1.393 | 1.27 | 20.0 | 1.010 | 1.000 | 1.76 |
| 8.0 | 1.387 | 1.373 | 1.28 | 20.5 | 0.998 | 0.988 | 1.78 |
| 8.5 | 1.367 | 1.353 | 1.30 | 21.0 | 0.986 | 0.976 | 1.80 |
| 9.0 | 1.347 | 1.334 | 1.32 | 21.5 | 0.974 | 0.964 | 1.83 |
| 9.5 | 1.328 | 1.315 | 1.34 | 22.0 | 0.963 | 0.953 | 1.85 |
| 10.0 | 1.310 | 1.297 | 1.36 | 22.5 | 0.952 | 0.943 | 1.87 |
| 10.5 | 1.292 | 1.279 | 1.38 | 23.0 | 0.941 | 0.932 | 1.89 |
| 11.0 | 1.274 | 1.261 | 1.40 | 24.0 | 0.919 | 0.910 | 1.94 |
| 11.5 | 1.256 | 1.243 | 1.42 | 25.0 | 0.899 | 0.890 | 1.98 |
| 12.0 | 1.239 | 1.227 | 1.44 | 26.0 | 0.879 | 0.870 | 2.03 |
| 12.5 | 1.223 | 1.211 | 1.46 | 27.0 | 0.859 | 0.850 | 2.07 |
| 13.0 | 1.206 | 1.194 | 1.48 | 28.0 | 0.841 | 0.833 | 2.12 |
| 13.5 | 1.188 | 1.176 | 1.50 | 29.0 | 0.823 | 0.815 | 2.16 |
| 14.0 | 1.175 | 1.163 | 1.52 | 30.0 | 0.806 | 0.798 | 2.21 |
| 14.5 | 1.160 | 1.148 | 1.54 | 31.0 | 0.789 | 0.781 | 2.25 |
| 15.0 | 1.144 | 1.133 | 1.56 | 32.0 | 0.773 | 0.765 | 2.30 |
| 15.5 | 1.130 | 1.119 | 1.58 | 33.0 | 0.757 | 0.750 | 2.34 |
| 16.0 | 1.115 | 1.104 | 1.60 | 34.0 | 0.742 | 0.735 | 2.39 |
| 16.5 | 1.101 | 1.090 | 1.62 | 35.0 | 0.727 | 0.720 | 2.43 |
| 17.0 | 1.088 | 1.077 | 1.64 | — | — | — | — |

表 1-23 粒径计算系数 $K$ 值

| 温度/℃ | 土粒比重 $G_s$ | | | | | | | | |
|---|---|---|---|---|---|---|---|---|---|
| | 2.45 | 2.50 | 2.55 | 2.60 | 2.65 | 2.70 | 2.75 | 2.80 | 2.85 |
| 5 | 0.138 5 | 0.136 0 | 0.133 9 | 0.131 8 | 0.129 8 | 0.127 9 | 0.126 1 | 0.124 3 | 0.122 6 |
| 6 | 0.136 5 | 0.134 2 | 0.132 0 | 0.129 9 | 0.128 0 | 0.126 1 | 0.124 3 | 0.122 5 | 0.120 8 |
| 7 | 0.134 4 | 0.132 1 | 0.130 0 | 0.128 0 | 0.126 0 | 0.124 1 | 0.122 4 | 0.120 6 | 0.118 9 |
| 8 | 0.132 4 | 0.130 2 | 0.128 1 | 0.126 0 | 0.124 1 | 0.122 3 | 0.120 5 | 0.118 8 | 0.118 2 |
| 9 | 0.130 5 | 0.128 3 | 0.126 2 | 0.124 2 | 0.122 4 | 0.120 5 | 0.118 7 | 0.117 1 | 0.116 4 |
| 10 | 0.128 8 | 0.126 7 | 0.124 7 | 0.122 7 | 0.120 8 | 0.118 9 | 0.117 3 | 0.115 6 | 0.114 1 |
| 11 | 0.127 0 | 0.124 9 | 0.122 9 | 0.120 9 | 0.119 0 | 0.117 3 | 0.115 6 | 0.114 0 | 0.112 4 |
| 12 | 0.125 3 | 0.123 2 | 0.121 2 | 0.119 3 | 0.117 5 | 0.115 7 | 0.114 0 | 0.112 4 | 0.110 9 |
| 13 | 0.123 5 | 0.121 4 | 0.119 5 | 0.117 5 | 0.115 8 | 0.114 1 | 0.112 4 | 0.110 9 | 0.100 4 |
| 14 | 0.122 1 | 0.120 0 | 0.118 0 | 0.116 2 | 0.114 9 | 0.112 7 | 0.111 1 | 0.109 5 | 0.100 0 |
| 15 | 0.120 5 | 0.118 4 | 0.116 5 | 0.114 8 | 0.113 0 | 0.111 3 | 0.109 6 | 0.108 1 | 0.106 7 |
| 16 | 0.118 9 | 0.116 9 | 0.115 0 | 0.113 2 | 0.111 5 | 0.109 8 | 0.108 3 | 0.106 7 | 0.105 3 |
| 17 | 0.117 3 | 0.115 4 | 0.113 5 | 0.111 8 | 0.110 0 | 0.108 5 | 0.106 9 | 0.104 7 | 0.103 9 |
| 18 | 0.115 9 | 0.114 0 | 0.112 1 | 0.110 3 | 0.108 6 | 0.107 1 | 0.105 5 | 0.104 0 | 0.102 6 |
| 19 | 0.114 5 | 0.112 5 | 0.110 8 | 0.109 0 | 0.107 3 | 0.105 8 | 0.103 1 | 0.108 8 | 0.101 4 |
| 20 | 0.113 0 | 0.111 1 | 0.109 3 | 0.107 5 | 0.105 9 | 0.104 3 | 0.102 9 | 0.101 4 | 0.100 0 |
| 21 | 0.111 8 | 0.109 9 | 0.108 1 | 0.106 4 | 0.104 3 | 0.103 3 | 0.101 8 | 0.100 3 | 0.099 0 |
| 22 | 0.110 3 | 0.108 5 | 0.106 7 | 0.105 0 | 0.103 5 | 0.101 9 | 0.100 4 | 0.099 0 | 0.097 67 |
| 23 | 0.109 1 | 0.107 2 | 0.105 5 | 0.103 8 | 0.102 3 | 0.100 7 | 0.099 30 | 0.097 93 | 0.096 59 |
| 24 | 0.107 8 | 0.106 1 | 0.104 4 | 0.102 8 | 0.101 2 | 0.099 70 | 0.098 23 | 0.096 00 | 0.095 55 |
| 25 | 0.106 5 | 0.104 7 | 0.103 1 | 0.101 4 | 0.099 90 | 0.098 39 | 0.097 01 | 0.095 66 | 0.094 34 |
| 26 | 0.105 4 | 0.103 5 | 0.101 9 | 0.100 3 | 0.098 97 | 0.097 31 | 0.095 92 | 0.094 55 | 0.093 27 |
| 27 | 0.104 1 | 0.102 4 | 0.100 7 | 0.099 15 | 0.097 67 | 0.096 23 | 0.094 82 | 0.093 49 | 0.092 25 |
| 28 | 0.103 2 | 0.101 4 | 0.099 75 | 0.098 18 | 0.096 70 | 0.095 29 | 0.093 91 | 0.092 57 | 0.091 32 |
| 29 | 0.101 9 | 0.100 2 | 0.098 59 | 0.097 06 | 0.095 55 | 0.094 13 | 0.092 79 | 0.091 44 | 0.090 28 |
| 30 | 0.100 8 | 0.099 10 | 0.097 52 | 0.095 97 | 0.094 50 | 0.093 11 | 0.091 76 | 0.090 50 | 0.089 27 |

**(四)绘制颗粒大小分布曲线**

用小于某粒径的土质量百分数为纵坐标,粒径为横坐标,在单对数横坐标上绘制颗粒级配曲线。当与筛析法联合分析时,应将两段曲线绘成一条平滑曲线。

**(五)计算不均匀系数和曲率系数、判断颗粒级配情况**

按式(1-20)和式(1-21)计算不均匀系数 $C_u$ 和曲率系数 $C_c$,并判断土的颗粒级配情况是否良好。

**【任务说明】**

关于过筛次序问题:密度计法分析中,试样过 0.075 mm 洗筛的步骤,有的主张在分析前进行,有的主张在分析后进行。前者一方面是根据一般文献规定,另一方面考虑到土中粒径大于 0.075 mm 的土粒过多时,如不先过筛,则在沉降过程中粗粒互相碰撞,将会引起悬液扰动,且当粗粒下沉时易将细粒挟带一起下沉,影响分析结果的准确性。主张分析后过筛的理由是：一方面在操作上可以省去一些繁杂的冲洗手续；另一方面在筛上经过反复冲洗，易使土粒损失，这些均能影响结果。

以上两种主张都有根据，但也都有缺点。因此，为了提高效率而又确保质量，《土工试验方法标准》（GB/T 50123—2019）规定：如土中粒径大于0.075 mm的颗粒含量超过试样总量的约15%，应将其全部倒至0.075 mm筛上冲洗，直至筛上仅留粒径大于0.075 mm的颗粒。反之，可不经过筛冲洗，直接全部倒入量筒。但在试验程序中应妥善安排，以免混乱，发生错误。

**【任务考核】**

任务考核细则如表1-24所示。

**表1-24　颗粒分析试验——密度计法学生自评表**

| 班级 | | 姓名 | | 学号 | |
|---|---|---|---|---|---|
| 学习任务 | 颗粒级配检测 | | | | |
| 打分类别 | 考核要点 | | | 分值 | 得分 |
| 常规计分项目 | 会根据工程需要选择颗粒级配检测方法 | | | 5 | |
| | 试验仪器、工具、记录表等准备齐全 | | | 5 | |
| | 天平选用正确 | | | 5 | |
| | 风干土样、计算取土质量 | | | 5 | |
| | 判断是否需要洗盐 | | | 5 | |
| | 洗盐操作正确 | | | 5 | |
| | 试样称量、浸泡正确 | | | 5 | |
| | 试样煮沸操作及时长正确 | | | 5 | |
| | 煮沸冷却后悬液静置、上部悬液入量筒、沉淀物研散、加水、搅拌，反复循环，直至试样中粒径小于0.075 mm的土粒全部进入量筒 | | | 5 | |
| | 粒径大于0.075 mm的土粒的细筛筛析 | | | 5 | |
| | 分散剂的种类、浓度和数量正确 | | | 5 | |
| | 加分散剂后量筒内加纯水至1 000 mL操作正确 | | | 5 | |
| | 悬液搅拌方法正确 | | | 5 | |
| | 读数时间和读数方法正确 | | | 5 | |
| | 读数后测量悬液水温正确 | | | 5 | |
| | 记录正确 | | | 5 | |
| | 试验记录表计算、修约及结果正确 | | | 5 | |
| | 颗粒级配曲线绘制正确 | | | 5 | |
| | 不均匀系数 $C_u$ 和曲率系数 $C_c$ 计算正确 | | | 5 | |
| | 判断颗粒级配是否良好正确 | | | 5 | |

续表 1-24

| 打分类别 | 考核要点 | 分值 | 得分 |
| --- | --- | --- | --- |
| 附加分 | 试验仪器、工具、操作方法等有创新想法 | 10 | |
| | 数据处理有创新 | 5 | |
| | 试验精益求精，具有工匠精神 | 10 | |
| 扣分 | 一旦发现试验中篡改伪造数据，本项目 0 分计 | -100 | |
| | 不能将组内负责任务完成 | -30 | |
| 总计 | | | |

# 任务十 颗粒分析试验——移液管法

**【任务引入】**

同任务九。

**【知识储备】**

移液管法根据各种粒径在一定时间后下沉距离的关系来计算吸取悬液的时间和距离。《土工试验方法标准》(GB/T 50123—2019)是固定粒径和吸取深度(10 cm)来计算时间。需要说明的是，在计算前还要确定土粒比重及悬液温度。为了方便，可事先制备土粒在不同温度静水中某一深度(10 cm)沉降时间表，以便查阅。

移液管法主要从量筒中吸取一定体积的悬液注入烧杯，然后烘干、称量。因此，在悬液中小于某一约定粒径的土粒质量 $m_0$ 等于被吸的土粒干质量 $m_{dx}$ 乘以悬液总体积 $V_x$ 与被吸悬液体积 $V'_x$ 之比，即

$$m_0 = m_{dx}\frac{V_x}{V'_x} \tag{1-35}$$

小于某一粒径的土粒质量的百分数 $X$，为该粒径的土粒质量 $m_0$ 与干土总质量 $m_d$ 的百分比，可得下式：

$$X = \frac{m_0}{m_d} = \frac{m_{dx}V_x}{m_d V'_x} \times 100 \tag{1-36}$$

【任务实施】

## 一、试验基本要求

同密度计法。

## 二、试验仪器

(1)移液管(见图 1-11):容积 25 mL。

(2)小烧杯:容积 50 mL。

(3)天平:称量 200 g,分度值 0.001 g。

(4)温度计:刻度 0~50 ℃,分度值 0.5 ℃。

(5)洗筛漏斗:直径略大于洗筛直径,使洗筛恰可套入漏斗中。

(6)搅拌器:轮径 50 mm,孔径约 3 mm,杆长约 400 mm,带旋转叶。

(7)煮沸设备:附冷凝管。

(8)其他:秒表、锥形瓶、研钵、木杵、电导率仪。

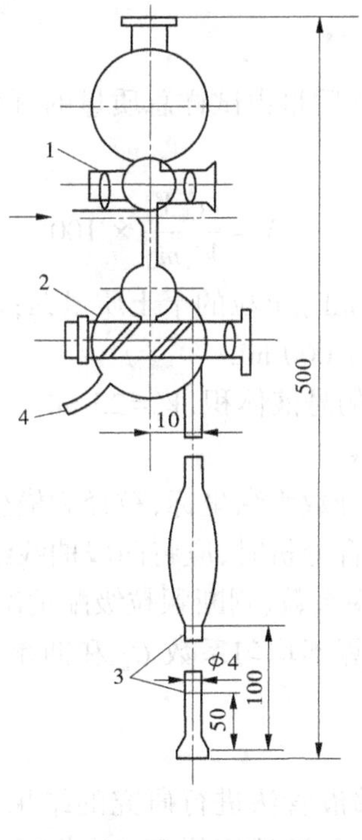


1—二通阀;2—三通阀;3—移液管;4—放流口。

**图 1-11 移液管示意图** (单位:mm)

## 三、试验步骤

(1)取代表性试样,黏土为 10~15 g,砂土为 20 g,应按密度计法试样制备的规定制备试样,并按密度计法试验步骤(1)~步骤(5)制取悬液。

(2)将盛试样悬液的量筒放入恒温水槽中,测记悬液温度,准确至 0.5 ℃。试验中悬液温度允许变化范围应为±0.5 ℃。

(3)可用式(1-35)推算出粒径小于0.05 mm、0.01 mm、0.005 mm、0.002 mm和其他所需粒径下沉一定深度所需的静置时间。

(4)准备好移液管,将二通阀置于关闭位置,三通阀置于移液管和吸球相通的位置。

(5)用搅拌器沿悬液上、下搅拌各30次,时间1 min,取出搅拌器。

(6)开动秒表,根据各粒径的静置时间,提前约10 s将移液管放入悬液中,浸入深度为10 cm,用吸球吸取悬液,吸取悬液量不应少于25 mL。

(7)旋转三通阀,使与放流口相通,将多余的悬液从放流口放出,收集后倒入原量筒内的悬液中。

(8)将移液管下口放入已称量过的小烧杯中,由上口倒入少量纯水,开三通阀使水流入移液管,连同移液管内的试样悬液流入小烧杯内。

(9)每吸取一组粒径的悬液后必须重新搅拌,再吸取另一组粒径的悬液。

(10)将烧杯内的悬液蒸发浓缩半干,在105~110 ℃下烘至恒量,称小烧杯连同干土的质量,准确至0.001 g。

## 四、试验成果整理

(1)计算小于某粒径的试样质量占试样总质量的百分数。

计算公式如下:

$$X=\frac{m_{dx}V_x}{V'_x m_d}\times 100 \tag{1-37}$$

式中 $m_{dx}$——吸取悬液中(25 mL)土粒的干土质量,g;

$V_x$——悬液总体积,$V_x=1\ 000$ mL;

$V'_x$——移液管每次吸取的悬液体积,$V'_x=25$ mL。

(2)绘制颗粒大小分布曲线。

以小于某粒径的土质量百分数为纵坐标,粒径为横坐标,在单对数横坐标上绘制颗粒大小分布曲线。当与筛析法联合分析时,应将两段曲线绘成一条平滑曲线。

(3)计算不均匀系数和曲率系数、判断颗粒级配情况。

按式(1-20)和式(1-21)计算不均匀系数 $C_u$ 和曲率系数 $C_c$,并判断土的颗粒级配情况是否良好。

**【任务说明】**

关于试样的用量,根据对移液管法进行研究的结果:当悬液浓度在0.5%~3%时,各粒组的含量没有显著出入;而当悬液浓度增至4%尤其是5%时,则0.05~0.25 mm粒组含量增加,并相应地减少了黏粒含量。因此,当用移液管法分析时,试样用量可酌情减少,规定用量黏土为10~15 g,砂土为20 g。

**【任务考核】**

任务考核细则如表1-25所示。

表 1-25　颗粒分析试验——移液管法学生自评表

<table>
<tr><td>班级</td><td></td><td>姓名</td><td></td><td>学号</td><td></td></tr>
<tr><td>学习任务</td><td colspan="5">颗粒级配检测</td></tr>
<tr><td>打分类别</td><td colspan="3">考核要点</td><td>分值</td><td>得分</td></tr>
<tr><td rowspan="23">常规计分项目</td><td colspan="3">会根据工程需要选择颗粒级配检测方法</td><td>5</td><td></td></tr>
<tr><td colspan="3">试验仪器、工具、记录表等准备齐全，天平选用正确</td><td>5</td><td></td></tr>
<tr><td colspan="3">风干土样、计算取土质量</td><td>5</td><td></td></tr>
<tr><td colspan="3">判断是否需要洗盐</td><td>5</td><td></td></tr>
<tr><td colspan="3">洗盐操作正确</td><td>5</td><td></td></tr>
<tr><td colspan="3">试样称量、浸泡正确</td><td>5</td><td></td></tr>
<tr><td colspan="3">试样煮沸操作及时长正确</td><td>5</td><td></td></tr>
<tr><td colspan="3">煮沸冷却后悬液静置、上部悬液入量筒、沉淀物研散、加水、搅拌，反复循环，直至试样中粒径小于 0.075 mm 的土粒全部进入量筒</td><td>5</td><td></td></tr>
<tr><td colspan="3">粒径大于 0.075 mm 的土粒的细筛筛析</td><td>5</td><td></td></tr>
<tr><td colspan="3">分散剂的种类、浓度和数量正确</td><td>5</td><td></td></tr>
<tr><td colspan="3">加入分散剂后量筒内加入纯水至 1 000 mL 操作正确</td><td>5</td><td></td></tr>
<tr><td colspan="3">悬液恒温及测温正确</td><td>2.5</td><td></td></tr>
<tr><td colspan="3">计算各粒径下沉一定深度所需的静置时间正确</td><td>5</td><td></td></tr>
<tr><td colspan="3">悬液搅拌方法正确</td><td>5</td><td></td></tr>
<tr><td colspan="3">用移液管吸取悬液的时机、深度和悬液量正确</td><td>5</td><td></td></tr>
<tr><td colspan="3">多余悬液的处理正确</td><td>2.5</td><td></td></tr>
<tr><td colspan="3">烧杯内的悬液蒸发浓缩后烘干、称量正确</td><td>5</td><td></td></tr>
<tr><td colspan="3">记录正确、试验记录表计算、修约及结果正确</td><td>5</td><td></td></tr>
<tr><td colspan="3">颗粒级配曲线绘制正确</td><td>5</td><td></td></tr>
<tr><td colspan="3">不均匀系数 $C_u$ 和曲率系数 $C_c$ 计算正确</td><td>5</td><td></td></tr>
<tr><td colspan="3">判断颗粒级配是否良好正确</td><td>5</td><td></td></tr>
<tr><td rowspan="3">附加分</td><td colspan="3">试验仪器、工具、操作方法等有创新想法</td><td>10</td><td></td></tr>
<tr><td colspan="3">数据处理有创新</td><td>5</td><td></td></tr>
<tr><td colspan="3">试验精益求精，具有工匠精神</td><td>10</td><td></td></tr>
<tr><td rowspan="2">扣分</td><td colspan="3">一旦发现试验中篡改伪造数据，本项目 0 分计</td><td>-100</td><td></td></tr>
<tr><td colspan="3">不能将组内负责任务完成</td><td>-30</td><td></td></tr>
<tr><td colspan="4">总计</td><td colspan="2"></td></tr>
</table>

# 任务十一　界限含水率试验——液塑限联合测定法

【任务引入】

图 1-2 所示的小浪底大坝，①区心墙黏土料在前期土料选择时需要检测土料的液限、塑限，进而对土进行工程定名并了解土料的工程性质。请测定心墙土料的液限、塑限。

【知识储备】

黏性土的物理状态会随着含水率的变化而改变。随着含水率从零开始增加，可分别处于固态、半固态、可塑状态及流动状态，黏性土的塑性是指黏性土在外力作用下可以塑成任何形状而不发生裂纹，并且当外力移去后仍能保持既有形状的特性。

码 1-28　微课-液塑限试验工程意义

黏性土从一种状态变到另一种状态的分界点的含水率称为界限含水率，它对黏性土基本性质评价有重要意义，常用于黏性土的分类。可塑状态和流动状态之间的界限含水率称为液限 $w_L$；半固态和可塑状态之间的界限含水率称为塑限 $w_P$；土由半固态不断减少水分则体积逐渐缩小，直到体积不再收缩时转为固态，对应的界限含水率叫缩限 $w_S$。界限含水率是黏性土复杂水理性质描述的宏观特征指标。

码 1-29　微课-液塑限试验方法原理

黏性土的可塑性指标除上述塑限、液限及缩限外，还有塑性指数，且在黏性土的物理状态划分时，还引入了液性指数等状态指标。

## 一、塑性指数

土的塑性指数是指液限和塑限的差值（省去%符号），即土处在可塑状态的含水率变化范围，用符号 $I_P$ 表示，即

$$I_P = w_L - w_P \tag{1-38}$$

式中　$w_L$——液限(%)；

　　　$w_P$——塑限(%)。

可见，塑性指数越大，土处于可塑状态的含水率范围也越大，塑性指数的大小反映了土中结合水的可能含量。对土的颗粒大小而言，土粒越细，则其比表面积越大，结合水含量越高，因而 $I_P$ 也随之增大；对土的颗粒矿物成分而言，黏土矿物（尤以蒙脱石类）颗粒含量越多，水化作用越剧烈，结合水含量越高，因而 $I_P$ 也随之增大；对土中水溶液性质而言，当水中高价阳离子的浓度增加时，土粒表面吸附的反离子层中阳离子数量减少，结水层厚变薄，$I_P$ 随之减小；反之，随着反离子层中的低价阳离子数量的增加，$I_P$ 随之增大。在一定程度上，塑性指数 $I_P$ 综合反映了黏性土及其三相组成的基本特性，在工程上常按塑性指数 $I_P$ 对黏性土进行分类。

## 二、液性指数

土的液性指数是指黏土的天然含水率和塑限的差值与塑性指数的比值,用符号 $I_L$ 表示,即

$$I_L = \frac{w - w_P}{w_L - w_P} = \frac{w - w_P}{I_P} \tag{1-39}$$

液性指数 $I_L$,主要用于表征天然沉积黏性土的物理状态。当土的天然含水率 $w$ 小于 $w_P$ 时,$I_L$ 小于 0,天然土处于坚硬状态;当 $w$ 大于 $w_L$ 时,$I_L$ 大于 1,天然土处于流动状态;当 $w$ 在 $w_P$ 与 $w_L$ 之间时,$I_L$ 在 0~1,则天然土处于可塑状态。因此,可以把液性指数 $I_L$ 作为黏性土状态的划分指标。$I_L$ 值越大,土质越软,反之,土质越硬。黏土根据液性指数值划分软硬状态,根据《岩土工程勘察规范》[2019 年版](GB 50021—2001),其划分标准见表 1-26。

**表 1-26　按液性指数划分黏性土的状态**

| 状态 | 坚硬 | 硬塑 | 可塑 | 软塑 | 流塑 |
|---|---|---|---|---|---|
| 液性指数 $I_L$ | $I_L \leq 0$ | $0 < I_L \leq 0.25$ | $0.25 < I_L \leq 0.75$ | $0.75 < I_L \leq 1.0$ | $I_L > 1.0$ |

注意:黏性土界限含水率指标 $w_P$ 与 $w_L$ 都是采用重塑土测定的,它们仅反映黏土颗粒与水的相互作用,并不能完全反映天然沉积黏性土的沉积状态特征(例如结构性)及其对物理状态的影响。因此,保持天然结构的原状土,在其含水率达到液限以后,并不处于流动状态,而称为流塑状态,沉积状态特征(扰动)破坏后,即进入流动状态,流塑状态可视为亚稳的可塑状态。

**【任务实施】**

## 一、试验基本要求

界限含水率试验的土样,土的粒径应小于 0.5 mm,有机质含量不大于干土质量的 5%,试验中含水率的测定应采用烘干法进行。

液塑限联合试验宜采用天然含水率的土样制备试样,也可用风干土制备试样。

(1)试样制备——采用天然含水率。

当采用天然含水率的土样时,应剔除粒径大于 0.5 mm 的颗粒,再分别按接近液限、塑限和二者的中间状态制备不同稠度的土膏,静置湿润。静置时间可视原含水率的大小而定。

(2)试样制备——采用风干含水率。

当采用风干土样时,取过 0.5 mm 筛的代表性土样约 200 g,分成 3 份,分别放入 3 个盛土皿中,加入不同数量的纯水,使其分别接近液限、塑限和二者的中间状态,调成均匀土膏,放入密封的保湿缸中,静置 24 h。

## 二、试验仪器

(1)光电式液塑限联合测定仪(见图 1-12)应包括带标尺的圆锥仪、电磁铁、显示屏、控制开关和试样杯。圆锥仪质量为 76 g,锥角为 30°;读数显示宜采用光电式、游标式和百分表式。

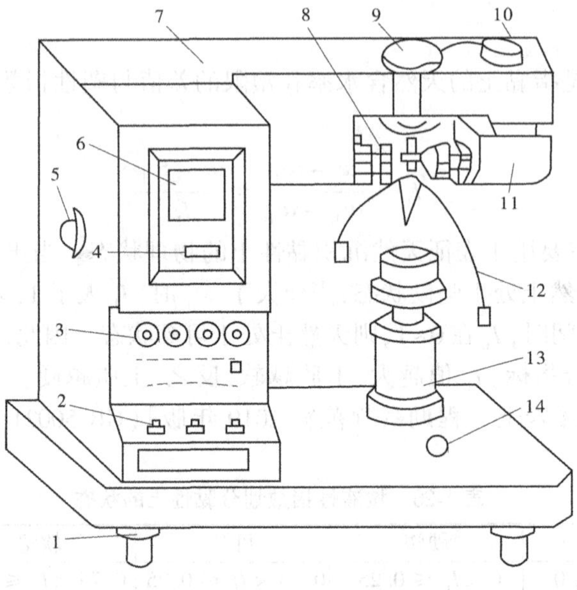


1—水平调节螺丝;2—控制开关;3—指示灯;4—零线调节螺丝;5—反光镜调节螺丝;
6—屏幕;7—机壳;8—物镜调节螺丝;9—电磁装置;10—光源调节螺丝;
11—光源;12—圆锥仪;13—升降台;14—水平泡。

**图 1-12 光电式液塑限联合测定仪示意图**

(2)试样杯:直径 40~50 mm;高 30~40 mm。

(3)天平:称量 200 g,分度值 0.01 g。

(4)筛:孔径 0.5 mm。

(5)其他:烘箱、干燥缸、铝盒、调土刀、凡士林。

## 三、试验步骤

(1)将制备好的土膏用调土刀充分调拌均匀,密实地填入试样杯中,应使空气逸出。高出试样杯的余土用刮土刀刮平,将试样杯放在仪器底座上。

**码 1-30 实操视频-液塑限试验规范操作**

(2)取圆锥仪,在锥体上涂以薄层润滑油脂,接通电源,使电磁铁吸稳圆锥仪。当使用游标式或百分表式时,提起锥杆,用旋钮固定。

(3)调节屏幕准线,使初读数为零。调节升降台,使圆锥仪锥角接触试样面,指示灯亮时圆锥在自重作用下沉入试样内,当使用游标式或百分表式时用手扭动旋钮,松开锥杆,经 5 s 后测读圆锥下沉深度。然后取出试样杯,挖去锥尖入土处的润滑油脂,取锥体附近的试样不得少于 10 g,放入称量盒内,称量,准确至 0.01 g,测定含水率。

(4)重复以上 3 步,测试其余 2 个试样的圆锥下沉深度和含水率。

## 四、试验成果整理

### (一)绘图

以含水率为横坐标,圆锥下沉深度为纵坐标,在双对数坐标纸上绘制关系曲线。三点连一直线(见图 1-13 中的 $A$ 线)。当三点不在一直线上时,通过高含水率的一点与其余两点连成两条直线,在圆锥下沉深度为 2 mm 处查得相应的含水率,当两个含水率的差值小于 2%时,应以该两点含水率的平均值与高含水率的点连成一线(见图 1-13 中的 $B$ 线)。当两个含水率的差值不小于 2%时,应补做试验。

码 1-31　微课-液塑限试验数据处理

**(二)查液塑限**

通过圆锥下沉深度与含水率关系图,查得下沉深度为 17 mm 所对

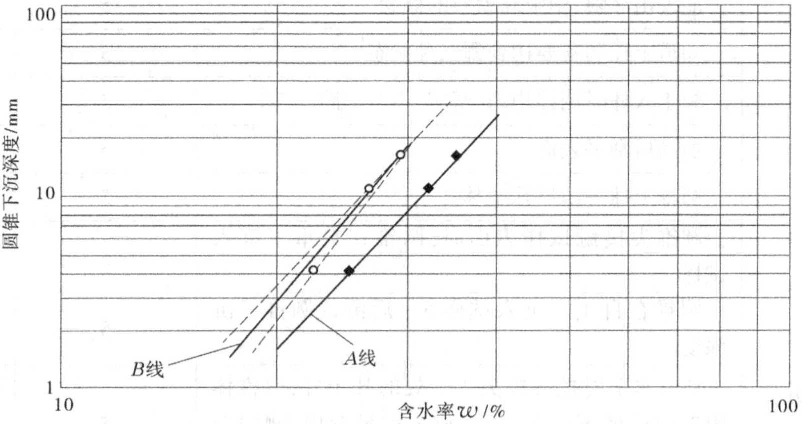


**图 1-13　圆锥下沉深度与含水率关系曲线**

应的含水率为液限,下沉深度为 10 mm 所对应的含水率为 10 mm 液限,查得下沉深度为 2 mm 所对应的含水率为塑限,以百分数表示,准确至 0.1%。

**(三)计算塑性指数和液性指数**

根据式(1-38)和式(1-39)计算塑性指数和液性指数,计算至 0.01。

**【任务说明】**

为了尽量减少人为影响,使试样更能反映实际情况,《土工试验方法标准》(GB/T 50123—2019)规定,原则上用天然含水率的土样制备试样。但由于有时土样在采取及运送过程中湿度可能已经变化,或者由于土质不均匀,选取代表性的土样有困难。因此,该标准允许用风干土样制备试样。当用天然含水率的土样进行联合测定时,视天然含水率的大小,从高含水率做到低含水率。

液塑限联合试验法 3 个测点的分布应使其间距尽量大些,在图上比较均匀地分布。一般圆锥下沉深度在 2~17 mm。因此,《土工试验方法标准》(GB/T 50123—2019)规定"分别按接近液限、塑限和二者的中间状态制备不同稠度的土膏,静置湿润,静置时间可视原含水率的大小而定"。

**【任务考核】**

任务考核细则如表 1-27 所示。

表 1-27　界限含水率试验——液塑限联合测定法学生自评表

| 班级 | | 姓名 | | 学号 | |
|---|---|---|---|---|---|
| 学习任务 | 液塑限检测 | | | | |
| 打分类别 | 考核要点 | | | 分值 | 得分 |
| 常规计分项目 | 试样中剔除 0.5 mm 的颗粒 | | | 5 | |
| | 试验仪器、工具、记录表等准备齐全 | | | 5 | |
| | 天平选用正确 | | | 5 | |
| | 能说出液限、塑限和缩限的概念 | | | 5 | |
| | 知道土样制备要达到哪三种状态 | | | 5 | |
| | 装土入杯时调拌均匀、密实、不留空隙 | | | 5 | |
| | 填满后刮平表面 | | | 5 | |
| | 圆锥上抹一薄层凡士林 | | | 5 | |
| | 圆锥尖接触试样表面时，圆锥在自重下沉入试样 | | | 5 | |
| | 圆锥在自重下沉入试样 5 s 后测读圆锥下沉深度 | | | 5 | |
| | 测含水率时挖去锥尖入土处的凡士林，取锥体附近的试样不少于 10 g，放入称量盒内，测定含水率 | | | 5 | |
| | 三次试验的圆锥入土深度间距尽量大些，在图上比较均匀地分布 | | | 5 | |
| | 试验时台面仪器工具整齐、安全 | | | 5 | |
| | 试验结束后仪器工具安全归位 | | | 5 | |
| | 判断试验误差的方法正确 | | | 5 | |
| | 绘制含水率与圆锥下沉深度的关系曲线正确 | | | 5 | |
| | 从关系曲线上查找液塑限正确 | | | 5 | |
| | 计算塑性指数正确 | | | 2.5 | |
| | 计算液性指数正确 | | | 2.5 | |
| | 记录正确 | | | 5 | |
| | 试验记录表计算、修约及结果正确 | | | 5 | |
| 附加分 | 试验仪器、工具、操作方法等有创新想法 | | | 10 | |
| | 数据处理有创新 | | | 5 | |
| | 试验精益求精，具有工匠精神 | | | 10 | |
| 扣分 | 一旦发现试验中篡改伪造数据，本项目 0 分计 | | | -100 | |
| | 不能将组内负责任务完成 | | | -30 | |
| 总计 | | | | | |

# 任务十二 碟式仪液限法、搓滚塑限法和缩限试验

【任务引入】

图 1-2 所示的小浪底大坝,①区为黏土斜心墙,需测定心墙土料的液限、塑限和缩限,试验室没有液塑限联合测定仪,有碟式液限仪,请根据试验室现有条件测定心墙土料的液限、塑限和缩限。

【知识储备】

(1)碟式仪液限法试验原理。

碟式仪液限试验是将土碟中的土膏用划刀分成两半,然后反复以每秒 2 次的速率将土碟由 10 mm 高度下落坠击底座,使两半土膏在碟底的合拢长度刚好达到 13 mm。当两半土膏在碟底的合拢长度刚好达到 13 mm 时的击数为 25 次时,土碟内土膏的含水率为液限。实际操作时,至少拌制 3 种不同含水率的土膏,其中两次土的稠度应使合拢长度为 13 mm 时所需击数为 15~35 次,其中 25 次以上及以下各 1 次。然后测定各击次下试样的相应含水率。以含水率为纵坐标,击次为横坐标,在单对数坐标上绘制击次与含水率关系曲线,查得曲线上击数 25 次所对应的含水率,即为该试样的液限。

(2)搓滚塑限法试验原理。

将含水率均匀的土样在毛玻璃板上轻轻搓滚,当土条搓成 3 mm 时,产生裂缝,并开始断裂,表示试样达到塑限,此时土条的含水率即为塑限。

(3)缩限试验原理。

黏性土的含水率很大时是一种黏滞流动的液体,处于流动状态,随着含水率逐渐减小,黏滞流动的特点逐渐消失而显示出塑性,处于可塑状态,含水率继续减小时,土的可塑性逐渐消失进入半固体状态。从流动状态到半固体状态整个过程中,土的体积随着含水率的减小而减小,当含水率很小时,土的体积不再随着含水率的减小而减小,这种状态称为固体状态,土的体积与含水率的关系曲线如图 1-14 所示。

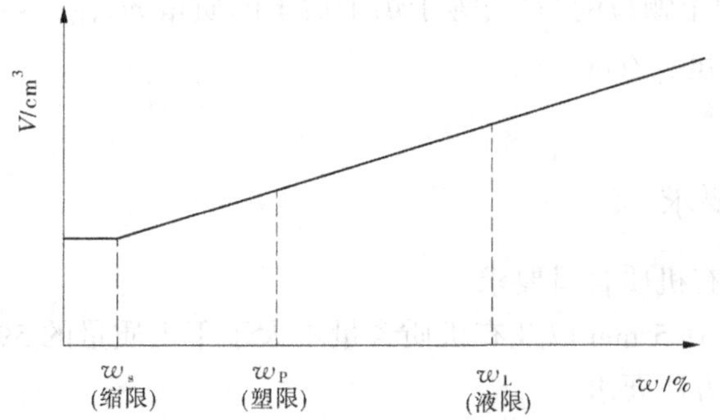


**图 1-14 土的体积与含水率的关系曲线**

缩限是半固体状态和固体状态之间的界限含水率，土由半固体状态不断蒸发水分而体积继续逐渐缩小，直到体积不再收缩时转为固体状态，对应的界限含水率叫缩限（$w_s$），缩限试验的原理是：用纯水将土样制备成约为液限（含水率为$w'$）的试样，密实地装入收缩皿中，得到收缩皿中$w'$状态下土样的体积。然后将土样弄干，再用蜡封法测得干土样的体积。最后根据土样失水变干转为固体状态时，土样体积的收缩量等于水分的减少量计算缩限。土样在流动状态（$w'$）与缩限状态（$w_s$）间土的体积与含水率的关系曲线如图 1-15 所示。

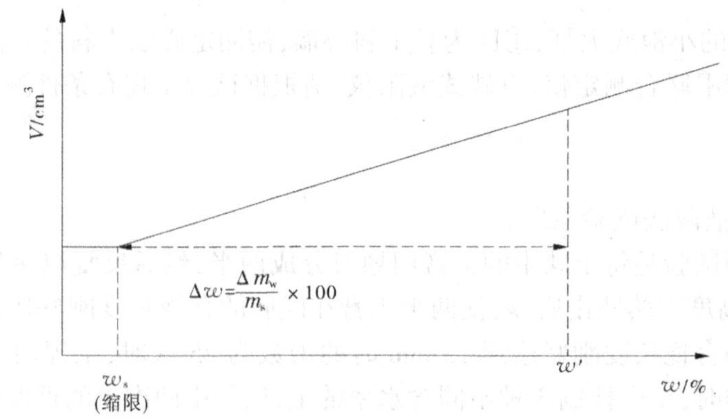


**图 1-15　土样在流动状态（$w'$）与缩限状态（$w_s$）间土的体积与含水率的关系曲线**

由图 1-15 知：

$$w_s = \frac{m_{w0} - \Delta m_w}{m_s} \times 100 = \frac{m_{w0}}{m_s} - \frac{\Delta m_w}{m_s} \times 100 = \left(0.01\,w' - \frac{(V_0 - V_d)\cdot \rho_w}{m_s}\right) \times 100 \tag{1-40}$$

式中　$w_s$——缩限（%）；

$w'$——土样所要求的含水率（制备含水率）（%）；

$m_{w0}$——$w'$状态下土样中水的质量（制备湿土样中水的质量），g；

$\Delta m_w$——$w'$状态下到$w_s$状态下，土中减少的水的质量，g；

$V'_0$——$w'$状态下土的体积（即收缩皿或环刀的容积），$cm^3$；

$V_d$——烘干后土的体积，$cm^3$；

$m_s$——土样中土颗粒的质量，等于烘干后土的质量$m_d$，g；

$\rho_w$——水的密度，$g/cm^3$。

**【任务实施】**

## 一、试验基本要求

（1）土的粒径及有机质含量要求。

土的粒径应小于 0.5 mm 以及有机质含量不大于干土质量的 5%。

（2）含水率测定方法要求。

本试验中含水率的测定应按烘干法执行。

（3）平行测定要求。

搓滚塑限法和缩限试验应进行两次平行测定,两次测定的最大允许差值应符合含水率试验最大允许平行差值的规定。

## 二、试验仪器

### (一)碟式仪液限法试验仪器

(1)碟式液限仪(见图 1-15):由土碟和支架组成专用仪器,并有专用划刀。其技术条件应符合《土工试验仪器 液限仪 第 1 部分:碟式液限仪》(GB/T 21997.1—2008)的规定。

(2)天平:称量 200 g,分度值 0.01 g。

(3)筛:孔径为 0.5 mm。

(4)其他:烘箱、干燥缸、铝盒、调土刀。

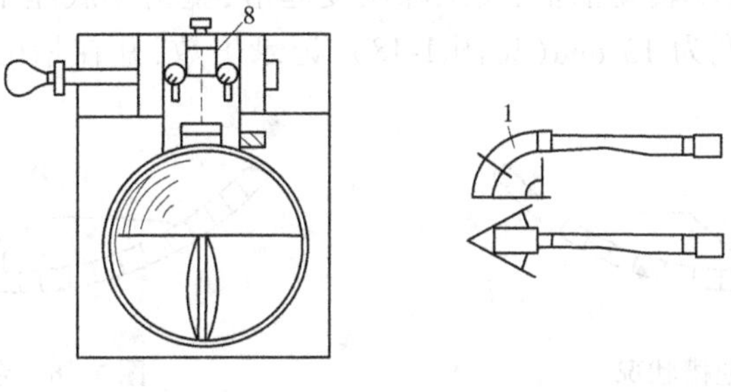


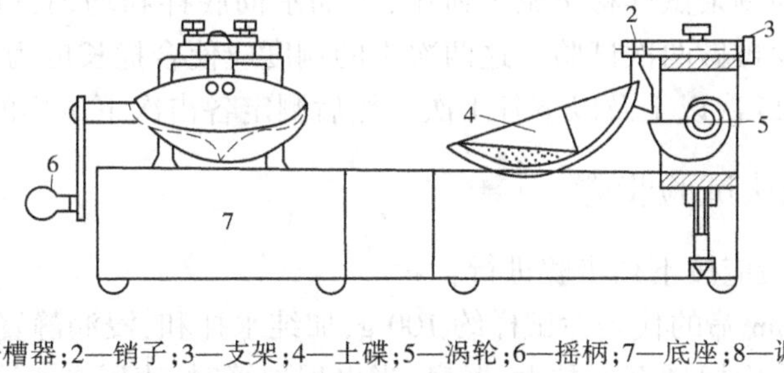


1—开槽器;2—销子;3—支架;4—土碟;5—涡轮;6—摇柄;7—底座;8—调整板。

**图 1-16　碟式液限仪**

### (二)搓滚塑限法试验仪器

(1)毛玻璃板:尺寸宜为 200 mm×300 mm。

(2)卡尺:分度值 0.02 mm。

(3)天平:称量 200 g,分度值 0.01 g。

(4)筛:孔径 0.5 mm。

(5)其他:烘箱、干燥缸、铝盒。

### (三)缩限试验仪器

(1)收缩皿(或环刀):金属制成,直径 4.5~5.0 cm,高 2.0~3.0 cm。

(2)天平:称量 500 g,分度值 0.01 g。

(3)筛:孔径 0.5 mm。

(4)蜡,烧杯,细线,针。

(5)其他：烘箱、干燥缸、铝盒、调土刀。

## 三、碟式仪液限法试验步骤

(1)取过0.5 mm筛的土样(天然含水率的土样或风干土样均可)约100 g，放在调土皿中，按需要加纯水，用调土刀反复拌匀。

(2)取一部分试样，平铺于土碟的前半部。铺土时应防止试样中混入气泡。用调土刀将试样面修平，使最厚处为10 mm，多余试样放回调土皿中。以蜗轮为中心，用划刀自后至前沿土碟中央将试样划成槽缝清晰的两半(见图1-17)。为避免槽缝边扯裂或试样在土碟中滑动，允许从前至后，再从后至前多划几次，将槽逐步加深，以代替一次划槽，最后一次从后至前的划槽能明显地接触碟底，但应尽量减少划槽的次数。

(3)以每秒2转的速率转动摇柄，使土碟反复起落，坠击于底座上，记录击数，直至试样两边在槽底的合拢长度为13 mm(见图1-18)，记录击数，并在槽的两边采取试样10 g左右，测定其含水率。

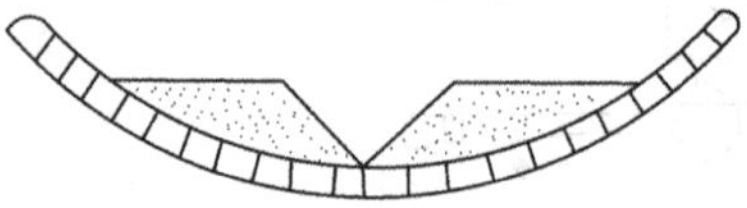

图1-17　划槽状况

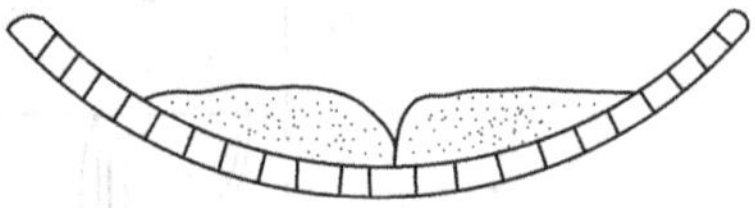

图1-18　合拢状况

(4)将土碟中的剩余试样移至调土皿中，再加水彻底拌和均匀，应按上述步骤(2)和步骤(3)的规定至少再做两次试验。这两次土的稠度应使合拢长度为13 mm时所需击数为15~35次，其中25次以上及以下各1次。然后测定各击次下试样的相应含水率。

## 四、搓滚塑限法试验步骤

搓滚塑限法试验应按下列步骤进行：

(1)取过0.5 mm筛的代表性试样约100 g，加纯水拌和，浸润静置过夜。

(2)将试样在手中捏揉至不黏手，捏扁，当出现裂缝时，表示含水率已接近塑限。

(3)取接近塑限的试样一小块，先用手捏成橄榄形，再用手掌在毛玻璃板上轻轻搓滚。搓滚时手掌均匀施加压力于土条上，不得使土条在毛玻璃板上无力滚动，土条不得有空心现象，土条长度不宜大于手掌宽度。

(4)当土条搓成3 mm时，产生裂缝，并开始断裂，表示试样达到塑限。当不产生裂缝及断裂时，表示这时试样的含水率高于塑限；当土条直径大于3 mm时即断裂，表示试样含水率小于塑限，应弃去，重新取土试验。当土条在任何含水率下始终搓不到3 mm即开始断裂，则该土无塑性。

(5)取直径符合3 mm断裂土条3~5 g，放入称量盒内，盖紧盒盖，测定含水率。此含水率即为塑限。

## 五、缩限试验步骤

(1)取代表性的土样，用纯水制备成约为液限的试样。

(2)在收缩皿内抹一薄层凡士林,将试样分层装入收缩皿中,每次装入后将收缩皿在试验台上拍击,直至驱尽气泡。

(3)收缩皿装满试样后,用直尺刮去多余试样,擦净收缩皿外部,立即称收缩皿加湿土总质量。

(4)将盛装试样的收缩皿放在室内逐渐晾干,至试样的颜色变淡时,放入烘箱中烘至恒量。

(5)称收缩皿和干土总质量,应准确至 0.01 g。

(6)按任务四中蜡封法的规定测定干土体积。

## 六、试验成果整理

### (一)碟式仪液限法试验成果整理

(1)计算各击次下合拢时试样的相应含水率,应按下式计算:

$$w_N = \left(\frac{m_N}{m_\mathrm{d}} - 1\right) \times 100 \tag{1-41}$$

式中 $w_N$——$N$ 击次下试样的含水率(%);

$m_N$——$N$ 击次下试样的质量,g。

(2)绘制击次与含水率关系曲线并查得液限。根据试验结果,以含水率为纵坐标,击次为横坐标,在单对数坐标上绘制击次与含水率关系曲线,查得曲线上击数 25 次所对应的含水率,即为该试样的液限。

### (二)搓滚塑限法试验成果整理

塑限应按下式计算,计算至 0.1%:

$$w_\mathrm{P} = \left(\frac{m_0}{m_\mathrm{d}} - 1\right) \times 100 \tag{1-42}$$

**【任务说明】**

## 一、碟式仪测液限

碟式液限仪是卡萨格兰特为使液限试验标准化加以改进的仪器。各国使用的碟式液限仪的制造材料(尤其是基座材料)和划刀规格不尽相同,《土工试验方法标准》(GB/T 50123—2019)中采用国际上应用较广的 ASTM 标准的碟式仪及 A 型划刀。

## 二、滚搓法测塑限

滚搓法测定塑限时,各国的搓条方法不尽相同,土条断裂时的直径多数采用 3 mm,美国 ASTM D424 规定为 1/8 in(约 3.2 mm),我国一直使用 3 mm。对于某些低液限粉质土,始终搓不到 3 mm,可认为塑性极低或无塑性,可按细砂处理。

## 三、缩限试验

分层填装试样时,要切实注意不断挤压拍击,使其充分排气,增加试样的饱和度,否则不符合土体积的收缩量等于水分的减少量的基本假定,导致计算结果失真,缩限指标不准确。

【任务考核】

任务考核细则如表 1-28 所示。

表 1-28 碟式仪液限法、搓滚塑限法和缩限试验学生自评表

| 班级 | | 姓名 | | 学号 | |
|---|---|---|---|---|---|
| 学习任务 | 液限、塑限和缩限检测 | | | | |
| 打分类别 | 考核要点 | | | 分值 | 得分 |
| 常规计分项目 | 试样中剔除 0.5 mm 的颗粒 | | | 5 | |
| | 试验仪器、工具、记录表等准备齐全 | | | 5 | |
| | 天平选用正确 | | | 5 | |
| | 能说出碟式仪液限法、搓滚塑限法和缩限试验的试验原理 | | | 5 | |
| | 碟式仪液限法加水拌匀正确 | | | 5 | |
| | 碟式仪液限法在土碟中铺土正确 | | | 5 | |
| | 碟式仪液限法划槽正确 | | | 5 | |
| | 碟式仪液限法碟式仪起落坠击频率正确 | | | 5 | |
| | 碟式仪液限法击数记录标准和数量正确 | | | 5 | |
| | 碟式仪液限法至少三次试验,其中击数 25 次以上及以下各 1 次正确 | | | 5 | |
| | 搓滚法搓滚手法正确 | | | 5 | |
| | 搓滚法土条直径正确 | | | 5 | |
| | 缩限试验往收缩皿内装土操作正确 | | | 5 | |
| | 缩限试验用蜡封法测定干土体积正确 | | | 5 | |
| | 测定含水率方法正确,误差满足相关规范要求 | | | 5 | |
| | 试验中称量、记录正确 | | | 5 | |
| | 液限计算正确 | | | 5 | |
| | 塑限、缩限计算正确 | | | 5 | |
| | 记录正确 | | | 5 | |
| | 试验记录表计算、修约及结果正确 | | | 5 | |
| 附加分 | 试验仪器、工具、操作方法等有创新想法 | | | 10 | |
| | 数据处理有创新 | | | 5 | |
| | 试验精益求精,具有工匠精神 | | | 10 | |
| 扣分 | 一旦发现试验中篡改伪造数据,本项目 0 分计 | | | -100 | |
| | 不能将组内负责任务完成 | | | -30 | |
| 总计 | | | | | |

# 任务十三　击实试验

【任务引入】

图 1-2 所示的小浪底大坝，图中①区为黏土斜心墙，采用分层填筑的方法施工。《碾压式土石坝设计规范》(SL 274—2020)规定，黏性土的施工填筑含水率应根据土料性质、填筑部位、气候条件和施工机械等情况，控制在最优含水率的 −2%～+3%偏差范围以内；黏性土的压实度应符合 1 级坝、2 级坝和 3 级以下高坝的压实度不应低于 98%，3 级中坝、低坝及 3 级以下中坝压实度不应低于 96%。压实度等于碾压施工后测定的干密度除以最大干密度。请采用击实试验测定心墙土料的最优含水率和最大干密度。

码 1-32　微课-击实试验工程意义

码 1-33　微课-击实试验方法原理

【知识储备】

## 一、土的击实性

土的击实(压实)性是指土在一定压实能量作用下密度增长的特性。由一组几个不同含水率(通常为 5 个)的同一种土样分别按相同的击实功和击实操作方法击实，得到每个土样击实后的含水率和干密度，在横坐标为含水率、纵坐标为干密度的坐标系中绘制出一条击实曲线。击实曲线反映土的压实特性如下：

(1)对于某一土样，在一定的击实功能作用下，只有当土的含水率为某一值时，土样才能达到最密实状态，因此在击实曲线上必然会出现一峰值，峰点所对应的纵坐标值为最大干密度 $\rho_{dmax}$，对应的横坐标值为最优(佳)含水率 $w_{op}$，如图 1-19 所示。

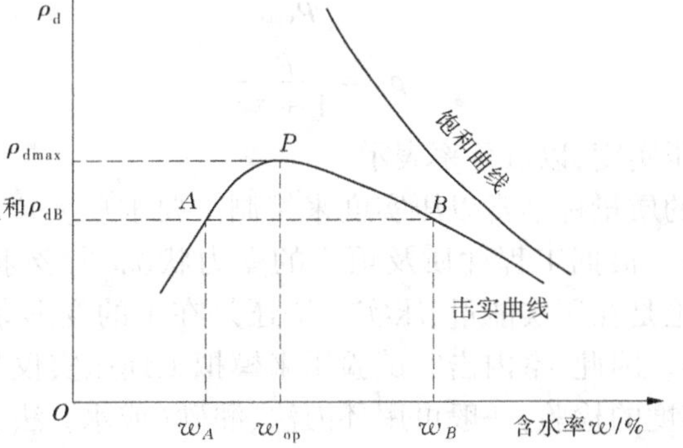


图 1-19　击实曲线、最大干密度和最优含水率

(2)土在击实过程中，通过土粒的相互位移，很容易将土中的气体挤出，而要挤出土中水分来达到压实的效果，对于黏性土，不是短时间的加载所能办到的。因此，人工压实不是通过挤出土中水分而是通过挤出土中气体来达到压实目的的。同时，当土的含水率

接近或大于最优含水率时，土孔隙中的气体越来越处于与大气不连通的状态，击实作用已不能将其排出土体之外。一般压实最好的土，气体含量也还有 3%~5%（以总体积计）留在土中，亦即击实土不可能被压实到完全饱和状态，击实曲线必然位于饱和曲线的左侧而不可能与饱和曲线相切或相交，如图 1-20 所示。

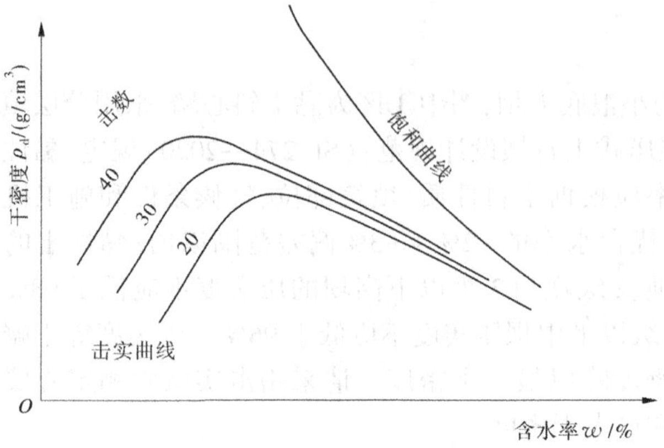


图 1-20　黏性土的击实曲线与饱和曲线

(3) 当含水率低于最优含水率时，干密度受含水率变化的影响较大，即含水率变化对干密度的影响在偏干时比偏湿时更加明显。因此，击实曲线的左段（低于最优含水率）的坡度比右段要陡。

## 二、土的压实度

土的压实度 $\lambda_c$，定义为现场土体压实后的实测干密度 $\rho_d$ 与室内土体击实试验所得最大干密度 $\rho_{dmax}$ 之比值，或称压实系数，可由式（1-43）表示，实测干密度 $\rho_d$ 由式（1-44）表示：

$$\lambda_c = \frac{\rho_d}{\rho_{dmax}} \tag{1-43}$$

$$\rho_d = \frac{\rho}{1 + w} \tag{1-44}$$

式中　$\lambda_c$——土的压实度，以百分率表示。

在工程中，填土的质量标准常以压实度来控制。要求压实度越接近于 100%，表明对压实质量的要求越高。根据工程性质及填土的受力状况，所要求的压实度是不一样的。现场填土的压实，无论是在压实能量、压实方法还是在土的变形条件等方面，均与室内击实试验存在一定差异。因此，室内击实试验用来模拟工地压实仅是一种半经验的方法。

在工地上对压实度的检验，一般可用环刀法、灌砂（或水）法、湿度密度仪法或核子密度仪法等来测定土的密度和含水率。

## 三、土的压实机制及其影响因素

### （一）压实机制

在外力作用下土的压实机制，可以用结合水膜润滑及电化学性质等理论来解释。一般认为,在黏性土中含水率较低时,由于土粒表面的结合水膜较薄,土粒间距较小,粒间电作用力就以引力占优势,土粒的相对位移阻力大,在击实功能作用下,比较难以克服这种阻力,因此压实效果就差。随着土中含水率增加,结合水膜增厚,土粒间距也逐渐增加,这时斥力增加而引力相对减小,击实功能比较容易克服粒间引力而使土粒发生相对位移,趋于密实,压实效果较好。但当土中含水率继续增大时,虽能使粒间引力减小,但土中会出现自由水,击实时孔隙中过多的水分不易立即排出,势必阻止土粒的靠拢,同时排不出去的气体,以封闭气泡的形式存在于土体内部,击实时气泡暂时减小,很大一部分击实功能由孔隙中的封闭气体承担,转化为孔隙压力,粒间所受的力减小,击实仅能导致土粒更高程度的定向排列,而土体几乎不发生体积变化,所以压实效果反而下降。试验证明,黏性土的最优含水率与其塑限含水率十分接近,大致为 $w_{op}=w_p\pm2\%$ 。

对于无黏性土,含水率对其压实性的影响虽然不像黏性土那样敏感,但仍然是有影响的。图 1-21 是无黏性土的击实曲线。其击实曲线与黏性土击实曲线有很大差异。含水率接近于零时,它有较高的干密度;当含水率在某一较小的范围时,由于假黏聚力的存在,击实过程中一部分击实能量消耗在克服这种假黏聚力上,所以出现了最低的干密度;随含水率的不断增加,假黏聚力逐渐消失,就又有较高的干密度。所以,无黏性土的压实性虽然也与含水率有关,但击实曲线上没有峰值点,也就不存在最优含水率问题,最优含水率的概念一般不适用于无黏性土。一般在完全干燥或者充分饱水的情况下,无黏性土容易压实到较大的干密度。粗砂在含水率为 4%~5%、中砂在含水率为 7%左右时,压实后干密度最大。无黏性土的压实标准常以相对密实度 $D_r$( 见模块一任务十四)控制,一般不进行室内击实试验。

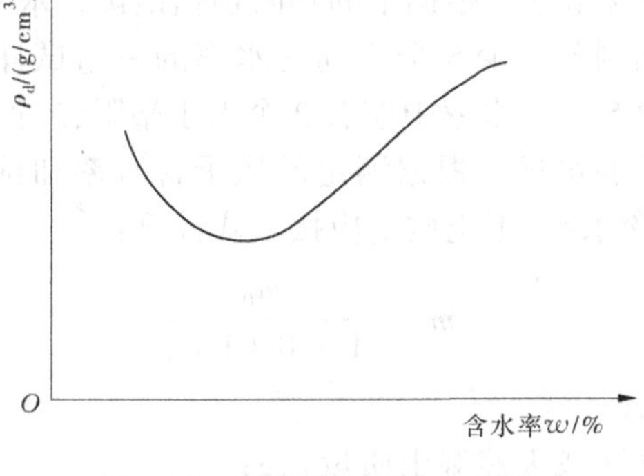


**图 1-21　无黏性土的击实曲线**

### (二)土压实的影响因素

土压实的影响因素很多,包括土的含水率、土类及级配、击实功能、毛细管压力以及孔隙压力等,其中前三种影响因素是最主要的。

1. 含水率的影响

对较干(含水率较小)的土进行夯实或碾压,不能使土充分压实;对较湿(含水率较大)的土进行夯实或碾压,非但不能使土得到充分压实,土体还极易出现软弹现象,俗称“橡皮土”;只有当含水率为某一适宜值,即最优含水率时,土才能得到充分压实,达到最大干密度。

2. 土类及级配的影响

在相同击实功能条件下,土的类别和级配不同,其压实性也不同。含粗粒越多的土其最大干密度越大,而最优含水率越小。

在同一土类中,土的级配对它的压实性影响也很大。级配不良的土(土粒较均匀),压实后其干密度要低于级配良好的土(土粒不均匀),这是因为级配良好的土有足够的较细土粒填充在较大颗粒的孔隙中,因而可获得较高的干密度。

3. 击实功能的影响

对于同一土料,加大击实功能,能克服较大的粒间阻力,会使土的最大干密度增加,而最优含水率减小。同时,当含水率较低时,击数(能量)的影响较为显著。当含水率较高时,含水率与干密度的关系曲线趋近于饱和曲线,这时靠加大击实功能来提高土的密实度是无效的。

**【任务实施】**

## 一、试验基本要求

### (一)粒径及击实功

击实试验土样粒径应小于 20 mm,分轻型击实试验和重型击实试验。轻型击实试验的单位体积击实功约为 592.2 kJ/m$^3$,重型击实试验的单位体积击实功约为 2 684.9 kJ/m$^3$。

### (二)试样制备——干法

(1)用四分法取代表性风干土样,小筒约 20 kg(大筒约 50 kg),放在橡皮板上用木碾碾散,也可用碾土器碾散;轻型按要求过 5 mm 或 20 mm 筛,重型过 20 mm 筛,将筛下土样拌匀,并测定土样的风干含水率。根据土的塑限预估最优含水率。

(2)预定含水率。须制备至少 5 个不同含水率的一组试样,相邻 2 个含水率的差值宜为 2%。轻型击实试验 5 个含水率中应有 2 个大于塑限,2 个小于塑限,1 个接近塑限。

(3)计算各个试样的加水量。根据测定的风干含水率和预定的含水率计算加水量,根据试验所需的土量和含水率,干土质量应按下式计算:

$$m_d = \frac{m_0}{1 + 0.01 w_0} \tag{1-45}$$

式中 $m_d$——干土质量,g;

$m_0$——风干土质量(或天然湿土质量),g;

$w_0$——风干含水率(或天然含水率)(%)。

加水量应按下式计算:

$$m_w = \frac{m_0}{1 + 0.01 w_0} \times 0.01(w_1' - w_0) \tag{1-46}$$

式中 $m_w$——制备试样所需的加水量,g;

$w_1'$——制样要求的含水率(%)。

(4)制备各个试样。称取过筛的适量风干土样平铺于搪瓷盘内,按预定含水率计算的加水量将水均匀喷洒于土样上,充分拌匀后装入盛土容器内盖紧,润湿一昼夜,砂土的润湿时间可酌减。

### (三)试样制备——湿法

湿法制备应取天然含水率的代表性土样,其中小型击实筒所需土样约为 20 kg,大型击实筒所需土样约为 50 kg。碾散,按要求过筛,将筛下土样拌匀,并测定土样的天然含水率。根据土样的塑限预估最优含水率,按预定含水率 2 个大于塑限、2 个小于塑限、1 个接近塑限的原则选择至少 5 个含水率的土样,分别将天然含水率的土样风干或加水进行制备,以使制备好的试样水分均匀分布。

## 二、试验仪器

(1)击实仪:应符合《土工试验仪器 击实仪》(GB/T 22541—2008)的规定。击实仪由击实筒(见图 1-22)、击锤和导筒(见图 1-23)组成,其尺寸应符合表 1-29 的规定。

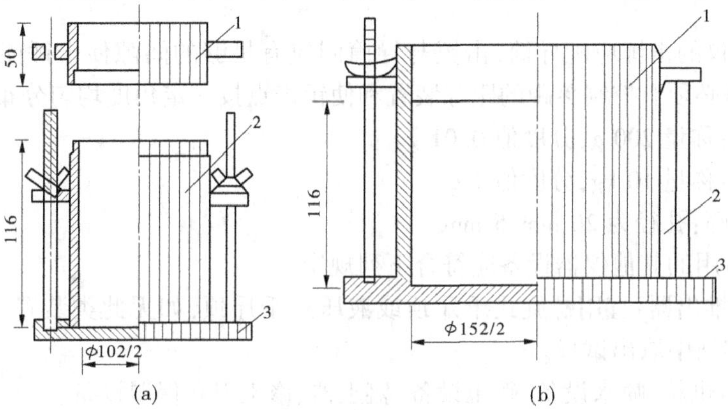


1—护筒;2—击实筒;3—底板。

**图 1-22　击实筒**　(单位:mm)

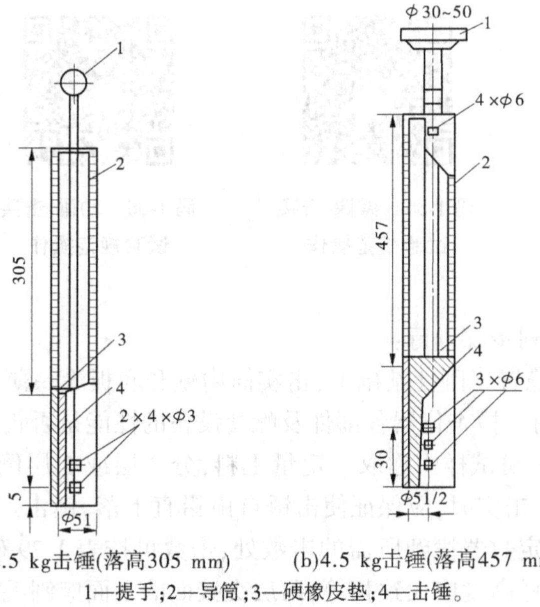


(a)2.5 kg击锤(落高305 mm)　(b)4.5 kg击锤(落高457 mm)

1—提手;2—导筒;3—硬橡皮垫;4—击锤。

**图 1-23　击锤与导筒**　(单位:mm)

表 1-29　击实仪主要技术指标

| 试验方法 | 锤底直径/mm | 锤质量/kg | 落高/mm | 层数 | 每层击数 | 击实筒 | | | 护筒高度/mm | 说明 |
|---|---|---|---|---|---|---|---|---|---|---|
| | | | | | | 内径/mm | 筒高/mm | 容积/$cm^3$ | | |
| 轻型 | 51 | 2.5 | 305 | 3 | 25 | 102 | 116 | 947.4 | ≥50 | |
| | | | | 3 | 56 | 152 | 116 | 2 103.9 | ≥50 | |
| 重型 | | 4.5 | 457 | 3 | 42 | 102 | 116 | 947.4 | ≥50 | |
| | | | | 3 | 94 | 152 | 116 | 2 103.9 | ≥50 | |
| | | | | 5 | 56 | | | | | |

（2）击实仪的击锤应配导筒，击锤与导筒间应有足够的间隙使击锤能自由下落。电动操作的击锤必须有控制落距的跟踪装置和使锤击点按一定角度均匀分布的装置。

（3）天平：称量 200 g，分度值 0.01 g。

（4）台秤：称量 10 kg，分度值 1 g。

（5）标准筛：孔径为 20 mm、5 mm。

本试验所用的其他仪器设备应符合下列规定：

（1）试样推出器：宜用螺旋式千斤顶或液压式千斤顶，如无此类装置，也可用刮刀和修土刀从击实筒中取出试样。

（2）其他：烘箱、喷水设备、碾土设备、盛土器、修土刀和保湿设备。

## 三、试验步骤

码 1-34　微课-击实试验的仪器和方法

码 1-35　微课-击实试验规范操作

码 1-36　动画-击实试验规范操作

码 1-37　微课-击实试验数据处理

试样击实应按下列步骤进行：

（1）将击实仪平稳置于刚性基础上，击实筒内壁和底板涂一薄层润滑油，连接好击实筒与底板，安装好护筒。检查仪器各部件及配套设备的性能是否正常，并做好记录。

（2）从制备好的一份试样中称取一定量土料，分 3 层或 5 层倒入击实筒内并将土面整平，分层击实。手工击实时，应保证使击锤自由铅直下落，锤击点必须均匀分布于土面上；机械击实时，可将定数器拨到所需的击数处，击数可按表 1-29 确定，按动电钮进行击实。击实后的每层试样高度应大致相等，两层交接面的土面应刨毛。击实完成后，超出击实筒顶的试样高度应小于 6 mm。

(3)用修土刀沿护筒内壁削挖后,扭动并取下护筒,测出超高,应取多个测值平均,准确至0.1 mm。沿击实筒顶细心修平试样,拆除底板。试样底面超出筒外时,应修平。擦净筒外壁,称量,准确至1 g。

(4)用推土器从击实筒内推出试样,从试样中心处取2份一定量的土料,细粒土为15~30 g,粗粒土为50~100 g。平行测定土的含水率,称量准确至0.01 g,两份土样的含水率的最大允许差值应为±1%。

(5)应按步骤(1)~(4)款的规定对其他含水率的试样进行击实。一般不重复使用土样。

## 四、试验成果整理

击实后各试样的含水率应按下式计算:

$$w = \left(\frac{m_0}{m_d} - 1\right) \times 100 \tag{1-47}$$

击实后各试样的干密度应按下式计算,计算至0.01 g/cm³。

$$\rho_d = \frac{\rho}{1 + 0.01w} \tag{1-48}$$

土的饱和含水率应按下式计算:

$$w_{sat} = \left(\frac{\rho_w}{\rho_d} - \frac{1}{G_s}\right) \times 100 \tag{1-49}$$

式中　$w_{sat}$——饱和含水率(%);

$\rho_w$——水的密度,g/cm³。

**【任务说明】**

每个土样每层击实锤击数是根据单位体积击实功确定的,如果采用表1-30中的轻型击实仪,可通过下面算式计算得到每层的锤击数。

**表1-30　击实仪主要部件规格**

| 试验方法 | 锤底直径/mm | 锤质量/kg | 落高/mm | 击实筒 | | | 护筒高度/mm |
|---|---|---|---|---|---|---|---|
| | | | | 内径/mm | 筒高/mm | 容积/cm³ | |
| 轻型 | 51 | 2.5 | 305 | 102 | 116 | 947.4 | 50 |
| 重型 | 51 | 4.5 | 457 | 152 | 116 | 2 103.9 | 50 |

锤重量($m_g$)×落高($h$)×锤击数($n$)×分层数=筒内土料所受的击实功　(1-50)

$=592.2\times10^3\times10^{-6}\times947.4$

$2.5\times9.8\times0.305\times3n=592.2\times10^3\times10^{-6}\times947.4$

$n=25$

即,选用表1-30中所示轻型击实仪,采用3层击实时每层的锤击数为25下。

试验室的击实仪规格跟表1-30未必完全相同,只要有一项不同都要先用式(1-50)计算出每层的锤击数,再按计算得到的锤击数击实。

**【任务考核】**

任务考核细则如表 1-31 所示。

**表 1-31 击实试验学生自评表**

| 班级 | | 姓名 | | 学号 | |
|---|---|---|---|---|---|
| 学习任务 | 最优含水率 $w_{op}$ 和最大干密度 $\rho_{dmax}$ 检测 | | | | |
| 打分类别 | 考核要点 | | | 分值 | 得分 |
| 常规计分项目 | 试验仪器、工具、记录表等准备齐全 | | | 5 | |
| | 天平选用正确 | | | 5 | |
| | 土样风干，取土数量正确(小筒约 20 kg、大筒约为 50 kg) | | | 5 | |
| | 放在橡皮板上用木碾或用碾土器碾散 | | | 5 | |
| | 土样按要求过筛正确(过 5 mm 或 20 mm 筛，重型过 20 mm 筛) | | | 5 | |
| | 根据塑限预估最优含水率正确 | | | 5 | |
| | 根据预估的最优含水率预定 5 个试样的含水率正确 | | | 5 | |
| | 根据预估含水率计算加水量正确 | | | 5 | |
| | 每层土的锤击数计算正确 | | | 5 | |
| | 每层土倒入击实筒后将土面整平 | | | 2.5 | |
| | 分 3 层或 5 层击满时，每层土击实后层厚大致相等，会计算每层土击实后的层厚 | | | 5 | |
| | 会量测每层土击实后的层厚 | | | 2.5 | |
| | 每层土击实后的层厚大致相等 | | | 5 | |
| | 每层土击实后的表面刨毛 | | | 5 | |
| 常规计分项目 | 击实后，量测并计算超出击实筒顶的试样高度准确至 0.1 mm，超高小于 6 mm | | | 5 | |
| | 修平击实筒上下表面，擦净筒外壁操作正确 | | | 5 | |
| | 称量击实筒质量、筒+湿土质量(或推出筒内土样，称量其质量)正确 | | | 5 | |
| | 测定击实筒内土样含水率正确(包括取土数量和位置)，两个含水率的最大允许差值应为±1% | | | 5 | |
| | 试验记录表记录、计算、修约及结果正确 | | | 5 | |
| | 击实曲线正确 | | | 5 | |
| | 最优含水率 $\omega_{op}$ 和最大干密度 $\rho_{dmax}$ 正确 | | | 5 | |

续表 1-31

| 打分类别 | 考核要点 | 分值 | 得分 |
| --- | --- | --- | --- |
| 附加分 | 试验仪器、工具、操作方法等有创新想法 | 10 | |
| | 数据处理有创新 | 5 | |
| | 试验精益求精，具有工匠精神 | 10 | |
| 扣分 | 一旦发现试验中篡改伪造数据，本项目 0 分计 | -100 | |
| | 不能将组内负责任务完成 | -30 | |
| 总计 | | | |

# 任务十四　相对密(实)度试验

**【任务引入】**

小浪底大坝为黏土斜心墙土石坝，横剖面图如图 1-2 所示，坝体各区所采用的土石材料中有机质含量均小于 5%。图中②A区和②B区为反滤层，②A区为斜心墙下游的第一层反滤层，采用 0.1～20 mm 土料，根据《碾压式土石坝设计规范》(SL 274—2020)，砂砾石和砂的填筑标准应以相对密实度作为设计控制指标，并应符合下列要求：①砂砾石的相对密实度不应低于 0.75，砂的相对密实度不应低于 0.70，反滤料宜为 0.70。②砂砾料中粗粒料含量小于 50%时，应保证粒径小于 5 mm 的细料的相对密实度也符合上述要求。请测定②A区反滤层土粒的相对密实度。

码 1-38　微课-相对密实度试验工程意义

码 1-39　微课-相对密实度试验方法原理

**【知识储备】**

无黏性土中黏粒含量很少，呈单粒结构，不具有可塑性。无黏性土的物理性质主要决定于土的密实度状态，土的湿度状态仅对细砂、粉砂有影响。密实的无黏性土，强度较大，压缩性较小，是良好的天然地基，稍密、松散的无黏性土强度偏低、压缩性大、稳定性差，是一种软弱地基，尤其是饱和的粉、细砂，稳定性很差，在振动荷载作用下易发生液化失稳现象。所以，工程中评价无黏性土时，要说明其密实程度，判别无黏性土的密实程度的指标主要有孔隙比、相对密实度和标准贯入锤击数。

砂土的密实度在一定程度上可根据天然孔隙比 $e$ 的大小来评定。但对于级配相差较大的不同类土，天然孔隙比 $e$ 难以有效判定密实度的相对高低。如图 1-24 所示甲、乙两种砂土，级配不良的砂土甲处于最密实状态，其天然孔隙比 $e=0.35$，级配良好的砂土乙也处于最密实状态,但是其天然孔隙比 $e=0.20$,如果砂土乙的天然孔隙比 $e=0.35$,可能判为中密或者稍密状态。可见,天然孔隙比无法反映土的颗粒级配及形状,为了合理判定砂土的密实度状态,在工程上提出了相对密实度的概念,符号为 $D_r$,表达式如式(1-51)所示。

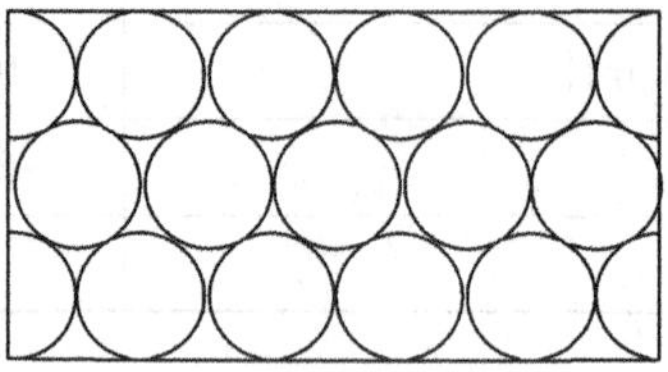

$e_{min}=0.35$
(a)砂土甲

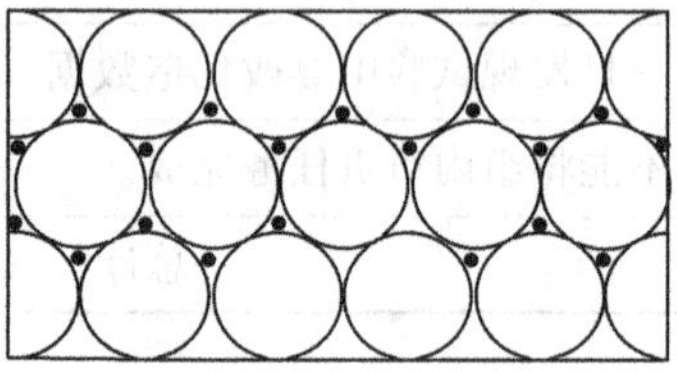

$e_{min}=0.20$
(b)砂土乙

**图 1-24　处于最密实状态的甲、乙两种砂土**

$$D_r = \frac{e_{max} - e_0}{e_{max} - e_{min}} \tag{1-51}$$

式中　$e_{max}$——砂土在最松散状态时的孔隙比,即最大孔隙比;

$e_{min}$——砂土在最密实状态时的孔隙比,即最小孔隙比;

$e_0$——砂土在天然状态时的孔隙比。

最大孔隙比 $e_{max}$、最小孔隙比 $e_{min}$ 和天然状态时的孔隙比 $e_0$ 可分别通过最小干密度试验测定最小干密度 $\rho_{dmin}$、最大干密度试验测定最大干密度 $\rho_{dmax}$、原位(原状土)密度试验和含水率试验测定天然干密度 $\rho$,代入式(1-52)得到。

$$e = \frac{\rho_w G_s}{\rho} - 1 \tag{1-52}$$

当 $D_r=0$ 时,表示砂土处于最松散状态;当 $D_r=1$ 时,表示砂土处于最密实状态。砂类土密实度划分标准按相对密实度 $D_r$ 的划分标准,参见表 1-32。

**表 1-32　砂土密实度划分标准**

| 密实度 | 密实 | 中密 | 松散 |
|---|---|---|---|
| 相对密实度 | $0.67 < D_r \leq 1$ | $0.33 < D_r \leq 0.67$ | $0 < D_r \leq 0.33$ |

从理论上讲,用相对密实度划分砂土的密实程度是比较合理的,也是国际上通用的划分砂类土密实度的试验。但是由于原状砂土试样采取困难,以及最大、最小孔隙比测定时人为因素影响很大,对同一种砂土的试验结果往往离散性很大。因此,工程上常用标准贯入试验的标准贯入锤击数来划分砂土的密实度,标准贯入试验属于原位试验,这里不做详细介绍。

**【任务实施】**

## 一、试验基本要求

(1)土样为能自由排水的砂砾土,粒径不应大于 5 mm,其中粒径为 2~5 mm 的土样质量不应大于土样总质量的 15%。

(2)最小干密度试验宜采用漏斗法和量筒法,最大干密度试验宜采用振动锤击法。

(3)本试验应进行两次平行测定,两次测定值其最大允许平行差值应为±0.03 $g/cm^3$,取两次测值的算术平均值为试验结果。

码 1-40　动画-最小干密度试验规范操作

## 二、试验仪器

### (一)最小干密度试验所用的主要仪器设备

(1)量筒:容积有 500 mL 和 1 000 mL 两种,后者内径应大于 6 cm。

(2)长颈漏斗:颈管内径约 1.2 cm,颈口磨平。

(3)锥形塞:直径约 1.5 cm 的圆锥体,焊接在铜杆下端(见图 1-25)。

(4)天平:称量 1 000 g,分度值 1 g。

(5)砂面拂平器(见图 1-25)。

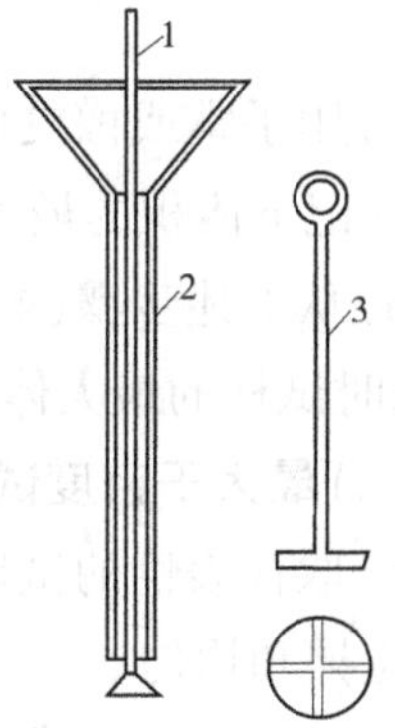


1—锥形塞;2—长颈漏斗;3—砂面拂平器。

图 1-25　漏斗及拂平器

### (二)最大干密度试验所用的主要仪器设备

(1)金属容器,有以下两种:

①容积 250 mL,内径 5 cm,高 12.7 cm。

②容积 1 000 mL,内径 10 cm,高 12.75 cm。

(2)振动叉(见图 1-26)。

(3)击锤:锤质量 1.25 kg,落高 15 cm,锤底直径 5 cm(见图 1-27)。

(4)台秤:称量 5 000 g,分度值 1 g。

## 三、试验步骤

### (一)最小干密度试验

(1)取代表性的烘干或充分风干试样约 1.5 kg,用手搓揉或用圆木棍在橡皮板上碾散,并应拌和均匀。

(2)将锥形塞杆自漏斗下口穿入,并向上提起,使锥体堵住漏斗管口,一并放入 1 000 mL 量筒中,使其下端与筒底接触。

(3)称取试样 700 g,应准确至 1 g,均匀倒入漏斗中,将漏斗与塞杆同时提高,然后下放塞杆使锥体略离开管口,管口应经常保持高出砂面 1~2 cm,使试样缓缓且均匀分布地落入量筒中。

(4)试样全部落入量筒后,取出漏斗与锥形塞,用砂面拂平器将砂面拂平,勿使量筒振动,然后测读砂样体积,估读至 5 mL。

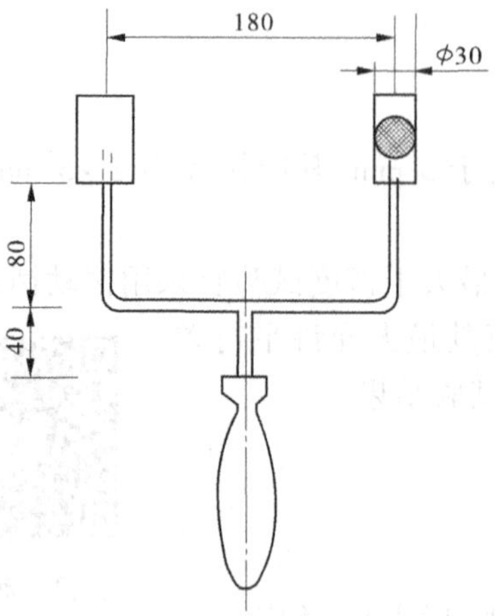


图 1-26　振动叉　（单位：mm）

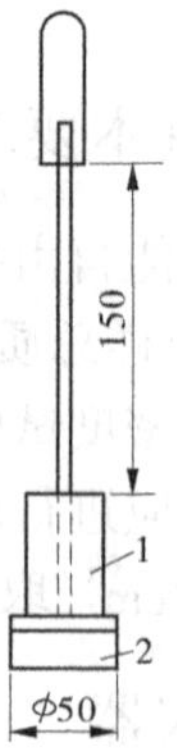


1—击锤；2—锤座。

图 1-27　击锤　（单位：mm）

(5)用手掌或橡皮板堵住量筒口，将量筒倒转，然后缓慢地转回原来的位置，如此重复几次，记下体积的最大值，估读至 5 mL。

(6)从上述步骤(4)和步骤(5)两种方法测得的体积值中取体积值较大的一个，为松散状态时试样的最大体积。

**(二)最大干密度试验**

(1)取代表性的试样约 4 kg，用手搓揉或用圆木棍在橡皮板上碾散，并应拌和均匀。

(2)分 3 次倒入容器进行振击。先取代表性试样 600～800 g(其数量应使振击后的体积略大于容器容积的 1/3)倒入 1 000 mL 容器内，用振动叉以每分钟 150～200 次的速度敲打容器两侧，并在同一时间内，用击锤于试样表面每分钟锤击 30～60 次，直至砂样体积不变，一般击 5～10 min。敲打时要用足够的力量使试样处于振动状态；锤击时，粗砂可用较少击数，细砂应用较多击数。

码 1-41　动画-最大干密度试验规范操作

(3)按上述步骤(2)的规定，进行后两次的装样、振动和锤击，第 3 次装样时应先在容器口上安装套环。

(4)最后 1 次振毕，取下套环，用修土刀齐容器顶面刮去多余试样，称容器内试样质量，准确至 1 g，并记录试样体积，计算其最小孔隙比。

码 1-42　微课-相对密实度试验数据处理

## 四、试验成果整理

(1)计算最小干密度。最小干密度应按下式计算，计算至 0.01 g/cm$^3$：

$$\rho_{dmin}=\frac{m_d}{V_{max}} \tag{1-53}$$

式中　$\rho_{dmin}$——最小干密度，$g/cm^3$；

$V_{max}$——松散状态时试样的最大体积，$cm^3$。

(2)计算最大孔隙比。最大孔隙比应按下式计算：

$$e_{max}=\frac{\rho_w G_s}{\rho_{dmin}}-1 \tag{1-54}$$

式中　$e_{max}$——最大孔隙比。

(3)计算最大干密度。最大干密度应按下式计算，计算至 0.01 $g/cm^3$：

$$\rho_{dmax}=\frac{m_d}{V_{min}} \tag{1-55}$$

式中　$\rho_{dmax}$——最大干密度，$g/cm^3$；

$V_{min}$——紧密状态时试样的最小体积，$cm^3$。

(4)计算最小孔隙比。最小孔隙比应按下式计算：

$$e_{min}=\frac{\rho_w G_s}{\rho_{dmax}}-1 \tag{1-56}$$

式中　$e_{min}$——最小孔隙比。

(5)计算相对密实度。相对密实度应按式(1-57)或式(1-58)计算：

$$D_r=\frac{(\rho_d-\rho_{dmin})\rho_{dmax}}{(\rho_{dmax}-\rho_{dmin})\rho_d} \tag{1-57}$$

式中　$D_r$——相对密实度，计算至 0.01；

$e_0$——天然孔隙比或填土的相应孔隙比。

**【任务说明】**

相对密实度试验适用于透水性良好的无黏性土，对含细粒较多的试样不宜进行相对密实度试验，美国 ASTM 规定粒径小于 0.075 mm 土粒的含量不大于试样总质量的 12%。如遇细粒土(粒径小于 0.075 mm)超过总质量的 12%时，分别做相对密实度试验和标准击实试验，当相对密实度为 70%对应的干密度小于击实最大干密度的 95%时，则应用击实试验。关于颗粒粒径大于 5 mm 的试验，参考粗颗粒土标准。

**【任务考核】**

任务考核细则如表 1-33 所示。

表 1-33　相对密(实)度试验学生自评表

| 班级 | | 姓名 | 学号 | |
| --- | --- | --- | --- | --- |
| 学习任务 | | 相对密实度检测 | | |
| 打分类别 | | 考核要点 | 分值 | 得分 |
| 常规计分项目 | 试验前准备 | 试验仪器、工具、记录表等准备齐全 | 5 | |
| | | 天平选用正确 | 5 | |
| | | 土样风干,放在橡皮板上用手搓或用圆木棍碾散 | 5 | |
| | | 取土具有代表性,取土数量正确(最小干密度试验约 1.5 kg、最大干密度试验约 4 kg) | 5 | |
| | 最小干密度试验 | 将锥形塞杆自漏斗下口穿入,并向上提起,使锥体堵住漏斗管口,一并放入 1 000 mL 量筒中,使其下端与筒底接触 | 5 | |
| | | 称取试样 700 g,准确至 1 g | 5 | |
| | | 称好的试样均匀倒入漏斗中,将漏斗与塞杆同时提高,然后下放塞杆使锥体略离开管口,管口应经常保持高出砂面 1~2 cm,使试样缓缓且均匀分布地落入量筒中 | 5 | |
| | | 试样全部落入量筒后,取出漏斗与锥形塞,用砂面拂平器将砂面拂平,勿使量筒振动,然后测读砂样体积,估读至 5 mL | 5 | |
| | | 用手掌或橡皮板堵住量筒口,将量筒倒转,然后缓慢地转回原来位置,如此重复几次,记下体积的最大值,估读至 5 mL | 5 | |
| | | 取漏斗法和量筒法测得体积值的较大值,作为松散状态时试样的最大体积 | 5 | |
| | | 试验记录表记录正确 | 5 | |
| | | 试验计算、修约及结果正确 | 5 | |
| | 最大干密度试验 | 分 3 次倒入容器进行振击,每层土击实后层厚大致相等,会计算每层土击实后的层厚 | 5 | |
| | | 会量测每层土击实后的层厚 | 5 | |
| | | 振击方法正确(用振动叉以每分钟 150~200 次的速度敲打容器两侧,并在同一时间内,用击锤于试样表面每分钟锤击 30~60 次,直至砂样体积不变) | 5 | |
| | | 每层土振击后的层厚大致相等 | 5 | |
| | | 完成 3 层振击后,用修土刀齐容器顶面刮去多余试样,称容器内试样质量,准确至 1 g | 5 | |
| | | 试验记录表记录正确 | 5 | |
| | | 试验计算、修约及结果正确 | 5 | |
| | | 两次平行测定差值小于或等于最大允许平行差值 | 5 | |
| 附加分 | | 试验仪器、工具、操作方法等有创新想法 | 10 | |
| | | 数据处理有创新 | 5 | |
| | | 试验精益求精,具有工匠精神 | 10 | |
| 扣分 | | 一旦发现试验中篡改伪造数据,本项目 0 分计 | -100 | |
| | | 不能将组内负责任务完成 | -30 | |
| 总计 | | | | |

# 任务十五　渗透试验——常水头渗透试验

**【任务引入】**

小浪底大坝为黏土斜心墙土石坝，横断面图如图 1-2 所示，坝体各区所采用的土石材料中有机质含量均小于 5%。图中②A区为斜心墙下游的第一层反滤层，采用 0.1~20 mm 土料分层碾压填筑而成，施工之后需要测定其渗透系数，进而判断反滤层的施工质量，防止土体发生渗透变形。请测定②A区反滤层土粒的渗透系数。

码 1-43　微课-渗透试验工程意义

**【知识储备】**

饱和土体中存在水位差时，土中水会在水位能量作用下，从水位高（能量高）的位置向水位低（能量低）的位置流动。这种土中水从土体孔隙中透过的现象称为渗透。土体具有被液体透过的性质称为土的渗透性，或称为透水性。

码 1-44　动画-渗透破坏——管涌

法国工程师达西首先采用图 1-28 所示的试验装置对均匀砂土进行了大量渗流试验，得出了层流条件下，土体中水渗流速度与能量（水头）损失之间的渗流规律，即达西定律。达西试验装置的主要部分是一个上端开口的直立圆筒，下部放碎石，碎石上放一块多孔滤板 c，滤板上面放置颗粒均匀的砂土试样，其横断面面积为 $A$，长度为 $L$。筒的侧壁装有两支测压管。水由上端进水管 a 注入圆筒，并以溢水管 b 保持筒内上部为恒定水位。透过砂土试样的水从装有控制阀门 d 的弯管经溢水管 e 流入容器 V 中。达西根据对不同尺寸的圆筒和不同类型及长度的土样所进行的试验发现，单位时间内的渗水量与土样横断面面积 $A$ 和水力坡降 $i$ 成正比，且与土样的透水性质有关，如式（1-58）所示。

码 1-45　微课-渗透试验方法原理

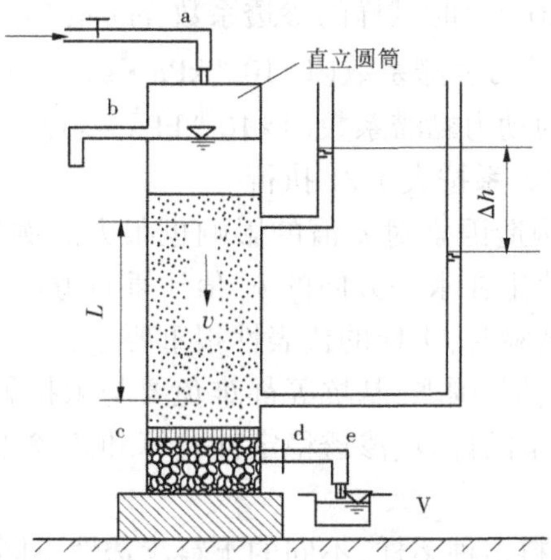


图 1-28　达西渗流试验装置示意图

$$q = kiA \tag{1-58}$$

因为流量等于流速乘以过水断面面积，实际的过水断面面积是孔隙所占的面积，我们无法得到，所以我们用土样横断面面积 $A$ 代替，此时的流速为平均流速，可表示为

$$v = ki \tag{1-59}$$

也就是说，饱和土中水的渗流速度与水力坡降成正比，比例系数 $k$ 称为渗透系数，它就是当水力坡降 $i$ 等于 1 时的渗透速度。因此，渗透系数是综合反映土体渗透能力的一个定量指标，测定土的渗透系数的试验即为土的渗透试验。影响土的渗透系数的主要因素如下：

(1)土的粒度成分。一般土粒越粗、大小越均匀、形状越圆滑，$k$ 值也就越大。粗粒土中含有细粒土时，随细粒含量的增加，$k$ 值急剧下降。

(2)土的密实度。土越密实，$k$ 值越小。试验资料表明，对于砂土，$k$ 值对数与孔隙比与相对密实度呈线性关系。对于黏性土，孔隙比 $e$ 对 $k$ 的影响更大。

(3)土的饱和度。一般情况下饱和度越低，$k$ 值越小。这是因为低饱和度土的孔隙中存在较多气泡，会减小过水断面面积，甚至堵塞细小孔道。同时由于气体因孔隙水压力的变化而胀缩。因而饱和度的影响成为一个不定因素。为此，要求试样必须充分饱和，以保持试验的精度。

(4)土的结构。细粒土在天然状态下具有复杂结构，结构一旦扰动，原有的过水通道的形状、大小及其分布就会全部改变，因而 $k$ 值也就不同。扰动土样与击实土样的 $k$ 值通常均比同一密度原状土样的 $k$ 值小。

(5)水的温度。试验表明，渗透系数与渗流液体(水)的重度以及黏滞系数 $\eta$ 有关。水温不同时，$\gamma_w$ 相差不多，但 $\eta$ 变化较大。水温越高，$\eta$ 越低；$k$ 与 $\eta$ 基本上呈线性关系。所以，在 $T$ ℃测得的渗透系数 $k_T$ 值应加温度修正，使其成为标准温度下的渗透系数值。目前，《土工试验方法标准》(GB/T 50123—2019)采用 20 ℃为标准温度。标准温度 20 ℃下的渗透系数 $k_{20}$ 应按式(1-60)计算：

$$k_{20} = \frac{\eta_T}{\eta_{20}} k_T \tag{1-60}$$

式中 $k_{20}$——标准温度(20 ℃)时试样的渗透系数，cm/s；

$\eta_T$——$T$ ℃时水的动力黏滞系数($1\times10^{-6}$ kPa · s)；

$\eta_{20}$——20 ℃时水的动力黏滞系数($1\times10^{-6}$ kPa · s)。

比值 $\eta_T/\eta_{20}$ 与温度的关系按表 1-21 执行。

(6)土的构造。土的构造因素对 $k$ 值的影响也很大。例如，在黏性土层中有很薄的砂土夹层的层理构造，会使土在水平方向的 $k_h$ 值比垂直方向的 $k_v$ 值大许多倍，甚至几十倍。因此，在室内做渗流试验时，土样的代表性很重要。

水利工程中的土石堤、坝、围堰、基坑等都难免要与水接触，这些水往往存在压力差，从而产生渗透现象。渗流量的计算、渗透稳定性验算和防渗土料的施工选料等都需要进行渗透试验。

水利工程中用到的土料多种多样，不同的土料渗透性不同，其渗透系数的测定方法也不相同，其中在整个试验过程中，水头保持不变的方法称为常水头法渗透试验，达西采用

的渗透试验方法就属于这种类型。

**【任务实施】**

## 一、试验基本要求

常水头渗透试验适用于粗粒土,变水头渗透试验适用于细粒土。

试验用水的要求:试验用水宜采用实际作用于土中的天然水。有困难时可用纯水或经过滤的清水。在试验前必须用抽气法或煮沸法进行脱气。试验时的水温宜高于室温 3~4 ℃。

渗透系数的最大允许差值应为$\pm 2.0\times 10^{-n}$ cm/s($n$ 为自然数),在测得的结果中取 3~4 个在允许差值范围内的数据,求得其平均值,作为试样在该孔隙比 $e$ 时的渗透系数。

本试验应以水温 20 ℃为标准温度,计算标准温度下的渗透系数。

## 二、试验仪器

本试验所用的仪器设备应符合下列规定:

(1)常水头渗透仪装置:封底圆筒的尺寸参数应符合《岩土工程仪器基本参数及通用技术条件》(GB/T 15406—2007)的规定;当使用其他尺寸的圆筒时,圆筒内径应大于试样最大粒径的 10 倍;玻璃测压管内径为 0.6 cm,分度值为 0.1 cm(见图 1-29)。

(2)天平:称量 5 000 g,分度值 1.0 g。

(3)温度计:分度值 0.5 ℃。

(4)其他:木棰、秒表。

## 三、试验步骤

常水头渗透试验应按下列步骤进行:

(1)应先装好仪器(见图 1-27),并检查各管路接头处是否漏水。将调节管与供水管连通,由仪器底部充水至水位略高于金属孔板,关止水夹。

码 1-46　微课-常水头渗透试验规范操作

(2)取具有代表性的风干试样 3~4 kg,称量准确至 1.0 g,并测定试样的风干含水率。

(3)将试样分层装入圆筒,每层厚 2~3 cm,用木棰轻轻击实到一定的厚度,以控制其孔隙比。试样含黏粒较多时,应在金属孔板上加铺厚约 2 cm 的粗砂过渡层,防止试验时细粒流失,并量出过渡层厚度。

码 1-47　微课-常水头渗透试验数据处理

(4)每层试样装好后,连接供水管和调节管,并由调节管中进水,微开止水夹,使试样逐渐饱和。当水面与试样顶面齐平,关止水夹。饱和时水流不应过急,以免冲动试样。

(5)按照上述步骤(1)~步骤(4)的规定逐层装试样,直至试样高出上测压孔 3~4 cm。在试样上端铺厚约 2 cm 的砾石作缓冲层。待最后一层试样饱和后,继续使水位缓缓上升至溢水孔。当有水溢出时,关止水夹。

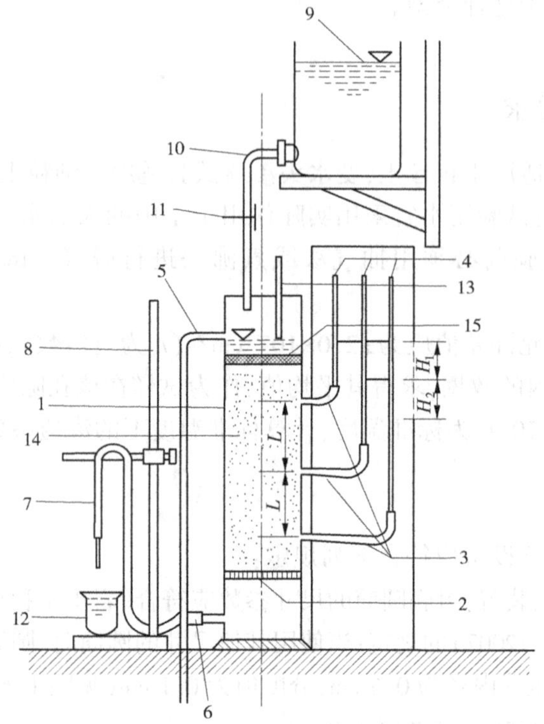


1—封底金属圆筒；2—金属孔板；3—测压孔；4—玻璃测压管；5—溢水孔；6—渗水孔；7—调节管；8—滑动支架；9—供水瓶；10—供水管；11—止水夹；12—容量为 500 mL 的量筒；13—温度计；14—试样；15—砾石层。

**图 1-29　常水头渗透装置**

(6)试样装好后量测试样顶部至仪器上口的剩余高度，计算试样净高。称剩余试样质量，准确至 1.0 g，计算装入试样总质量。

(7)静置数分钟后，检查各测压管水位是否与溢水孔齐平。不齐平时，说明试样中或测压管接头处有集气阻隔，用吸水球进行吸水排气处理。

(8)提高调节管，使其高于溢水孔，然后将调节管与供水管分开，并将供水管置于金属圆筒内。开止水夹，使水由上部注入金属圆筒内。

(9)降低调节管管口，使其位于试样上部 1/3 高度处，造成水位差使水渗入试样，经调节管流出。在渗透过程中应调节供水管夹，使供水管流量略多于溢出水量。溢水孔应始终有余水溢出，以保持常水位。

(10)测压管水位稳定后，记录测压管水位，计算各测压管间的水位差。

(11)开动秒表，同时用量筒接取经一定时间的渗透水，并重复 1 次。接取渗透水时，调节管口不得浸入水中。

(12)测记进水与出水处的水温，取平均值。

(13)降低调节管管口至试样中部及下部 1/3 处，以改变水力坡降，按照上述步骤(9)～步骤(12)的规定重复进行测定。

(14)根据需要,可装数个不同孔隙比的试样,进行渗透系数的测定。

## 四、试验成果整理

### (一)计算 $T$ ℃时的渗透系数

$T$ ℃时常水头渗透试验渗透系数 $k_T$ 应按下式计算:

$$k_T = \frac{2QL}{At(H_1 + H_2)} \tag{1-61}$$

式中 $k_T$——水温 $T$ ℃时试样的渗透系数,cm/s;

$Q$——时间 $t$ s 内的渗透水量,$cm^3$;

$L$——渗径,cm,等于两测压孔中心间的试样高度;

$A$——试样的断面面积,$cm^2$;

$t$——时间,s;

$H_1$、$H_2$——水位差,cm。

### (二)计算 20 ℃时的渗透试验渗透系数 $k_{20}$

将 $k_T$ 代入式(1-61)计算标准温度 20 ℃下的渗透系数 $k_{20}$。

### (三)绘制 $e$-$k$ 关系曲线图

当进行不同孔隙比下的渗透试验时,可在半对数坐标上绘制以孔隙比为纵坐标、渗透系数为横坐标的 $e$-$k$ 关系曲线图。

**【任务说明】**

常水头渗透仪主要由装样容器及水头装置组成。水头装置可以采用正压和负压。从结构简单、操作方便、试验结果合理可靠角度考虑,适合粗粒土的常水头仪器(70 型渗透仪)与国外大同小异。《土工试验方法标准》(GB/T 50123—2019)规定:圆筒内径应大于试样最大粒径的 10 倍,这是因为当试样粒径相对圆筒内径较大时,圆筒内壁与部分试样的间隙大,可能出现试样边缘部分渗透水增大;另外,试样有效截面面积会减小,有效水流长度缩短,造成试验有较大的误差。

常水头渗透系数的计算公式是根据达西定律推导的,求得的渗透系数为测试温度下的渗透系数。计算时需要校正到标准温度下的渗透系数。土的渗透性是水流通过土孔隙的能力,显然,土的孔隙大小决定着渗透系数的大小。因此,测定渗透系数时,必须说明与渗透系数相适应的土的密度状态。

试验时应将试样控制在设计要求的孔隙比下,测定其渗透系数,否则试验结果实用意义不大。使试样孔隙比控制在需要值有困难时,可进行不同孔隙比下渗透系数的测定,绘出孔隙比与渗透系数的关系曲线,即可查出任意需要孔隙比下的渗透系数。

**【任务考核】**

任务考核细则如表 1-34 所示。

表 1-34　常水头渗透试验学生自评表

| 班级 | | 姓名 | | 学号 | |
|---|---|---|---|---|---|
| 学习任务 | 粗粒土渗透系数检测 | | | | |
| 打分类别 | 考核要点 | | | 分值 | 得分 |
| 常规计分项目 | 试验仪器、工具、记录表等准备齐全 | | | 5 | |
| | 天平选用正确 | | | 5 | |
| | 土样风干，取土具有代表性，取土数量正确，称量准确至 1.0 g，并测定试样的风干含水率 | | | 5 | |
| | 试验用水满足要求，水温宜高于室温 3～4 ℃ | | | 5 | |
| | 装好仪器，并检查各管路接头处是否漏水 | | | 5 | |
| | 将调节管与供水管连通，由仪器底部充水至水位略高于金属孔板，关止水夹 | | | 5 | |
| | 将试样分层装入圆筒，每层厚 2～3 cm，用木槌轻轻击实到一定的厚度，以控制其孔隙比 | | | 5 | |
| | 试样含黏粒较多时，应在金属孔板上加铺厚约 2 cm 的粗砂过渡层，防止试验时细粒流失，并量出过渡层厚度 | | | 5 | |
| | 分层装样分层饱和，饱和时水流不应过急，以免冲动试样 | | | 10 | |
| | 装样至试样高出上测压孔 3～4 cm 为止。在试样上端铺厚约 2 cm 砾石作缓冲层。待最后一层试样饱和后，继续使水位缓缓上升至溢水孔。当有水溢出时，关止水夹 | | | 10 | |
| | 试样装好后量测试样顶部至仪器上口的剩余高度，计算试样净高。称剩余试样质量，准确至 1.0 g，计算装入试样总质量 | | | 10 | |
| | 静置数分钟后，检查各测压管水位是否与溢水孔齐平。不齐平时，用吸水球进行吸水排气处理 | | | 5 | |
| | 提高调节管，使其高于溢水孔，然后将调节管与供水管分开，并将供水管置于金属圆筒内。开止水夹，使水由上部注入金属圆筒内 | | | 5 | |
| | 降低调节管口，使其位于试样上部 1/3 高度处，造成水位差使水渗入试样，经调节管流出。在渗透过程中应调节供水管夹，使供水管流量略多于溢出水量。溢水孔应始终有余水溢出，以保持常水位 | | | 5 | |
| | 测压管水位稳定后，记录测压管水位，计算各测压管间的水位差 | | | 5 | |
| | 开动秒表，同时用量筒接取经一定时间的渗透水量，并重复 1 次。接取渗透水量时，调节管口不得浸入水中 | | | 5 | |
| | 测记进水与出水处的水温，准确至 0.5 ℃，取平均值 | | | 5 | |
| | 降低调节管管口至试样中部及下部 1/3 处，以改变水力坡降，重复进行测定 | | | 5 | |
| | 试验记录表记录、计算、修约及结果正确 | | | 5 | |
| | *T* ℃时的渗透系数计算正确 | | | 5 | |
| | 标准温度 20 ℃下的渗透系数计算正确 | | | 5 | |

续表 1-34

| 打分类别 | 考核要点 | 分值 | 得分 |
|---|---|---|---|
| 附加分 | 试验仪器、工具、操作方法等有创新想法 | 10 | |
| | 数据处理有创新 | 5 | |
| | 试验精益求精，具有工匠精神 | 10 | |
| 扣分 | 一旦发现试验中篡改伪造数据，本项目 0 分计 | -100 | |
| | 不能将组内负责任务完成 | -30 | |
| 总计 | | | |

# 任务十六　渗透试验——变水头渗透试验

**【任务引入】**

小浪底大坝为黏土斜心墙土石坝，横剖面图如图 1-2 所示，坝体各区所采用的土石材料中有机质含量均小于 5%。图中①区为黏土斜心墙，为了防止水流沿着坝体发生渗漏，需要控制黏土心墙的渗透系数，根据《碾压式土石坝设计规范》(SL 274—2020)，黏性土的施工填筑渗透系数应不大于 $1\times10^{-5}$ cm/s。请测定①区心墙土料的渗透系数，进而判断心墙碾压质量是否满足设计要求。

**【知识储备】**

变水头法是指在整个试验过程中，水头是随着时间而变化的，适用于透水性差、渗透系数小的细粒土，其试验装置如图 1-30 所示，试样的一端与细玻璃管相接，在试验过程中量测某一时段内细玻璃管中水位的变化，可根据达西定律求得土的渗透系数。

设细玻璃管的内截面面积为 $a$，试验开始以后任一时刻 $t$ 的水位差为 $h$，经过时段 $\mathrm{d}t$，细玻璃管中水位下落 $\mathrm{d}h$，则在时段 $\mathrm{d}t$ 内经过细管的流水量为

$$\mathrm{d}Q = -a\mathrm{d}h \tag{1-62}$$

式中负号表示渗水量随 $h$ 的减小而增加。根据达西定律，在时段 $\mathrm{d}t$ 内流经试样的水量又可表示为

$$\mathrm{d}Q = k\frac{h}{L}A\mathrm{d}t \tag{1-63}$$

同一时间内经过土样的渗水量应与细管流水量相等：

$$k\frac{h}{L}A\mathrm{d}t = -a\mathrm{d}h \tag{1-64}$$

将该式变形为

$$\mathrm{d}t = -\frac{aL}{Ak}\frac{\mathrm{d}h}{h} \tag{1-65}$$

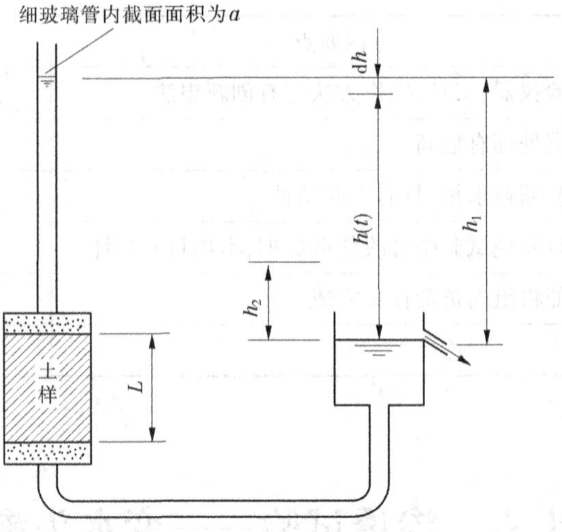


图 1-30　变水头渗透试验示意图

将公式两边积分得

$$\int_{t_1}^{t_2} dt = \int_{h_1}^{h_2} -\frac{aL}{Ak}\frac{dh}{h} \tag{1-66}$$

计算积分得

$$[t]_{t_1}^{t_2} = -\frac{aL}{Ak}[\ln h]_{h_1}^{h_2} \tag{1-67}$$

推出

$$(t_2 - t_1) = -\frac{aL}{Ak}(\ln h_2 - \ln h_1) \tag{1-68}$$

所以

$$k = \frac{aL}{A(t_2 - t_1)}\ln\frac{h_1}{h_2} \tag{1-69}$$

如用常用对数表示，则

$$k = 2.3\frac{aL}{A(t_2 - t_1)}\lg\frac{h_1}{h_2} \tag{1-70}$$

式中的 $a$、$L$、$A$ 为已知，试验时只要量测与时刻 $t_1$、$t_2$ 对应的水位 $h_1$、$h_2$，就可求出渗透系数。

**【任务实施】**

## 一、试验基本要求

### （一）试样制备

变水头渗透试验时，需要用环刀在垂直或平行土样层面切取原状试样或扰动土制备成给定密度的试样。本任务是心墙碾压后渗透系数的测定，应该用环刀切取原状土样，切土时，应尽量避免结构扰动，不得用削土刀反复涂抹试样表面。

**(二)试样饱和**

变水头渗透试验的试样需要进行充分饱和。本任务属于不易透水的细粒土,渗透系数小于 $1\times10^{-4}$ cm/s 时,宜采用真空饱和法;当土的结构性较弱时,抽气可能发生扰动者,不宜采用真空饱和法。

**(三)其他要求**

变水头渗透试验适用于细粒土,试验用水和最大允许差值要求及最终渗透系数的取值方法同常水头渗透试验。

## 二、试验仪器

本试验所用的仪器设备(见图 1-31)应符合下列规定:

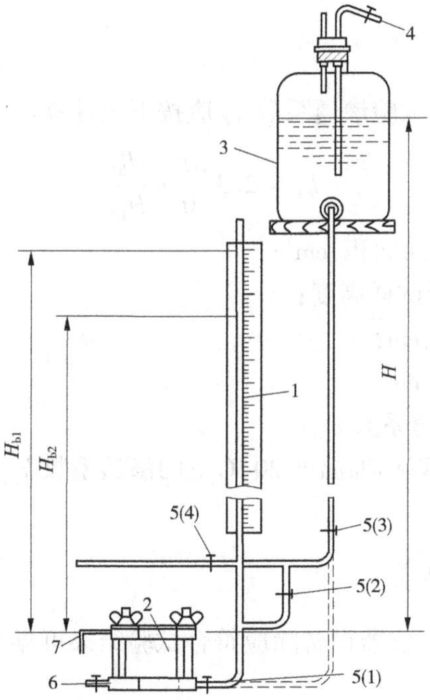


1—变水头管;2—渗透容器;3—供水瓶门;4—接水源管;5—进水管止水夹;6—排气管;7—出水管。

**图 1-31　变水头渗透装置**

(1)渗透容器:由环刀、透水板、套筒及上、下盖组成。

(2)水头装置:变水头管的内径,根据试样渗透系数选择不同尺寸,且不宜大于 1 cm,长度为 1.0 m 以上,分度值为 1.0 mm。

(3)其他:切土器、秒表、温度计、削土刀、凡士林。

码 1-48　动画-变水头渗透试验规范操作

## 三、试验步骤

(1)将容器套筒内壁涂一薄层凡士林,将盛有试样的环刀推入套筒,压入止水垫圈。把挤出的多余凡士林小心刮净。装好带有透水板的上、下盖，并用螺丝拧紧，不得漏气漏水。

(2)把装好试样的渗透容器与水头装置连通。利用供水瓶中的水充满进水管，水头高度根据试样结构的疏松程度确定，不应大于 2 m，待水头稳定后注入渗透容器。开排气阀，将容器侧立，排除渗透容器底部的空气，直至溢出水中无气泡。关排气阀，放平渗透容器。

(3)在一定水头作用下静置一段时间，待出水管口有水溢出时，再开始进行试验测定。

(4)将水头管充水至需要高度后，关图 1-29 中进水管止水夹 5(2)，开始测记变水头管中起始水头高度和起始时间，按预定时间间隔测记水头和时间的变化，并测记出水口的水温。如此连续测记 2~3 次后，再使水头管水位回升至需要高度，再连续测记数次，重复试验 5~6 次以上。

## 四、试验成果整理

(1) $T$ ℃时变水头渗透试验渗透系数 $k_T$ 应按下式计算：

$$k_T = 2.3\frac{aL}{At}\lg\frac{H_{b1}}{H_{b2}} \tag{1-71}$$

式中 $a$——变水头量管截面面积，$cm^2$；

$L$——渗径，cm，等于试样高度；

$H_{b1}$——开始时水头，cm；

$H_{b2}$——终止时水头，cm。

(2)计算 20 ℃时的渗透系数 $k_{20}$。

将 $k_T$ 代入式(1-60)计算标准温度 20 ℃下的渗透系数 $k_{20}$。

**【任务说明】**

## 一、试验仪器设备要求

变水头渗透试验使用的仪器设备除应符合试验结果可靠合理、结构简单要求外，还要求止水严密，易于排气。

## 二、试样饱和

试样饱和是变水头渗透试验中的重要问题，土样的饱和度愈小，土样的孔隙内残留气体愈多，使土的有效渗透面积减小。同时，由于气体因孔隙水压的变化而胀缩，因而饱和度的影响成为一个不定的因素。为了保证试验准确度，要求试样必须饱和。

## 三、渗透系数校正

变水头渗透系数的计算公式是根据达西定律，利用同一时间内经过土样的渗流量与水头量管流量相等推导而得的，求得的渗透系数也是测试温度下的渗透系数，同样需要校正到标准温度(20 ℃)下的渗透系数。

【任务考核】

任务考核细则如表1-35所示。

表1-35　变水头渗透试验学生自评表

| 班级 | | 姓名 | | 学号 | |
|---|---|---|---|---|---|
| 学习任务 | 细粒土渗透系数检测 | | | | |
| 打分类别 | 考核要点 | | | 分值 | 得分 |
| 常规计分项目 | 试验仪器、工具、记录表等准备齐全 | | | 5 | |
| | 天平选用正确 | | | 5 | |
| | 原状土样切土时，尽量避免结构扰动，不用削土刀反复涂抹试样表面 | | | 10 | |
| | 试样充分饱和（真空抽气饱和） | | | 10 | |
| | 渗透容器套筒内壁涂一薄层凡士林，将盛有试样的环刀推入套筒，压入止水垫圈。把挤出的多余凡士林小心刮净 | | | 5 | |
| | 试样从下到上安装顺序正确（透水板、滤纸、试样、滤纸、透水板），并用螺丝拧紧，不得漏气漏水 | | | 10 | |
| | 利用供水瓶中的水充满进水管，水头高度根据试样结构的疏松程度确定，不应大于2 m。待水头稳定后注入渗透容器 | | | 5 | |
| | 开排气阀，将容器侧立，排除渗透容器底部的空气，直至溢出水中无气泡。关排气阀，放平渗透容器 | | | 10 | |
| | 将水头量管充水至需要高度后，关止水夹，准备开始渗透试验 | | | 5 | |
| | 开始测记变水头量管中起始水头高度和起始时间，按预定时间间隔测记水头和时间的变化，并测记出水口的水温 | | | 10 | |
| | 如此连续测记2～3次后，使水头量管水位回升至需要高度，再连续测记数次，重复试验5～6次以上 | | | 10 | |
| | 试验记录表记录、计算、修约及结果正确 | | | 5 | |
| | $T$ ℃时的渗透系数计算正确 | | | 5 | |
| | 标准温度20 ℃下的渗透系数计算正确 | | | 5 | |
| 附加分 | 试验仪器、工具、操作方法等有创新想法 | | | 10 | |
| | 数据处理有创新 | | | 5 | |
| | 试验精益求精，具有工匠精神 | | | 10 | |
| 扣分 | 一旦发现试验中篡改伪造数据，本项目0分计 | | | -100 | |
| | 不能将组内负责任务完成 | | | -30 | |
| 总计 | | | | | |

# 任务十七　固结试验

【任务引入】

《碾压式土石坝设计规范》（SL 274—2020）规定，土石坝应进行沉降分析，估算在土体自重和其他荷载作用下，坝体和坝基竣工时的沉降量和最终沉降量，沉降计算中压缩曲线的选取应符合下列规定：①计算施工期沉降量时，坝体土宜采用非饱和状态的压缩曲线，坝基材料应根据实际的饱和情况，采用非饱和状态或饱和状态下的压缩曲线。②计算最终沉降量应采用饱和状态下的压缩曲线。③固结试验中，坝基土试样应采用原状土，坝体土样应采用最优含水率条件下击实至设计干密度的土样。现需要计算图 1-2 所示小浪底大坝黏土心墙、反滤层和坝基的最终沉降量，请提供对应的压缩曲线，并确定其压缩系数、压缩指数和压缩模量，并判断其压缩性。

该层土的压缩系数、压缩指数、压缩模量如何确定，该层土的压缩性如何判断，修建好建筑物后，预估该层土的沉降量。

码 1-49　微课-固结试验工程意义

码 1-50　微课-固结试验方法原理

【知识储备】

## 一、土的压缩性

建筑物下的地基土在附加应力作用下，会产生附加变形，这种变形通常表现为土体积的缩小，我们把这种在外力作用下土体积缩小的特性称为土的压缩性。土作为地质作用的产物，与其他材料一样，在附加应力的作用下，地基土要产生附加变形。同时，地基土是多相体系，其变形又与其他土木工程材料的变形有着本质的差别，土的压缩通常由三部分组成：①固体颗粒被压缩；②土中水及封闭气体被压缩；③水和气体从孔隙中排出，孔隙被压缩。试验研究表明，在一般压力（100~600 kPa）作用下，固体颗粒和水的压缩量与土体的压缩总量之比是微不足道的，可以忽略不计。所以，土的压缩是指土中水和气体从孔隙中排出，土中孔隙体积缩小，与此同时，土颗粒相应调整位置，重新排列，土体变得更紧密。

## 二、土的固结

对于饱和土来说，土体的压缩变形主要是孔隙水的排出。而孔隙水排出的快慢受到土体渗透特性的影响，从而决定了土体压缩变形的快慢。在荷载作用下，透水性强的饱和无黏性土，孔隙水排出很快，其压缩过程短，而透水性弱的饱和黏性土，因为土中水沿着孔隙排出的速度很慢，其压缩过程所需时间较长，几年、十几年，甚至几十年，压缩变形才稳定。由附加应力产生的超静孔隙水压力逐渐消散，所对应的孔隙水逐渐排出、土体压缩随时间增长的过程称为土的固结。

## 三、土的压缩性评价

### (一)压缩系数

为了统一标准,《土工试验方法标准》(GB/T 50123—2019)规定采用 $p_1=100$ kPa、$p_2=200$ kPa 所得到的压缩系数 $a_{1-2}$ 作为评定土压缩性高低的标准:

(1)当 $a_{1-2}<0.1\ \text{MPa}^{-1}$ 时,为低压缩性土;

(2)当 $0.1\ \text{MPa}^{-1}\leqslant a_{1-2}<0.5\ \text{MPa}^{-1}$ 时,为中压缩性土;

(3)当 $a_{1-2}\geqslant 0.5\ \text{MPa}^{-1}$ 时,为高压缩性土。

### (二)压缩指数

固结试验结果分析中也可以采用 $e-\lg p$ 曲线,如图 1-32 所示。用这种形式表示的优点是在应力达到一定值时,曲线接近直线,该直线的斜率称为压缩指数,即

$$C_c=-\frac{\Delta e}{\Delta \lg p}=\frac{e_1-e_2}{\lg p_2-\lg p_1}=\frac{e_1-e_2}{\lg\left(\frac{p_2}{p_1}\right)} \tag{1-72}$$

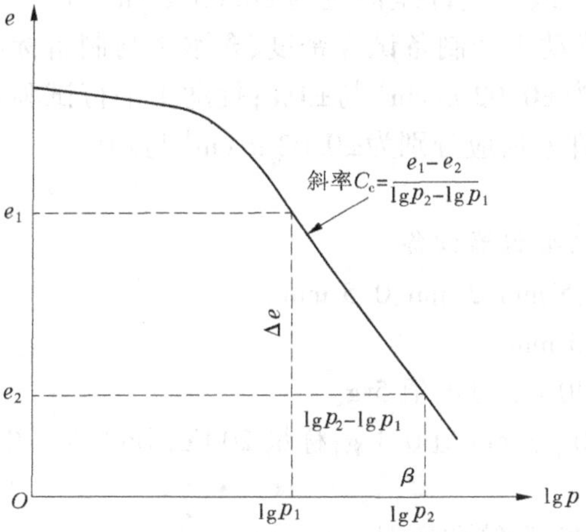


图 1-32　土的压缩曲线 $e-\lg p$

类似于压缩系数,压缩指数 $C_c$ 值可以用来判别土的压缩性的大小,$C_c$ 值越大,表示在一定压力变化的 $\Delta p$ 范围内,孔隙比的变化量 $\Delta e$ 越大,说明土的压缩性越高。按《水工设计手册》规定,$C_c<0.2$ 为低压缩性土,$C_c=0.2\sim0.4$ 为中压缩性土,$C_c>0.4$ 为高压缩性土。虽然压缩系数和压缩指数都是反映土的压缩性的指标,但两者有所不同。前者随所取的初始压力及压力增量的大小而异,而后者在较高的压力范围内是常数。

### (三)压缩模量

在实际应用中,同样可以用相应于 $p_1=100$ kPa、$p_2=200$ kPa 范围内的压缩模量 $E_s$ 来评价地基土的压缩性。

| | |
|---|---|
| $E_s<4$ MPa | 高压缩性土 |
| $4\ \text{MPa}\leqslant E_s\leqslant 15$ MPa | 中压缩性土 |
| $E_s>15$ MPa | 低压缩性土 |

【任务实施】

## 一、试验基本要求

《土工试验方法标准》(GB/T 50123—2019)规定,固结试验的土样应为饱和的细粒土。当只进行压缩试验时,可用于非饱和土。渗透性较大的细粒土,可进行快速固结试验。本任务需要计算小浪底大坝黏土心墙、反滤层和坝基的最终沉降量,按照《碾压式土石坝设计规范》( SL 274—2020)的规定,计算最终沉降量应采用饱和状态下的压缩曲线,固结试验中,坝基土试样应采用原状土,坝体土样应采用最优含水率条件下击实至设计干密度的土样。所以,本试验需要制备最优含水率条件下击实至设计干密度的饱和土样,以及坝基原状土饱和土样。试样制备和饱和方法如下。

### (一)一般规定

(1)试样制备的扰动土和原状土的颗粒粒径应小于 60 mm。

(2)制备特殊试样的程序应符合有关试验的规定。

(3)试样制备的数量视试验需要而定,应多制备 1~2 个备用。原状土样同一组试样的密度最大允许差值应为±0.03 $g/cm^3$,含水率最大允许差值应为±2%;扰动土样制备试样密度、含水率与制备标准之间最大允许差值应分别为±0.02 $g/cm^3$ 与±1%;扰动土平行试验或一组内各试样之间最大允许差值应分别为±0.02 $g/cm^3$ 与±1%。

码 1-51　微课-试样制备一般规定

### (二)仪器设备

1. 制备试样需用的主要仪器设备

(1)筛:孔径 20 mm、5 mm、2 mm、0.5 mm。

(2)洗筛:孔径 0.075 mm。

(3)台秤:称量 10~40 kg,分度值 5 g。

(4)天平:称量 1 000 g,分度值 0.1 g;称量 200 g,分度值 0.01 g。

(5)碎土器:磨土机。

(6)击实器:包括活塞、导筒和环刀。

(7)抽气机(附真空表)。

(8)饱和器(附金属或玻璃的真空缸)。

2. 制备试样需用的其他设备

烘箱、干燥器、保湿器、研钵、木槌、木碾、橡皮板、玻璃瓶、玻璃缸、修土刀、钢丝锯、凡士林、土样标签及盛土器。

### (三)扰动土试样预备程序

1. 细粒土试样预备程序

(1)对扰动土试样进行描述,描述内容可包括颜色、土类、气味及夹杂物;当有需要时,将扰动土充分拌匀,取代表性土样进行含水率测定。

(2)将块状扰动土放在橡皮板上用木碾或碎土器碾散,碾散时勿

码 1-52　微课-扰动土样预备程序

压碎颗粒;当含水率较大时,可先风干至易碾散为止。

(3)根据试验所需试样数量,将碾散后的土样过筛。过筛后用四分对角取样法或分砂器取出足够数量的代表性试样装入玻璃缸内,试样应有标签,标签内容应包括任务单号、土样编号、过筛孔径、用途、制备日期和试验人员,以备各项试验之用。对风干土,应测定风干含水率。

(4)配制一定含水率的试样,取过筛的风干土 1～5 kg,平铺在不吸水的盘内,按式(1-47)计算所需的加水量,用喷雾器喷洒预计的加水量,静置一段时间,装入玻璃缸内密封,润湿一昼夜备用,砂性土润湿时间可酌情减短。

(5)测定湿润土样不同位置的含水率,取样点不应少于 2 个,最大允许差值应为±1%。

(6)对不同土层的土样制备混合土试样时,应根据各土层厚度,按权数计算相应的质量配比,然后应按上述步骤(1)～步骤(4)的规定进行扰动土的预备工作。

2. 粗粒土试样预备程序

(1)对砂及砂砾土,可按四分法或分砂器细分土样。取足够试验用的代表性土试样供颗粒分析试验用,其余过 5 mm 筛。筛上和筛下土样分别储存,供做比重及相对密度等试验用。取一部分过 2 mm 筛的试样供做直剪、固结力学性试验用。

(2)当有部分黏土依附在砂砾石表面时,先用水浸泡,将浸泡过的土样在 2 mm 筛上冲洗,取筛上及筛下代表性的试样供做颗粒分析试验用。

(3)将冲洗下来的土浆风干至易碾散为止,应按上述细粒土试样预备程序步骤(2)～步骤(4)的规定进行预备工作。

**(四)扰动土试样制备**

码 1-53　微课-扰动土试样制备

码 1-54　动画-扰动土试样制备——压样法

码 1-55　微课-原状土试样制备

扰动土试样的制备,根据工程实际情况可分别采用击样法、击实法和压样法。

1. 击样法

(1)根据模具的容积及所要求的干密度、含水率,应按式(1-46)和式(1-47)计算的用量制备湿土试样。

(2)将湿土倒入模具内,并固定在底板上的击实器内,用击实方法将土击入模具内。

(3)称取试样质量,应符合本任务试验基本要求中一般规定的第(3)条。

2. 击实法

(1)根据试样所要求的干密度、含水率,应按式(1-46)和式(1-47)计算的用量制备湿土试样。

(2)应按任务十三中击实试验的土样制备和击实步骤,将土样击实到所需的密度,用推土器推出。

(3)将试验用的切土环刀内壁涂一薄层凡士林,刃口向下,放在土样上。用切土环刀将土样切削成稍大于环刀直径的土柱。然后将环刀垂直向下压,边压边削,至土样伸出环刀为止。削去两端余土并修平。擦净环刀外壁,称环刀、土总量,准确至0.1 g,并应测定环刀两端削下土样的含水率,应符合本任务试验基本要求中一般规定的第(3)条。

3. 压样法

(1)根据模具的容积及所要求的干密度、含水率,应按式(1-46)和式(1-47)计算的用量制备湿土试样。

(2)称出所需的湿土量。称取试样质量时,并应符合本任务试验基本要求中一般规定的第(3)条的规定。将湿土倒入压样器内,拂平土样表面,以静压力将土压入。

**(五)原状土试样制备**

(1)小心开启原状土样包装皮,辨别土样上下和层次,整平土样两端。无特殊要求时,切土方向应与天然层次垂直。

(2)按上述击实法步骤(3)的操作步骤切取试样,试样与环刀应密合。

(3)切削过程中,应细心观察土样的情况,并应描述土样的层次、气味、颜色,同时记录土样有无杂质、土质是否均匀、有无裂缝等情况。

(4)切取试样后剩余的原状土样,应用蜡纸包好置于保湿器内,以备补做试验之用;切削的余土做物理性试验。

(5)应视试样本身及工程要求,决定试样是否进行饱和,当不立即进行试验或饱和时,应将试样暂存于保湿器内。

**(六)试样饱和**

1. 试样饱和方法

试样饱和方法视土样的透水性能,可选用浸水饱和法、毛管饱和法及真空抽气饱和法。

码1-56 微课-试样饱和

(1)砂土可直接在仪器内浸水饱和。

(2)较易透水的细粒土,渗透系数大于 $1\times10^{-4}$ cm/s 时,宜采用毛管饱和法。

(3)不易透水的细粒土,渗透系数小于 $1\times10^{-4}$ cm/s 时,宜采用真空饱和法;当土的结构性较弱时,抽气可能发生扰动者,不宜采用真空饱和法。

2. 毛管饱和法

(1)选用框式饱和器(见图1-33)在装有试样的环刀两面贴放滤纸,再放两块大于环刀的透水板于滤纸上,通过框架两端的螺丝将透水板、环刀夹紧。

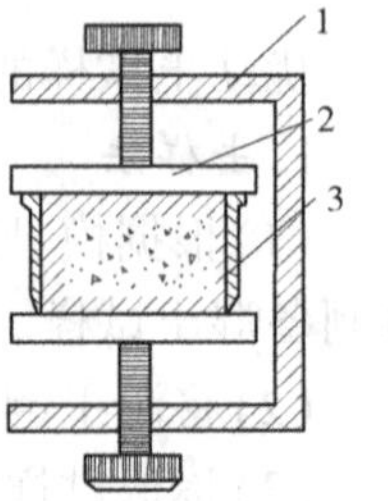


1—框架;2—透水板;3—环刀。

图1-33 框式饱和器

(2)将装好试样的饱和器放入水箱中,注入清水,水面不宜将试样淹没。

(3)关上箱盖,防止水分蒸发,借助于土的毛细管作用使试样饱和,约需3 d。

(4)试样饱和后,取出饱和器,松开螺丝,取出环刀,擦干外壁,吸去表面积水,取下试样上下滤纸,称环刀、土总量,准确至0.1 g,应按式(1-73)计算饱和度:

$$S_r = \frac{(\rho - \rho_d)G_s}{e\rho_d} \times 100 \text{ 或 } S_r = \frac{w\ G_s}{e} \tag{1-73}$$

式中　$S_r$——饱和度(%)；

$\rho$——饱和后的密度,$g/cm^3$；

$G_s$——土粒比重；

$e$——土的孔隙比；

$w$——饱和后的含水率(%)。

(5)如饱和度小于95%时,将环刀再装入饱和器,浸入水中延长饱和时间直至满足要求。

3.真空饱和法

(1)选用重叠式饱和器(见图1-34)或框式饱和器,在重叠式饱和器下板正中放置稍大于环刀直径的透水板和滤纸,将装有试样的环刀放在滤纸上,试样上再放一张滤纸和一块透水板,以此顺序由下向上重叠至拉杆的高度,将饱和器上夹板放在最上部透水板上,旋紧拉杆上端的螺丝,将各个环刀在上下夹板间夹紧。

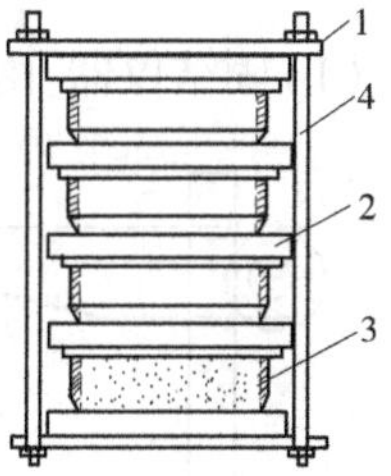


1—夹板;2—透水板;3—环刀;4—拉杆。

**图1-34　重叠式饱和器**

(2)将装好试样的饱和器放入真空缸(见图1-35)内,盖上缸盖,盖缝内应涂一薄层凡士林,以防漏气。

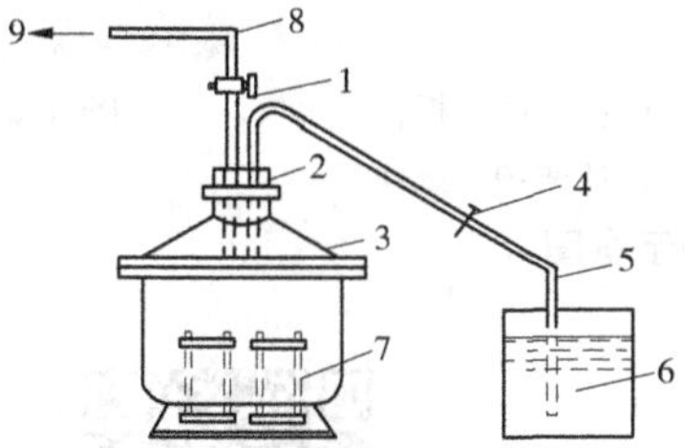


1—二通阀;2—橡皮塞;3—真空缸;4—管夹;5—引水管;6—清水;7—饱和器;8—排气管;9—接抽气机。

**图1-35　真空缸**

(3)关管夹,开二通阀,将抽气机与真空缸接通,开动抽气机,抽除缸内及土中气体,当真空表接近-100 kPa后,继续抽气,黏质土约1 h,粉质土约0.5 h后,稍微开启管夹,使清水由引水管徐徐注入真空缸内;在注水过程中,应调节管夹,使真空表上的数值基本上保持不变。

(4)待饱和器完全淹没水中后即停止抽气,将引水管自水缸中提出,开管夹令空气进入真空缸内,静置一定时间,细粒土宜为10 h,使试样充分饱和。

(5)试样饱和后,取出饱和器,松开螺丝,取出环刀,擦干外壁吸去表面积水,取下试样上下滤纸,称环刀、土总量,准确至0.1 g,应按式(1-73)计算饱和度。

**(七)冲填土试样制备**

冲填土应先将土样调成液限或1.2~1.3倍液限的土膏,拌和均匀,在保湿器内静置

24 h。然后把环刀倒置于小玻璃板上用调土刀把土膏填入环刀，排除气泡刮平，称量。

**(八)试样的含水率及密度的测定**

试样的含水率及密度的测定应符合任务一烘干法和任务三环刀法的规定。对于扰动试样需要饱和时，按上述(六)的规定对试样进行饱和。

## 二、试验仪器

(1)固结仪器：由环刀、护环、透水板、加压上盖和量表架等组成，如图1-36、图1-37所示。

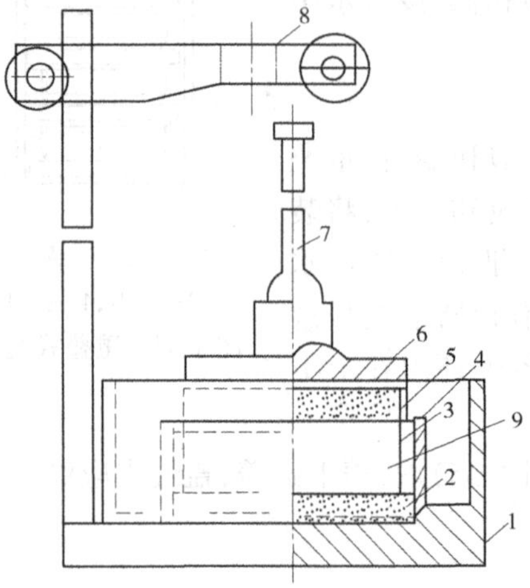


1—水槽；2—护环；3—环刀；4—导环；5—透水板；
6—加压上盖；7—位移计导杆；8—位移计架；9—试样。

图1-36　固结仪结构示意图

图1-37　单杠杆三联固结仪外形

码1-57　微课-固结试验规范操作

码1-58　动画-固结试验规范操作

码1-59　微课-固结试验数据处理

①环刀：内径为61.8 mm和79.8 mm，高度为20 mm，环刀应具有一定的刚度，内壁应保持较高的清洁度。

②透水板：其渗透系数应大于试样的渗透系数。

(2)加压设备：可采用量程为5~10 kN的杠杆式、磅秤式或其他加压设备，最大允许误差应符合《土工试验仪器 固结仪 第1部分：单杠杆固结仪》(GB/T 4935.1—2008)、《土工试验仪器 固结仪 第2部分：气压式固结仪》(GB/T 4935.2—2009)的有关规定。

(3)测微表：量程10 mm，最小分度值0.01 mm，或最大允许误差应为±0.2% F.S的位移传感器。

(4)其他:修土刀、钢丝锯、滤纸、天平、秒表等。

## 三、标准固结试验步骤

(1)在固结容器内放置护环、透水板和薄滤纸,将带有环刀的试样小心装入护环,然后在试样上放薄滤纸、透水板和加压盖板,置于加压框架下,对准加压框架的正中,安装量表。

(2)为保证试样与仪器上下各部件之间接触良好,应施加 1 kPa 的预压压力,然后调整量表,使读数为零。

(3)确定需要施加的各级压力。加压等级宜为 12.5 kPa、25 kPa、50 kPa、100 kPa、200 kPa、400 kPa、600 kPa、800 kPa、1 600 kPa、3 200 kPa。最后一级的压力应大于上覆土层的计算压力 100~200 kPa。

(4)需要确定原状土的先期固结压力时,加压率宜小于 1,可采用 0.5 或 0.25。最后一级压力应使 $e$-lg$p$ 曲线下段出现较长的直线段。

(5)第 1 级压力的大小视土的软硬程度宜采用 12.5 kPa、25.0 kPa 或 50.0 kPa(第 1 级实加压力应减去预压压力)。只需测定压缩系数时,最大压力不小于 400 kPa。

(6)如是饱和试样,则在施加第 1 级压力后,立即向水槽中注水至满。对非饱和试样,须用湿棉围住加压盖板四周,避免水分蒸发。

(7)需测定沉降速率时,加压后宜按下列时间顺序测记量表读数:6 s、15 s、1 min、2 min 15 s、4 min、6 min 15 s、9 min、12 min 15 s、16 min、20 min 15 s、25 min、30 min 15 s、36 min、42 min 15 s、49 min、64 min、100 min、200 min、400 min、23 h 和 24 h 直至稳定。

(8)当不需要测定沉降速率时,稳定标准规定为每级压力下固结 24 h 或试样变形每小时变化不大于 0.01 mm。测记稳定读数后,再施加第 2 级压力。依次逐级加压至试验结束。

(9)需要做回弹试验时,可在某级压力(大于上覆有效压力)下固结稳定后卸压,直至卸至第 1 级压力。每次卸压后的回弹稳定标准与加压相同,并测记每级压力及最后一级压力时的回弹量。

(10)需要做次固结沉降试验时,可在主固结试验结束后继续试验,直至固结稳定。

(11)试验结束后,迅速拆除仪器各部件,取出带环刀的试样需测定试验后含水率时,则用干滤纸吸去试样两端表面上的水,测定其含水率。

## 四、试验成果整理

(1)计算试样的初始孔隙比 $e_0$:

$$e_0 = \frac{\rho_w G_s(1 + w_0)}{\rho_0} - 1 \tag{1-74}$$

式中　$G_s$——土粒比重;

$\rho_w$——水的密度,g/cm³;

$\rho_0$——试样的初始密度,g/cm³;

$w_0$——试样的初始含水率(%)。

(2)计算各级压力下固结稳定的孔隙比 $e_i$:

$$e_i = e_0 - (1 + e_0)\frac{\sum \Delta h_i}{h_0} \tag{1-75}$$

式中 $e_i$——某一级压力下的孔隙比；

$\sum \Delta h_i$——某一级压力下试样的高度总变形量，mm；

$h_0$——试样的初始高度，mm。

对快速固结法试验结果，需要计算试样校正的变形量：

$$\sum \Delta h_i = \Delta h_i K \tag{1-76}$$

$$K = \frac{(h_n)_T}{(h_n)_t} \tag{1-77}$$

式中 $\sum \Delta h_i$——某一级压力下校正后的试样高度总变形量，mm；

$\Delta h_i$——某一级压力下 1 h 的试样高度总变形量减去仪器变形量，mm；

$K$——校正系数；

$(h_n)_T$——最后一级压力达到稳定标准的总变形量减去该压力下的仪器变形量，mm；

$(h_n)_t$——最后一级压力下固结 1 h 的总变形量减去该压力下的仪器变形量，mm。

(3) 以孔隙比 $e$ 为纵坐标，压力 $P$ 为横坐标，绘制孔隙比与压力的关系曲线，如图 1-38 所示。

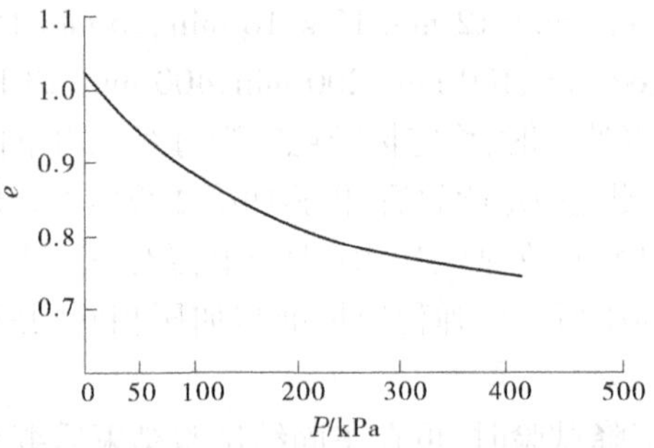


图 1-38 孔隙比与压力的关系曲线

(4) 计算该试样的压缩系数 $a_{1-2}$ 和压缩模量 $E_{s1-2}$：

$$a_{1-2} = \frac{e_1 - e_2}{P_2 - P_1} \tag{1-78}$$

$$E_{s1-2} = \frac{1 + e_1}{a_{1-2}} \tag{1-79}$$

式中 $P_1$、$P_2$——对应 100 kPa、200 kPa 的压力值；

$e_1$、$e_2$——对应 100 kPa、200 kPa 的孔隙比。

**【任务说明】**

本试验是以太沙基(Terzaghi)的单向固结理论为基础的。对于非饱和土，本试验只用于测定压缩性指标，不能用于测定固结系数。

关于原状试样的固结试验，若在切削试样时对土的扰动程度较大，则影响试验成果。

因此，在切削试样时，应尽可能避免破坏土样的结构。操作中，不允许直接将环刀压入土样，应用钢丝锯（或薄口锐刀）按略大于环刀的尺寸沿土样外缘切削，待土样的直径接近环刀的内径时，再轻轻地压下环刀边削边压；也不允许在削去环刀两端余土时用刀来回涂抹土面，而致孔隙堵塞，最好用钢丝锯慢慢地一次性割去多余的土样。

关于加压率，固结试验中一般规定加压率等于 1。由于加压率对确定土的先期固结压力有影响，特别是软土，这种影响更为明显，因此标准中规定：如需测定土的先期固结压力，加压率宜小于 1，可采用 0.5 或 0.25，在实际试验中，可根据土的状态分段采用不同的荷重率，例如，在孔隙比与压力的对数关系曲线最小曲率半径出现前，加压率应小些，而曲线尾部直线段加压率等于 1 是合适的。

**【任务考核】**

任务考核细则如表 1-36 所示。

**表 1-36　固结试验学生自评表**

| 班级 | | 姓名 | | 学号 | |
|---|---|---|---|---|---|
| 学习任务 | 压缩系数检测 | | | | |
| 打分类别 | 考核要点 | | | 分值 | 得分 |
| 常规计分项目 | 试验仪器、工具、记录表等准备齐全 | | | 5 | |
| | 天平选用正确 | | | 5 | |
| | 试样制备正确 | | | 10 | |
| | 试样安装正确 | | | 10 | |
| | 试样调接触并施加预压压力正确 | | | 5 | |
| | 量表调零正确 | | | 5 | |
| | 施加固结压力正确 | | | 10 | |
| | 饱和试样施加第 1 级压力后立即向水槽中注水至满，非饱和土用湿棉围住加压盖板四周，避免水分蒸发 | | | 10 | |
| | 加压后测计量表读数时机及读数正确 | | | 10 | |
| | 试验后拆除仪器及试样正确 | | | 5 | |
| | 需测定试验后含水率时，测定含水率操作正确 | | | 5 | |
| | 试验记录表记录、计算、绘图、结论正确 | | | 20 | |
| 附加分 | 试验仪器、工具、操作方法等有创新想法 | | | 10 | |
| | 数据处理有创新 | | | 5 | |
| | 试验精益求精，具有工匠精神 | | | 10 | |
| 扣分 | 一旦发现试验中篡改伪造数据，本项目 0 分计 | | | -100 | |
| | 不能将组内负责任务完成 | | | -30 | |
| 总计 | | | | | |

# 任务十八　三轴压缩试验

**【任务引入】**

小浪底大坝为黏土斜心墙土石坝,横剖面图如图 1-2 所示,坝体各区所采用的土石材料中有机质含量均小于 5%。图中①区为黏土斜心墙,图中②A和②B区为反滤层。根据《碾压式土石坝设计规范》(SL 274—2020)规定,土石坝各种计算工况,需要根据土体的有效应力抗剪强度指标、不排水总强度指标和固结不排水剪总强度指标,分别计算土体的有效应力抗剪强度、黏性土施工期总应力抗剪强度和黏性土库水位降落期总应力抗剪强度,请测定土体的有效应力抗剪强度指标、心墙黏性土施工期不排水总强度指标和心墙黏性土库水位降落期固结不排水剪总强度指标。

**【知识储备】**

## 一、土的抗剪强度及抗剪强度指标

土的抗剪强度是指土体抵抗剪切破坏的极限能力,是土的重要力学性质之一。地基承载力计算、地基和土坡稳定性分析和挡土墙稳定性验算,都与土的抗剪强度有重要关系。

法国科学家库仑对土进行一系列的强度试验,于 1776 年总结出土的抗剪强度规律,提出了砂土和黏性土的抗剪强度公式如下:

$$\tau_f = \sigma \tan\varphi + c \tag{1-80}$$

式中　$\tau_f$——土的抗剪强度,kPa;

$\sigma$——作用在剪切面上的法向应力,kPa;

$\varphi$——土的内摩擦角,(°);

$c$——土的黏聚力,kPa。

上式称为库仑定律或库仑公式,以 $\sigma$ 为横坐标,$\tau_f$ 为纵坐标,绘制的抗剪强度与法向应力的关系曲线为一直线,如图 1-39 所示。

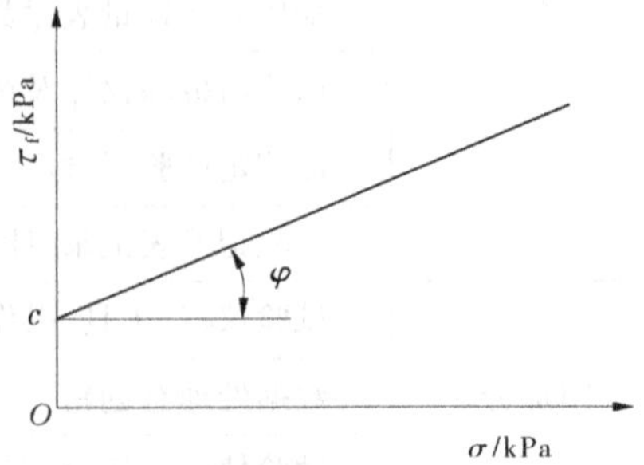


图 1-39　抗剪强度 $\tau_f$ 与法向应力 $\sigma$ 的关系曲线

由库仑定律可见,当剪切面上的法向应力 $\sigma$ 一定时,土的抗剪强度随着土的黏聚力 $c$ 和内摩擦角 $\varphi$ 的增加而增加,所以 $c$、$\varphi$ 称为土的抗剪强度指标,无黏性土的黏聚力 $c$ 等于零,其 $\sigma$-$\tau_f$ 关系曲线为一过原点的直线。土的抗剪强度指标可通过室内试验和现场试验确定。室内试验常用的方法有直接剪切试验、三轴剪切试验、无侧压抗压强度试验,现场原位试验常用的有十字板剪切试验和大型直剪试验等。

## 二、三轴压缩试验的分类

三轴压缩试验能控制试验过程中的排水条件，可根据工程施工和运用的实际情况选择不同排水条件的试验，无论黏质土或砂质土均可适用。通常分为不固结不排水剪试验（UU 试验）、固结不排水剪试验（CU 试验）和固结排水剪试验（CD 试验）。

不固结不排水剪试验（UU 试验）：这种方法适用的条件是土体受力而孔隙压力不消散的情况。当建筑物施工速度快，土体渗透系数较低（如小于 $A\times10^{-4}$ cm/s），而排水条件又差时，为考虑施工期的稳定，可采用 UU 试验。

对于非饱和土，如压实填土或未饱和的天然地层，这种土的强度随 $\sigma_3$ 的增加而增加。但当随 $\sigma_3$ 增加到一定值，空气逐渐溶解于水而达到饱和时，强度不再增加。强度包线并非直线。因此，用总应力方法分析时，应按规定的压力范围内选取 $c_u$、$\varphi_u$。如非饱和地层预计施工期可能有雨水入渗或地下水水位上升会使土体饱和，则试样应在剪切前予以饱和。

固结不排水剪试验（CU 试验）：试验主要目的有两个：一是借测量孔隙压力求得土的有效强度参数 $c'$、$\varphi'$，以便进行土体稳定的有效应力分析；二是求得总应力强度指标 $c_{cu}$、$\varphi_{cu}$。

固结排水剪试验（CD 试验）：主要是为了求得土的排水强度 $c_d$、$\varphi_d$。采用应变控制式三轴仪的固结排水剪比较费时，故仅应用于较透水的土料。在测试土的应力应变关系时，为了模拟实际工程的排水条件，也需用应变控制三轴压缩仪的固结排水剪试验成果来确定变形模量、泊松比和剪切模量等变形指标。

## 三、土石坝各种计算工况下土体抗剪强度指标的选择

《碾压式土石坝设计规范》（SL 274—2020）规定：土石坝各种计算工况，土体的有效应力抗剪强度均应采下式计算：

$$\tau = c' + (\sigma - u)\tan\varphi' = c' + \sigma'\tan\varphi' \tag{1-81}$$

黏性土施工期同时宜采用总应力抗剪强度按下式计算：

$$\tau = c_u + \sigma\tan\varphi_u \tag{1-82}$$

黏性土库水位降落期同时宜采用总应力抗剪强度按下式计算：

$$\tau = c_{cu} + \sigma'_c\tan\varphi_{cu} \tag{1-83}$$

式中　$\tau$——土体的抗剪强度，kPa；

$c'$——有效应力抗剪强度指标，土体的凝聚力，kPa；

$\varphi'$——有效应力抗剪强度指标，土体的内摩擦角，(°)；

$\sigma$——法向总应力，kPa；

$\sigma'$——法向有效应力，kPa；

$u$——孔隙压力，kPa；

$c_u$——不排水剪总强度指标，土体的凝聚力，kPa；

$\varphi_u$——不排水剪总强度指标，土体的内摩擦角，(°)；

$c_{cu}$——固结不排水剪总强度指标，土体的凝聚力，kPa；

$\varphi_{cu}$——固结不排水剪总强度指标，土体的内摩擦角，(°)；

$\sigma'_c$——库水位降落前的法向有效应力，kPa。

【任务实施】

## 一、试验基本要求

### (一)试样制备

细粒土试样分为原状土试样和扰动土试样两种。原状土试样一般用原状土块或钻孔原状土柱在切土器上切取。扰动土试样的制备方法有压样法、击实法、搓碾法等。不同的制备方法所得试样的强度有所差别。一般来说,制备方法应与现场情况类似为好,故以击实法和搓碾法为宜。

码 1-60　动画-三轴试验土样制备

试样高度 $h$ 与直径 $D$ 之比( $h/D$)应为 2.0~2.5,直径 $D$ 分别为 39.1 mm、61.8 mm 及 101.0 mm。对于有裂隙、软弱面或构造面的试样,直径 $D$ 宜采用 101.0 mm。

1. 原状土试样制备

(1)对于较软的土样,先用钢丝锯或削土刀切取一个稍大于规定尺寸的土柱,放在切土盘(见图 1-40)的上、下圆盘之间。再用钢丝锯或削土刀紧靠侧板,由上往下细心切削,边切削边转动圆盘,直至土样的直径被削成规定的直径。然后按试样高度的要求,削平上下两端。对于直径为 10 cm 的软黏土土样,可先用原状土分样器(见图 1-41)分成 3 个土柱,再按上述方法切削成直径为 39.1 mm 的试样。

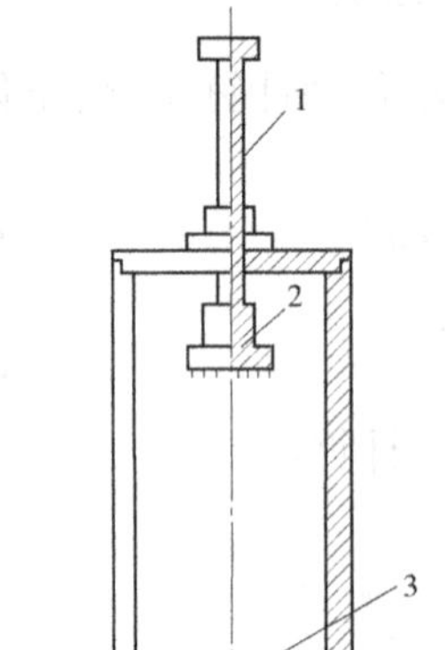


1—轴;2—上盘;3—下盘。

图 1-40　切土盘

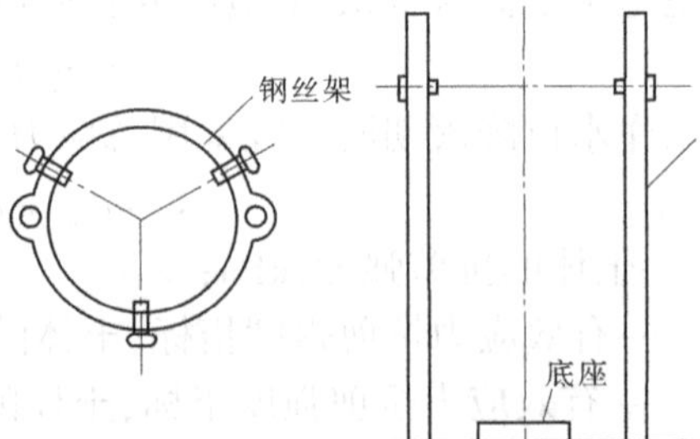


图 1-41　原状土分样器

(2)对于较硬的土样,先用削土刀或钢丝锯切取一个稍大于规定尺寸的土柱,上、下两端削平,按试样要求的层次方向放在切土架上,用切土器(见图 1-42)切削。先在切土器刀口内壁涂上一薄层油,将切土器的刀口对准土样顶面,边削土边压切土器,直至切削到比要求的试样高度高约 2 cm,然后拆开切土器,将试样取出,按要求的高度将两端削平。试样的两端面应平整,互相平行,侧面垂直,上下均匀。在切样过程中,当试样表面因遇砾石而成孔洞时,允许用切削下的余土填补。

(3)将切削好的试样称量,直径为 101.0 mm 的试样应准确至 1 g;直径为 61.8 mm 和 39.1 mm 的试样应准确至 0.1 g,取切下的余土,平行测定含水率,取其平均值作为试样的含水率。试样高度和直径用卡尺量测,试样的平均直径应按下式计算:

$$D_0 = \frac{D_1 + 2D_2 + D_3}{4} \tag{1-84}$$

式中　$D_0$——试样平均直径,mm;

$D_1$、$D_2$、$D_3$——试样上、中、下部位的直径,mm。

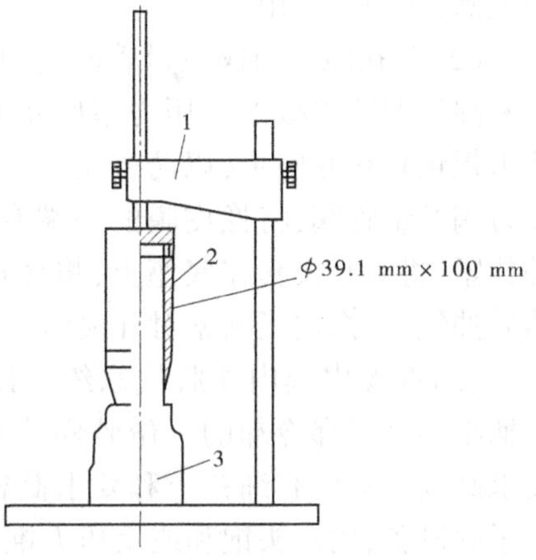

1—切土架;2—切土器;3—土样。

**图 1-42　切土器和切土架**

(4)对于特别坚硬的和很不均匀的土样,当不易切成平整、均匀的圆柱体时,允许切成与规定直径接近的柱体,按所需试样高度将上下两端削平,称取质量,然后包上橡皮膜,用浮称法称试样的质量,并换算出试样的体积和平均直径。

2. 扰动土试样制备

(1)选取一定数量的代表性土样。直径为 39.1 mm 的试样约取 2 kg,直径为 61.8 mm 和 101.0 mm 的试样分别取 10 kg 和 20 kg。经风干、碾碎、过筛,筛的孔径应符合表 1-37 的规定,测定风干含水率,按要求的含水率算出所需加水量。

**表 1-37　土样粒径与试样直径的关系**　　单位:mm

| 试样直径 $D$ | 最大允许粒径 $d_{max}$ |
|---|---|
| 39.1 | $\frac{1}{10}D$ |
| 61.8 | $\frac{1}{10}D$ |
| 101.0 | $\frac{1}{5}D$ |

(2)将需加的水量喷洒到土料上拌匀,稍静置后装入塑料袋,然后置于密闭容器内至少 20 h,使含水率均匀。取出土料复测其含水率。含水率的最大允许差值应为±1%。当不符合要求时,应调整含水率至符合要求为止。

(3)击样筒的内径应与试样直径相同。击锤的直径宜小于试样直径,也可采用与试样直径相等的击锤。击样筒壁在使用前应洗擦干净,涂一薄层凡士林。

(4)根据要求的干密度,称取所需土质量。按试样高度分层击实,粉土分 3~5 层击实,黏土分 5~8 层击实。各层土料质量相等。每层击实至要求高度后,将表面刨毛,再加第 2 层土料。如此继续进行,直至击实最后一层。将击样筒中的试样两端整平,取出称其质量。

3. 砂土试样制备

(1)根据试验要求的试样干密度和试样体积称取所需风干砂样质量,分 3 等份,在水中煮沸，冷却后待用。

(2)开孔隙压力阀及量管阀，使压力室底座充水。将煮沸过的透水板滑入压力室底座上，并用橡皮带把透水板包扎在底座上，以防砂土漏入底座中。关孔隙压力阀及量管阀，将橡皮膜的一端套在压力室底座上并扎紧，将对开模套在底座上，将橡皮膜的上端翻出，然后抽气，使橡皮膜贴紧对开模内壁(见图1-43)。

(3)在橡皮膜内注脱气水约达试样高的1/3。用长柄小勺将煮沸冷却的一份砂样装入膜中，填至该层要求高度。对含有细粒土和要求高密度的试样，可采用干砂制备，用水头饱和或反压力饱和。

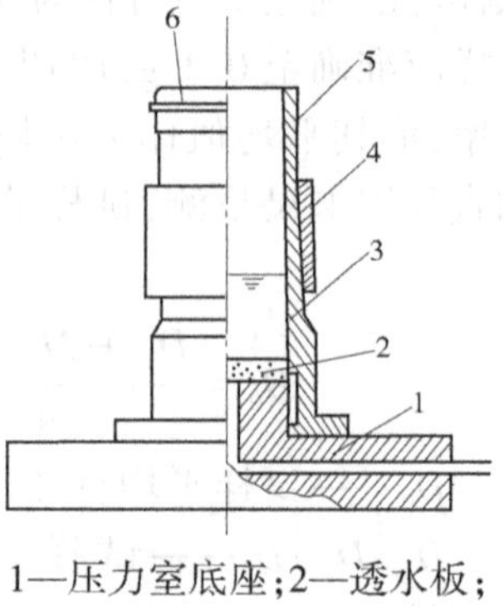

1—压力室底座；2—透水板；
3—制样圆模(两片合成)；4—紧箍；
5—橡皮膜；6—橡皮圈。

**图1-43 制备砂样圆模**

(4)第1层砂样填完后，继续注水至试样高度的2/3，再装第2层砂样。如此继续装样，直至模内装满。如果要求干密度较大，则可在填砂过程中轻轻敲打对开模，使所称出的砂样填满规定的体积。然后放上透水板、试样帽，翻起橡皮膜，并扎紧在试样帽上。

(5)开量管阀降低量管，使管内水面低于试样中心高程以下约0.2 m，当试样直径为101.0 mm时，应低于试样中心高程以下约0.5 m。在试样内产生一定负压，使试样能站立。拆除对开模，试样高度和直径用卡尺量测，试样的平均直径按式(1-84)计算，复核试样干密度。各试样之间的干密度最大允许差值应为±0.03 g/cm³。

**(二)试样饱和**

试样饱和宜选用下列方法。

1. 抽气饱和法

应将装有试样的饱和器置于无水的抽气缸内，进行抽气，当真空度接近当地1个大气压后，应继续抽气，继续抽气时间宜符合表1-38的规定。

**表1-38 不同土类的抽气时间** 单位：h

| 土类 | 抽气时间 |
|---|---|
| 粉土 | >0.5 |
| 黏土 | >1 |
| 密实的黏土 | >2 |

当抽气时间达到表1-37的规定后，徐徐注入清水，并保持真空度稳定。待饱和器完全被水淹没即停止抽气，并释放抽气缸的真空。试样在水下静置时间应大于10 h，然后取出试样并称其质量。

2. 水头饱和法

适用于粉土或粉土质砂。应按上述砂土试样制备的步骤安装试样，试样顶用透水帽，然后施加20 kPa的周围压力，并同时提高试样底部量管的水面和降低连接试样顶部固结排水管的水面，使两管水面差在1 m左右。打开量管阀、孔隙压力阀和排水阀，让水自下而上通过试样，直至同一时间间隔内量管流出的水量与固结排水管内的水量相等。当需要提高试样的饱和度时，宜在水头饱和前，从底部将二氧化碳气体通入试样，置换孔隙中的空气。二氧化碳的压力宜为 5~10 kPa，再进行水头饱和。

3. 反压力饱和法

试样要求完全饱和时，可对试样施加反压力。

(1) 试样装好后装上压力室罩，关孔隙压力阀和反压力阀，测记体变管读数。先对试样施加 20 kPa 的周围压力预压，并开孔隙压力阀待孔隙压力稳定后记下读数，然后关孔隙压力阀。

(2) 反压力应分级施加，并同时分级施加周围压力，以减少对试样的扰动，在施加反压力过程中，始终保持周围压力比反压力大 20 kPa，反压力和周围压力的每级增量对软黏土取 30 kPa，对坚实的土或初始饱和度较低的土取 50~70 kPa。

(3) 操作时，先调周围压力至 50 kPa，并将反压力系统调至 30 kPa，同时打开周围压力阀和反压力阀，再缓缓打开孔隙压力阀，待孔隙压力稳定后，测记孔隙压力计和体变管读数，再施加下一级的周围压力和反压力。

(4) 计算每级周围压力下的孔隙压力增量 $\Delta u$，并与周围压力增量 $\Delta\sigma_3$ 比较，当孔隙水压力增量与周围压力增量之比 $\Delta u/\Delta\sigma_3>0.98$ 时，认为试样饱和；否则重复上一步，直至试样饱和。

## 二、试验仪器

本试验所用的仪器设备应符合下列规定。

### (一) 应变控制式三轴仪

应变控制式三轴仪由反压力控制系统、周围压力控制系统、压力室、孔隙水压力量测系统组成（见图 1-44）。其技术条件应符合《岩土工程仪器基本参数及通用技术条件》(GB/T 15406—2007) 及《土工试验仪器 三轴仪 第 1 部分：应变控制式三轴仪》(GB/T 24107.1—2009) 的规定。

### (二) 附属设备

(1) 击实器（见图 1-45）。

(2) 饱和器（见图 1-46）。

(3) 切土盘（见图 1-40）。

(4) 切土器和切土架（见图 1-42）。

(5) 原状土分样器（见图 1-41）。

(6) 承膜筒（见图 1-47）。

(7) 制备砂样圆模（见图 1-43），用于冲填土或砂性土。

(8) 天平：称量 200 g，分度值 0.01 g；称量 1 000 g，分度值 0.1 g；称量 5 000 g，分度值 1 g。

(9) 负荷传感器：轴向力的最大允许误差为±1%。

(10) 位移传感器（或量表）：量程 30 mm，分度值 0.01 mm。

(11) 橡皮膜：对直径为 39.1 mm 和 61.8 mm 的试样，橡皮膜厚度宜为 0.1~0.2 mm；

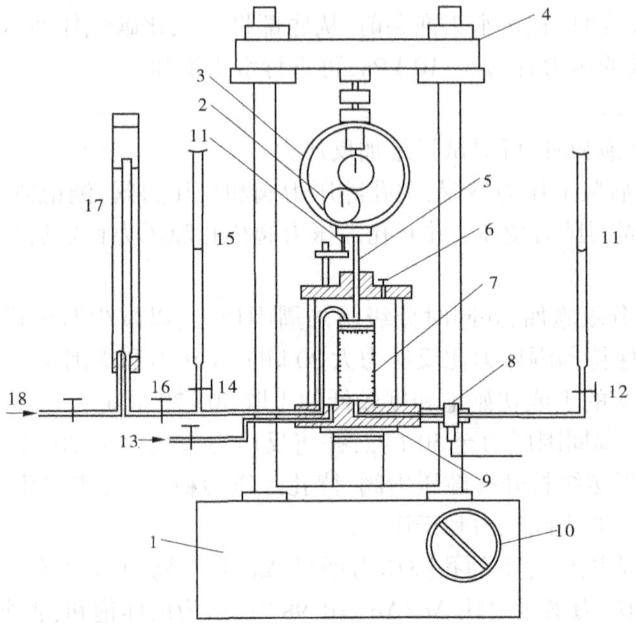


1—试验机;2—轴向位移计;3—轴向测力计;4—试验机横梁;5—活塞;6—排气孔;
7—压力室;8—孔隙压力传感器;9—升降台;10—手轮;11—排水管;12—排水管阀;
13—周围压力;14 一排水管阀;15—量水管;16—体变管阀;17—体变管;18—反压力。

**图 1-44　应变控制式三轴仪示意图**

对直径为 101 mm 的试样,橡皮膜厚度宜为 0.2~0.3 mm。

(12)透水板:直径与试样直径相等,其渗透系数宜大于试样的渗透系数,使用前在水中煮沸并泡于水中。

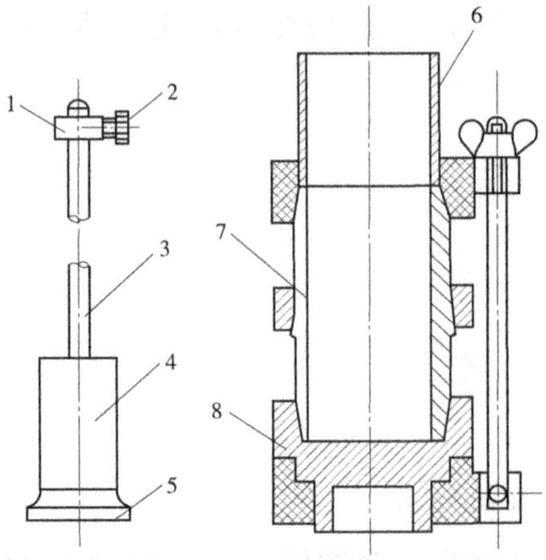


1—套环;2—定位螺丝;3—导杆;4—击锤;5—底板;
6—套筒;7—饱和器;8—底板。

**图 1-45　击实器**

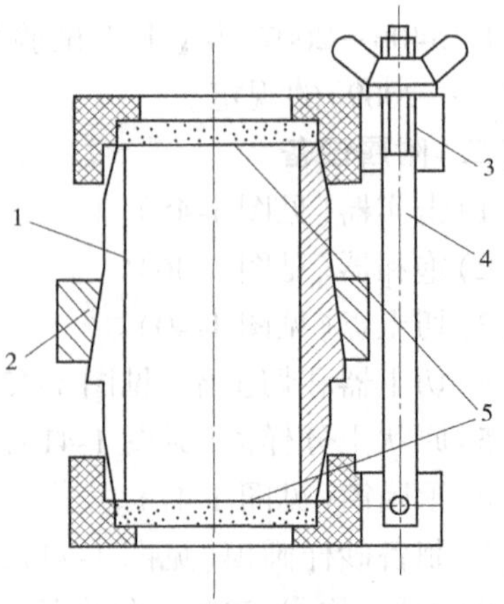


1—土样筒;2—紧箍;3—夹板;
4—拉杆;5—透水板。

**图 1-46　饱和器**

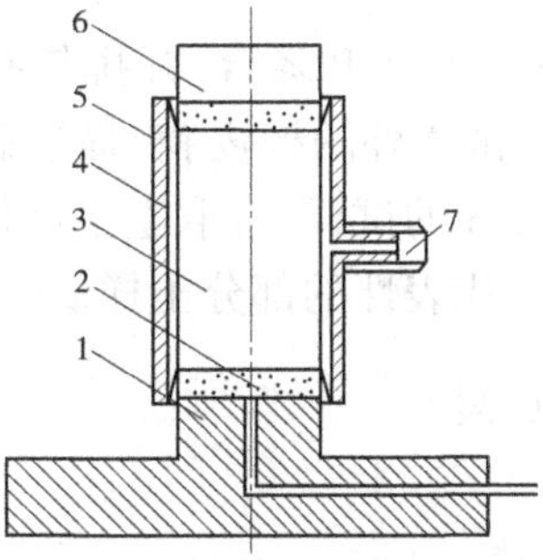


1—压力室底座;2—透水板;3—试样;4—承膜筒;
5—橡皮膜;6—上帽;7—吸气孔。

**图 1-47　承膜筒安装示意图**

## 三、不固结不排水剪试验步骤

**(一)试样的安装**

(1)装土样。对压力室底座充水排气,在底座上放置不透水板,并依次放置试样、不透水板及试样帽。对于砂性土的试样安装,按砂土试样制备第(4)步的规定进行。

**码 1-61　动画-三轴试验装置(压力室构造)**

(2)装橡皮膜。将橡皮膜套在承膜筒内,两端翻出筒外,从吸气孔吸气,使膜贴紧承膜筒内壁,套在试样外,放气,翻起橡皮膜的两端,取出承膜筒。用橡皮圈将橡皮膜分别扎紧在压力室底座和试样帽上。

(3)装压力室罩。安装时应先将活塞提升,以防碰撞试样,压力室罩安放后,将活塞对准试样帽中心,并均匀地旋紧螺丝。

(4)压力室充水。开排气孔,向压力室充水,当压力室内快注满水时,降低进水速度,水从排气孔溢出时,关闭排气孔。

**码 1-62　动画-三轴试验装土样**

(5)施加周围压力。关体变传感器或体变管阀及孔隙压力阀,开周围压力阀施加所需的周围压力。周围压力大小应与工程的实际小主应力 $\sigma_3$ 相适应,并尽可能使最大周围压力与土体的最大实际小主应力 $\sigma_3$ 大致相等。也可按 100 kPa、200 kPa、300 kPa、400 kPa 施加。

(6)施加竖向压力剪切试样。上升升降台,当轴向测力计有微读数时表示活塞已与试样帽接触。然后将轴向负荷传感器或测力计、轴向位移传感器或位移计的读数调整到零位。

**(二)剪切试样**

(1)剪切应变速率宜为(0.5~1.0)%/min。

(2)开动试验机,进行剪切。开始阶段,试样每产生轴向应变 0.3%~0.4%时,测记轴向力和轴向位移读数各 1 次。当轴向应变达 3%以后,读数间隔可延长为每产生轴向应变 0.7%~0.8%时各测记 1 次。当接近峰值时应加密读数。当试样为特别硬脆或软弱土时,可加密或减少测读的次数。

(3)当出现峰值后,再继续剪切 3%~5%轴向应变;轴向力读数无明显减少时,则剪切至轴向应变达 15%~20%。

(4)试验结束后,关闭电动机,下降升降台,开排气孔,排去压力室内的水,拆除压力室罩,揩干试样周围的余水,脱去试样外的橡皮膜,描述破坏后形状,称试样质量,测定试验后含水率。对于直径为 39.1 mm 的试样,宜取整个试样烘干;直径为 61.8 mm 和 101.0 mm 的试样,可切取剪切面附近有代表性的部分土样烘干。

## 四、固结不排水剪试验步骤

码 1-63 动画-三轴试验原理(CU)

码 1-64 动画-有效应力原理

码 1-65 实操视频-三轴试验规范操作(CU)

### (一)试样的安装

(1)装土样。开孔隙压力阀及量管阀,使压力室底座充水排气,并关阀。然后放上试样,试样上端放一张湿滤纸及透水板。在其周围贴上 7~9 条浸湿的滤纸条,滤纸条宽度为试样直径的 1/5~1/6。滤纸条两端与透水石连接,当要施加反压力饱和试样时,所贴的滤纸条必须中间断开约试样高度的 1/4,或自底部向上贴至试样高度的 3/4 处。

(2)装橡皮膜。将橡皮膜套在承膜筒内,两端翻出筒外,从吸气孔吸气,使膜贴紧承膜筒内壁,套在试样外,放气,翻起橡皮膜的两端,取出承膜筒。用橡皮圈将橡皮膜扎紧在压力室底座上。

(3)排除试样与橡皮膜之间的夹气。用软刷子或双手自下向上轻轻按抚试样,以排除试样与橡皮膜之间的气泡。对于饱和软黏土,可开孔隙压力阀及量管阀,使水徐徐流入试样与橡皮膜之间,以排除夹气,然后关闭。

(4)排出试样帽及与其连接管路中的气泡。开排水管阀,使水从试样帽徐徐流出以排除管路中气泡,并将试样帽置于试样顶端。排除顶端气泡,将橡皮膜扎紧在试样帽上,可用对开模。对开模如图 1-48 所示。

(5)降低排水管,使其水面至试样中心高程以下 20~40 cm,吸出试样与橡皮膜之间的多余水分,然后关排水管阀。

(6)装压力室罩。安装时应先将活塞提升,以防碰撞试样,压力室罩安放后,将活塞对准试样帽中心,并均匀地旋紧螺丝。

(7)压力室充水。开排气孔,向压力室充水,当压力室内快注满水时,降低进水速度,水从排气孔溢出时,关闭排气孔。

(8)放低排水管使其水面与试样中心高度齐平,测记其水面读数,并关排水管阀。

### (二)试样排水固结

(1)使量管水面位于试样中心高度处,开量管阀,测读传感器,记下孔隙压力起始读数,然后关量管阀。

(2)施加周围压力。关体变传感器或体变管阀及孔隙压力阀,开周围压力阀,施加所需的周围压力。周围压力大小应与工程的实际小主应力 $\sigma_3$ 相适应,并尽可能使最大周围压力与土体的最大实际小主应力 $\sigma_3$ 大致相等。也可按 100 kPa、200 kPa、300 kPa、400 kPa 施加。并调整负荷传感器或测力计、轴向位移传感器或位移计的读数。

(3)打开孔隙压力阀,测记稳定后的孔隙压力读数,减去孔隙压力计起始读数,即为周围压力与试样的初始孔隙压力。

(4)开排水管阀,按 0 min、0.25 min、1 min、4 min、9 min…时间测记排水读数及孔隙压力计读数。固结度至少应达到 95%,固结过程中可随时绘制排水量 $\Delta V$ 与时间平方根或时间对数曲线及孔隙压力消散度与时间对数曲线。若试样的主固结时间已经掌握,也可不读排水管和孔隙压力的过程读数。

(5)当要求对试样施加反压力时,则应符合上述反压力饱和法的相关规定。关体变管阀,增大周围压力,使周围压力与反压力之差等于原来选定的周围压力,记录稳定的孔隙压力读数和体变管水面读数作为固结前的起始读数。

图 1-48　对开模

(6)开体变管阀,让试样通过体变管排水,并应按上述第(2)~(4)步的规定进行排水固结。

(7)固结完成后,关排水管阀或体变管阀,记下体变管或排水管和孔隙压力的读数。开动试验机,到轴向力读数开始微动时,表示活塞已与试样接触,记下轴向位移读数,即为固结下沉量 $\Delta h$。依此算出固结后试样高度 $h_c$。然后将轴向力和轴向位移读数都调至零。

(8)其余几个试样按同样方法安装试样,并在不同周围压力下排水固结。

**(三)剪切试样**

(1)剪切应变速率宜为(0.05~0.10)%/min,粉土剪切应变速率宜为(0.1~0.5)%/min。

(2)开始剪切试样。打开孔隙压力阀及量管阀,按 0 min、0.25 min、1 min、4 min、9 min、…时间测记测力计、轴向变形、孔隙水压力和量管读数。

(3)试验结束后,关闭电动机,下降升降台,开排气孔,排去压力室内的水,拆除压力室罩,揩干试样周围的余水,脱去试样外的橡皮膜,描述破坏后形状,称试样质量,测定试验后含水率。

## 五、固结排水剪试验步骤

(1)安装、固结试样。试样的安装和固结同固结不排水剪。

(2)剪切试样。试样的剪切同固结不排水剪,但在剪切过程中应打开排水阀。剪切速率宜为(0.003~0.012)%/min。

## 六、试验成果整理

计算应符合下列规定:

(1)试样的高度、面积、体积及剪切时的面积应按表 1-39 中的公式计算。

表 1-39 高度、面积、体积计算表

| 项目 | 起始 | 固结后 | | 剪切时校正值 |
|---|---|---|---|---|
| | | 按实测固结下沉 | 等应变简化式样 | |
| 试样高度/cm | $h_0$ | $h_c=h_0-\Delta h_c$ | $h_c=h_0\times\left(1-\frac{\Delta V}{V_0}\right)^{1/3}$ | — |
| 试样面积/$cm^2$ | $A_0$ | $A_c=\frac{V_0-\Delta V}{h_c}$ | $A_c=A_0\times\left(1-\frac{\Delta V}{V_0}\right)^{2/3}$ | $A_a=\frac{A_0}{1-0.01\varepsilon_1}$（不固结不排水剪） |
| | | | | $A_a=\frac{A_c}{1-0.01\varepsilon_1}$（固结不排水剪） |
| | | | | $A_a=\frac{V_c-\Delta V_i}{h_c-\Delta h_i}$（固结排水剪） |
| 试样体积/$cm^3$ | $V_0$ | $V_c=h_cA_c$ | | — |

注：$\Delta h_c$ 为固结下沉量，由轴向位移计测得，cm；$\Delta V$ 为固结排水量（实测或试验前后试样质量差换算），$cm^3$；$\Delta V_i$ 为排水剪中剪切时的试样体积变化，$cm^3$，按体变管或排水管读数求得；$\varepsilon_1$ 为轴向应变（%）；$\Delta h_i$ 为试样剪切时高度变化，cm，由轴向位移计测得，为方便起见，可预先绘制 $\Delta V$-$h_c$ 及 $\Delta V$-$A_c$ 的关系线备用。

（2）主应力差 $\sigma_1-\sigma_3$ 计算：

$$\sigma_1 - \sigma_3 = \frac{CR}{A_a} \times 10 \tag{1-85}$$

式中 $\sigma_1$——大主应力，kPa；

$\sigma_3$——小主应力，kPa；

$C$——测力计率定系数，N/0.01 mm；

$R$——测力计读数，0.01 mm；

$A_a$——试样剪切时的面积，$cm^2$。

（3）有效主应力比 $\sigma_1'/\sigma_3'$ 计算：

$$\frac{\sigma'_1}{\sigma'_3} = \frac{\sigma_1 - \sigma_3}{\sigma'_3} + 1 \tag{1-86}$$

$$\sigma'_1 = \sigma_1 - u \tag{1-87}$$

$$\sigma'_3 = \sigma_3 - u \tag{1-88}$$

式中 $\sigma_1'$、$\sigma_3'$——有效大主应力和有效小主应力，kPa；

$\sigma_1$、$\sigma_3$——大主应力与小主应力，kPa；

$u$——孔隙水压力，kPa。

（4）孔隙压力系数 $B$ 和 $A$ 计算：

$$B = \frac{u_0}{\sigma_3} \tag{1-89}$$

$$A = \frac{u_d}{B(\sigma_1 - \sigma_3)} \tag{1-90}$$

式中 $u_0$——试样在周围压力下产生的初始孔隙压力,kPa;

$u_d$——试样在主应力差 $\sigma_1-\sigma_3$ 下产生的孔隙压力,kPa。

(5)制图。

根据需要分别绘制主应力差（$\sigma_1-\sigma_3$）与轴向应变 $\varepsilon_1$ 的关系曲线、有效主应力比 $\sigma_1'/\sigma_3'$ 与轴向应变 $\varepsilon_1$ 的关系曲线,孔隙压为 $\mu$ 与轴向应变 $\varepsilon_1$ 的关系曲线,用 $\frac{\sigma_1'-\sigma_3'}{2}\times\frac{\sigma_1-\sigma_3}{2}$ 与 $\frac{\sigma_1'+\sigma_3'}{2}\times\frac{\sigma_1+\sigma_3}{2}$ 作坐标的应力路径关系曲线。

破坏点的取值可以 $\sigma_1-\sigma_3$ 或 $\sigma_1'/\sigma_3'$ 的峰点值作为破坏点。如 $\sigma_1-\sigma_3$ 和 $\sigma_1'/\sigma_3'$ 均无峰值,应以应力路径的密集点或按一定轴向应变(一般可取 $\varepsilon_1=15\%$,经过论证也可根据工程情况选取破坏应变)相应的 $\sigma_1-\sigma_3$ 或 $\sigma_1'/\sigma_3'$ 作为破坏强度值。

(6)强度包线绘制。

①对于不固结不排水剪切试验及固结不排水剪切试验,以法向应力 $\sigma$ 为横坐标,剪应力 $\tau$ 为纵坐标,在横坐标上以 $\frac{\sigma_{1f}+\sigma_{3f}}{2}$ 为圆心、$\frac{\sigma_{1f}-\sigma_{3f}}{2}$ 为半径($f$ 注脚表示破坏时的值),绘制破坏总应力圆后,作诸圆包线。该包线的倾角为内摩擦角 $\varphi_u$ 或 $\varphi_{cu}$,包线在纵轴上的截距为黏聚力 $c_u$ 或 $c_{cu}$。

②在固结不排水剪切试验中测孔隙压力,则可确定试样破坏时的有效应力。以有效应力 $\sigma'$ 为横坐标,剪应力 $\tau$ 为纵坐标,在横坐标轴上以 $\frac{\sigma_{1f}'+\sigma_{3f}'}{2}$ 为圆心、$\frac{\sigma_{1f}'-\sigma_{3f}'}{2}$ 为半径,绘制不同周围压力下的有效破坏应力圆后,作诸圆包线,包线的倾角为有效内摩擦角 $\varphi'$,包线在纵轴上的截距为有效黏聚力 $c'$。

③在排水剪切试验中,孔隙压力等于零,抗剪强度包线的倾角和在纵轴上的截距分别以 $\varphi_d$ 和 $c_d$ 表示。

④如各应力圆无规律,难以绘制各圆的强度包线,可按应力路径取值,即为 $\frac{\sigma_1'-\sigma_3'}{2}\times\frac{\sigma_1-\sigma_3}{2}$ 为纵坐标,$\frac{\sigma_1'+\sigma_3'}{2}\times\frac{\sigma_1+\sigma_3}{2}$ 为横坐标,绘制应力圆,作通过各圆之圆顶点的平均直线。根据直线的倾角及在纵坐标上的截距,应按下列公式计算 $\varphi'$ 和 $c'$:

$$\varphi' = \sin^{-1}\tan\alpha \tag{1-91}$$

$$c' = \frac{d}{\cos\varphi'} \tag{1-92}$$

式中 $\alpha$——平均直线的倾角,(°);

$d$——平均直线在纵轴上的截距,kPa。

【任务说明】

## 一、试样饱和

试样饱和方法有抽气饱和法、浸水饱和法、水头饱和法等，其中以抽气饱和法效果较好。粉质黏土的对比试验表明：用抽气饱和法饱和度可达95%，浸水饱和法和水头饱和法在持续数昼夜后饱和度仅达到85%左右。有些资料亦表明：用抽气饱和法饱和度可达90%～95%。若研究软化的影响，则要用水头饱和法。

对于渗透性小的黏性土，抽气饱和法难以达到完全饱和，即使试样达到了完全饱和，而仪器底座、孔隙压力系统及安装过程中，试样与橡皮膜等之间的残余气泡也难以驱净，不能满足试验过程中完全饱和。反压力的另一个作用是使试样的孔隙水压力升高后，在剪切过程中有剪胀的试样不致出现负的孔隙压力。

目前，国内外已把对试样施加反压力作为一种常用的饱和方法，例如美国水道试验站规定：对CU试验，剪切前试样饱和度必须达到98%，而测孔隙压力的$\overline{\mathrm{CU}}$试验则必须完全饱和。因此，施加反压力是试验中的必要步骤。

## 二、剪切应变速率

### （一）不固结不排水剪试验

不固结不排水剪试验及固结不排水剪试验的剪切（不测孔隙压力）应变速率在通常的速率范围内对强度影响不大，故可根据试验方便来选择剪切应变速率。《土工试验方法标准》（GB/T 50123—2019）建议每分钟应变为0.5%～1.0%，以使试样在15～30 min内完成剪切试验。

### （二）固结不排水剪试验

关于固结不排水试验的剪切（测孔隙压力）应变速率，在常规三轴试样剪切过程中，孔隙压力分布是不均匀的，一般中部较大，两端较小。对于测孔隙压力的$\overline{\mathrm{CU}}$试验，为了使底部测得的值能代表剪切区的孔隙压力，故要求剪切应变速率相当慢，以便孔隙压力有足够时间均匀分布。

关于测孔隙压力的$\overline{\mathrm{CU}}$试验，国内不少单位对于剪切应变速率积累了许多经验。研究认为，黏质土采用每分钟应变为0.1%是合适的，也有的认为黏质土以每分钟应变为0.05%为好。国外对黏质土则多用每分钟应变为0.04%～0.1%的速率。鉴于上述，因此《土工试验方法标准》（GB/T 50123—2019）建议对黏质土测孔隙压力的$\overline{\mathrm{CU}}$试验，剪切应变速率采用每分钟应变为0.05%～0.1%。

粉质土的剪切应变速率可以加快些，经比较，对于渗透系数$k=1\times10^{-5}$ cm/s的粉质土，当剪切应变速率采用每分钟应变为0.1%～0.6%时，孔隙压力变化很小。对强度的影响也不大，故粉质土的剪切应变速率采用每分钟应变为0.1%～0.5%。

### （三）固结排水剪试验

关于固结排水试验的剪切应变速率，吉甫逊曾建议过破坏历时的理论公式，按该公式算得的剪切应变速率，对黏质土一般采用每分钟应变为0.003%～0.012%。采用这样的剪切应变速率的固结排水剪，对于黏质土可能仍有微小的孔隙压力产生。但对强度影响不大，故《土工试验方法标准》(GB/T 50123—2019)规定剪切应变速率采用每分钟应变为0.003%~0.012%。

## 三、固结排水剪试验试样外贴滤纸条的问题

为了加速试样的固结过程，同时在剪切时使试样内孔隙压力均匀传递，国内外都普遍在试样外贴滤纸条。

关于滤纸条的贴法，大约有如下几种：覆盖面积达侧面的50%以上和上下连续的滤纸条(Ⅰ型)；上下均与透水板相连的连续滤纸条(Ⅱ型)；滤纸条下部与透水板相连，而上部与透水板断开1/4试样高度(Ⅲ型)；上下均与透水板相连，但中部间断1/4试样高度(Ⅳ型)；为了加速试样固结，建议采用Ⅱ型。但如对试样施加反压力或测孔隙压力，滤纸条的上下端与透水板不连接以防反压力与孔隙压力测量直接连通。

## 四、固结不排水剪试验对试样施加的周围压力

对试样施加的周围压力应尽可能与土体现场实际作用的压力一致。然而在大周围压力下所测得的强度指标比在小周围压力下所测得的强度指标要低。因此，在提供强度指标时应注明所施加的周围压力的范围。

## 五、固结不排水剪试验的固结标准

固结标准采用两种方法：一种是以固结排水量达到稳定作为固结的标准，另一种是以孔隙水压力完全消散为标准。根据所进行的试验与国内外的经验，《土工试验方法标准》(GB/T 50123—2019)规定以固结度达到95%~100%作为固结标准。

## 六、关于固结不排水试验的剪切(测孔隙压力)应变速率

在常规三轴试样剪切过程中，孔隙压力分布是不均匀的，一般中部较大，两端较小。对于测孔隙压力的$\overline{CU}$试验，为了使底部测得的值能代表剪切区的孔隙压力，故要求剪切应变速率相当慢，以便孔隙压力有足够时间均匀分布。

关于测孔隙压力的$\overline{CU}$试验，国内不少单位对于剪切应变速率积累了许多经验。研究认为，黏质土采用每分钟应变为0.1%是合适的，也有的认为黏质土以每分钟应变为0.05%为好。国外对黏质土则多用每分钟应变为0.04%~0.1%的速率。因此，《土工试验方法标准》(GB/T 50123—2019)建议对黏质土测孔隙压力的$\overline{CU}$试验的剪切应变速率为每分钟应变为0.05%~0.1%。

粉质土的剪切应变速率可以加快些，经比较，对于渗透系数$k=1\times10^{-5}$ cm/s的粉质土，当剪切应变速率每分钟应变为0.1%~0.6%时，孔隙压力变化很小，对强度的影响也不大，故粉质土的剪切应变速率采用每分钟应变为0.1%~0.5%。

**【任务考核】**

任务考核细则如表1-40所示。

表 1-40 直接剪切试验学生自评表

<table>
<tr><td>班级</td><td></td><td>姓名</td><td></td><td>学号</td><td></td></tr>
<tr><td>学习任务</td><td colspan="5">抗剪强度指标检测</td></tr>
<tr><td>打分类别</td><td colspan="3">考核要点</td><td>分值</td><td>得分</td></tr>
<tr><td rowspan="11">常规计分项目</td><td colspan="3">试验仪器、工具、记录表等准备齐全</td><td>10</td><td></td></tr>
<tr><td colspan="3">天平选用正确</td><td>10</td><td></td></tr>
<tr><td colspan="3">原状土样制备标准</td><td>20</td><td></td></tr>
<tr><td colspan="3">扰动土样制备标准</td><td>20</td><td></td></tr>
<tr><td colspan="3">试样饱和标准</td><td>20</td><td></td></tr>
<tr><td colspan="3">UU、CU、CD 三种试验土样安装正确</td><td>40</td><td></td></tr>
<tr><td colspan="3">CU、CD 两种试验土样固结正确</td><td>20</td><td></td></tr>
<tr><td colspan="3">UU、CU、CD 三种试验围压施加正确</td><td>20</td><td></td></tr>
<tr><td colspan="3">UU、CU、CD 三种试验土样剪切正确</td><td>10</td><td></td></tr>
<tr><td colspan="3">试验测读、记录正确</td><td>10</td><td></td></tr>
<tr><td colspan="3">绘图、计算正确</td><td>20</td><td></td></tr>
<tr><td rowspan="3">附加分</td><td colspan="3">试验仪器、工具、操作方法等有创新想法</td><td>10</td><td></td></tr>
<tr><td colspan="3">数据处理有创新</td><td>5</td><td></td></tr>
<tr><td colspan="3">试验精益求精，具有工匠精神</td><td>10</td><td></td></tr>
<tr><td rowspan="2">扣分</td><td colspan="3">一旦发现试验中篡改伪造数据，本项目 0 分计</td><td>-100</td><td></td></tr>
<tr><td colspan="3">不能将组内负责任务完成</td><td>-30</td><td></td></tr>
<tr><td colspan="4">总计</td><td colspan="2"></td></tr>
</table>

# 任务十九 直接剪切试验

**【任务引入】**

某水利工程中的土质边坡，需要根据直接剪切试验测得的抗剪强度指标判定其稳定性，请用直接剪切试验测定其抗剪强度指标。

码 1-66 微课-直剪试验工程意义

**【知识储备】**

## 一、直接剪切试验的概念及分类

直接剪切试验简称直剪试验，是将土样置于直剪仪的固定上盒和活动下盒内。试验时先在土样上施加垂直压力，然后对下盒施加水平推力，上下盒内的土样从上下盒中间错动，使土样沿着上下盒之间的平面剪坏。试验时，通常采用 4 个土样,在不同的垂直压力作用下测出相应的抗剪强度,然后根据库仑定律,确定土的抗剪强度指标黏聚力 $c$ 和内摩擦角 $\varphi$。

码 1-67 动画-土压力

## 二、直接剪切试验的分类

直接剪切试验根据排水条件的不同,可分为快剪试验、固结快剪试验、慢剪试验。每种试验方法适用于一定排水条件下的土体,相应于工程所处的工作状态。因此,在选择试验方法时,应注意所采用的方法尽量反映土的特性和工程所处的工作阶段,并与分析计算方法相匹配。

**(一)快剪试验**

剪切之前试样不固结,剪切时试样不排水,快速剪切。快剪试验适用于渗透系数小于 $1\times10^{-6}$ cm/s 的细粒土。参数用于建筑物在很短时期内完成,或预计施工期内地基土不固结不排水条件下的稳定计算。

码 1-68 微课-直剪试验方法原理

**(二)固结快剪试验**

试样固结排水稳定后,再快速剪切,施加剪力时不允许试样排水。固结快剪试验适用于渗透系数小于 $1\times10^{-6}$ cm/s 的细粒土。参数用于地基或土堤在施工期已完成排水固结,后因急剧施加外荷载条件下的稳定计算。

**(三)慢剪试验**

试样固结排水稳定后,再以慢速剪切,整个试验过程中允许土样有充分的时间排水固结。慢剪试验一般适用于细粒土,适用于地基或土堤在施工期已充分排水固结,后期的剪切破坏过程也得到充分排水条件下的稳定性计算。

**【任务实施】**

## 一、试验基本要求

**(一)一般规定**

快剪试验和固结快剪试验的土样宜为渗透系数小于 $1\times10^{-6}$ cm/s 的细粒土。

**(二)黏性土试样制备**

从原状土样中切取原状土试样或制备给定干密度及含水率的扰动土试样。切取原状土样步骤同固结试验原状土样制备。

用烘干法和环刀法测定试样的含水率及密度。对于试样需要饱和时,应进行抽气饱和,方法同固结试验试样饱和中的真空饱和法。

**(三)砂类土试样制备**

(1)取过 2 mm 筛孔的代表性风干砂样 1 200 g 备用。按要求的干密度称每个试样所需风干砂量,准确至 0.1 g。

(2)对准上下盒,插入固定销,将洁净的透水板放入剪切盒内。

(3)将准备好的砂样倒入剪力盒内,拂平表面,放上一块硬木块,用手轻轻敲打,使试样达到要求的干密度。然后取出硬木块。

**(四)垂直压力要求**

垂直压力应符合下列规定:每组试验应取 4 个试样,在 4 种不同垂直压力下进行剪切试验。可根据工程实际和土的软硬程度施加各级垂直压力,垂直压力的各级差值要大致相等。也可取垂直压力分别为 100 kPa、200 kPa、300 kPa、400 kPa,各个垂直压力可一次轻轻施加,若土质松软,也可分级施加以防试样挤出。

## 二、试验仪器

(1)应变控制式直接剪切仪:如图 1-49、图 1-50 所示,包括剪切盒(水槽、上剪切盒、下剪切盒),垂直加压框架,负荷传感器或测力计及推动机构等,其技术条件应符合《岩土工程仪器基本参数及通用技术条件》(GB/T 15406—2007)的规定。

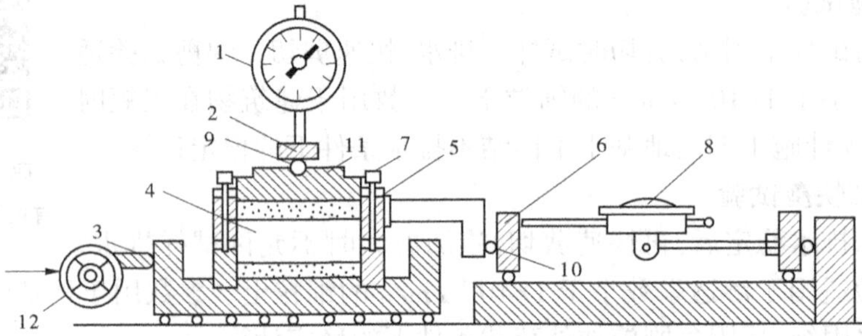


1—垂直变形量百分表;2—垂直加压框架;3—推动座;4—试样;5—剪切盒;6—量力环;7—销钉;8—量力环百分表;9—传力钢珠;10—前端钢珠;11—试样顶盖;12—手轮。

**图 1-49　应变控制式直接剪切仪结构示意图**

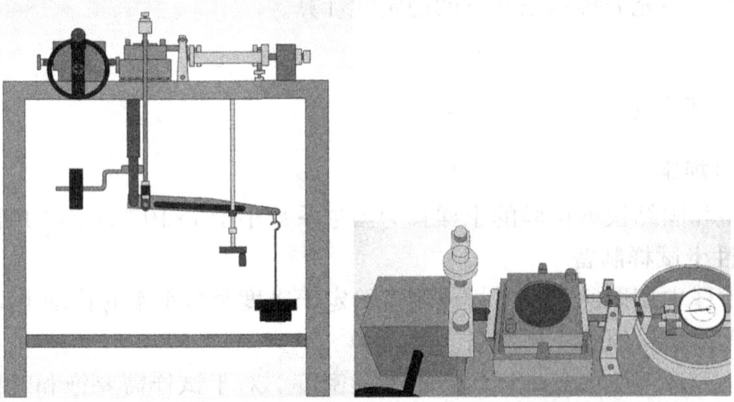

**图 1-50　应变控制式直接剪切仪外形**

(2)位移传感器或位移计(百分表):量程 5~10 mm,分度值 0.01 mm。

(3)天平:称量 500 g,分度值 0.1 g。

(4)其他仪器设备:①环刀:内径 6.18 cm,高 2 cm;②其他:饱和器、削土刀或钢丝锯、秒表、滤纸、直尺。

## 三、快剪试验步骤

(1)对准上下盒,插入固定销。在下盒内放不透水板。将装有试样的环刀平口向下,对准剪切盒口，在试样顶面放不透水板，然后将试样徐徐推入剪切盒内，移去环刀。对砂类土，应按上述砂类土试样制备方法制备和安装试样。

(2)转动手轮，使上盒前端钢珠刚好与负荷传感器或测力计接触。调整负荷传感器或测力计读数为零。顺次加上加压盖板、钢珠、加压框架，安装垂直位移传感器或位移计测记起始读数。

码 1-69　微课-直剪试验规范操作

(3)按上述垂直压力要求施加垂直压力。

(4)施加垂直压力后，立即拔去固定销。开动秒表，宜采用 0.8~1.2 mm/min 的速率剪切，每分钟 4~6 转的均匀速度旋转手轮，使试样在 3~5 min 内剪损。当剪应力的读数达到稳定或有显著后退时，表示试样已剪损，宜剪至剪切变形达到 4 mm。当剪应力读数继续增加时，剪切变形应达到 6 mm，手轮每转一转，同时测记负荷传感器或测力计读数，并根据需要测记垂直位移读数，直至剪损。

码 1-70　动画-直剪试验规范操作

(5)剪切结束后，吸去剪切盒中积水，倒转手轮，移去垂直压力、框架、钢珠、加压盖板等，取出试样。需要时，测定剪切面附近土的含水率。

## 四、固结快剪试验步骤

(1)试样安装和定位同快剪试验步骤(1)~步骤(2)。试样上下两面的不透水板改放湿滤纸和透水板。

(2)当试样为饱和样时，在施加垂直压力 5 min 后，往剪切盒水槽内注满水；当试样为非饱和土时，仅在活塞周围包以湿棉花，防止水分蒸发。

(3)在试样上施加规定的垂直压力后，测记垂直变形读数。当每小时垂直变形读数变化不大于 0.005 mm 时，认为已达到固结稳定。试样也可在其他仪器上固结，然后移至剪切盒内，继续固结至稳定后，再进行剪切。

(4)试样达到固结稳定后，剪切试样，方法同快剪试验步骤(4)，剪切后取试样测定剪切面附近试样的含水率。

## 五、慢剪试验步骤

(1)试样安装、定位和固结同固结快剪试验。

(2)试验固结稳定后进行剪切，剪切速率应小于 0.02 mm/min。也可按下式估算剪切破坏时间：

$$t_f = 50t_{50} \tag{1-93}$$

式中　$t_f$——达到破坏所经历的时间，min；

$t_{50}$——固结度达到 50%的时间，min。

(3)减损标准同快剪试验。

(4)剪切结束后，吸去剪切盒中积水，倒转手轮，移去垂直压力、框架、钢珠、加压盖板等，取出试样，测定剪切面附近土的含水率。

## 六、试验成果整理

码 1-71 微课-直剪试验数据处理

(1)试样的剪应力应按下式计算:

$$\tau = \frac{CR}{A_0} \times 10 \tag{1-94}$$

式中 $\tau$——剪应力,kPa;

$C$——测力计率定系数,N/0.01 mm;

$R$——测力计读数,0.01 mm;

$A_0$——试样初始的面积,$cm^2$。

(2)以剪应力为纵坐标,剪切位移为横坐标,绘制剪应力$\tau$与剪切位移 $\Delta L$ 关系曲线。

(3)选取剪应力$\tau$与剪切位移 $\Delta L$ 关系曲线上的峰值点或稳定值作为抗剪强度。当无明显峰点时,取剪切位移 $\Delta L=4$ mm 对应的剪应力作为抗剪强度。

(4)以土的抗剪强度为纵坐标、垂直压力为横坐标,绘制抗剪强度与垂直压力的关系曲线,如图 1-51 所示。根据图上各点,绘一视测的直线。直线的倾角为土的内摩擦角 $\varphi$,直线在纵坐标轴上的截距为土的黏聚力 $c$。

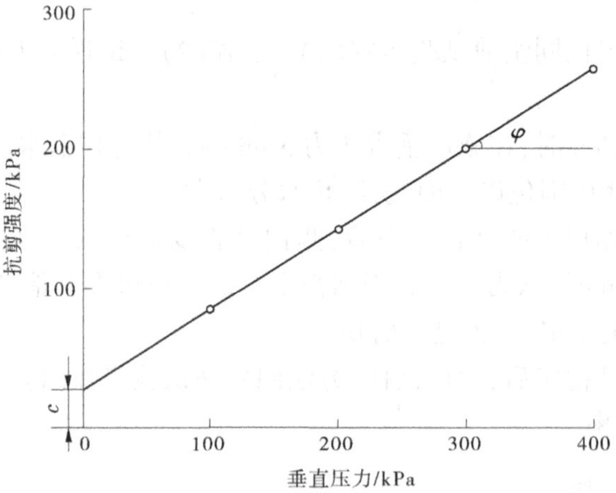


图 1-51 抗剪强度与垂直压力关系曲线

【任务说明】

对于高含水率、低密度的土或透水性大(渗透系数大于 $1\times10^{-6}$ cm/s)的土,即使再加快剪切速率,也难以避免排水固结,因而对于这类土,建议用三轴仪测定其不排水强度。直接剪切仪的最大缺点是不能有效地控制排水条件。对渗透性较大的土,进行快剪试验时所得的结果,用库仑公式表示时,具有较大的内摩擦角,且总应力强度指标往往偏大。因而,《土工试验方法标准》(GB/T 50123—2019)规定,对渗透系数大于 $A\times10^{-6}$ cm/s 的土($A$ 为小于 10 的自然数),不宜做快剪及固结快剪试验。

【任务考核】

任务考核细则如表 1-41 所示。

表 1-41　直接剪切试验学生自评表

| 班级 | | 姓名 | | 学号 | |
|---|---|---|---|---|---|
| 学习任务 | 抗剪强度指标检测 | | | | |
| 打分类别 | 考核要点 | | | 分值 | 得分 |
| 常规计分项目 | 能说出土的抗剪强度及抗剪强度指标的概念 | | | 10 | |
| | 试验仪器、工具、记录表等准备齐全 | | | 5 | |
| | 天平选用正确 | | | 5 | |
| | 试样制备正确 | | | 10 | |
| | 试样充分饱和(真空抽气饱和) | | | 5 | |
| | 试样安装正确 | | | 10 | |
| | 试样固结正确 | | | 5 | |
| | 垂直压力施加正确 | | | 10 | |
| | 试样剪切速度正确 | | | 10 | |
| | 试样减损标准正确 | | | 10 | |
| | 试验记录表记录、计算、修约及结果正确 | | | 10 | |
| | 作图正确、结果正确 | | | 10 | |
| 附加分 | 试验仪器、工具、操作方法等有创新想法 | | | 10 | |
| | 数据处理有创新 | | | 5 | |
| | 试验精益求精,具有工匠精神 | | | 10 | |
| 扣分 | 一旦发现试验中篡改伪造数据,本项目 0 分计 | | | -100 | |
| | 不能将组内负责任务完成 | | | -30 | |
| 总计 | | | | | |

# 任务二十　黄土湿陷试验

**【任务引入】**

南水北调中线工程施工至湿陷性黄土地段,需要测定该黄土的湿陷性指标,包括湿陷系数、自重湿陷系数、溶滤变形系数和湿陷起始压力。请测定该黄土的湿陷性指标。

**【知识储备】**

土的湿陷性是指土在自重压力作用下或自重压力和附加压力综合作用下,受水浸湿后土的结构迅速破坏而发生显著附加下陷的特征,这是黄土的重要特性。在干旱或半干旱地区,特别是在山前洪、坡积扇中常遇到湿陷性的碎石类土和砂类土,在一定压力作用下浸水后也常具有强烈的湿陷性。

湿陷性黄土在我国广泛分布，遍布在我国甘、陕、晋大部分地区以及豫、鲁、宁夏、辽宁、新疆等部分地区的黄土是一种在第四纪时期形成的、颗粒组成以粉粒(0.005～0.075 mm)为主的黄色或褐黄色粉性土。它含有大量的碳酸盐类，往往具有肉眼可见的大孔隙。具有天然含水率的黄土，如未受水浸湿，一般强度较高，压缩性较小。黄土湿陷的发生是由于管道(或水池)漏水、地面积水、生产和生活用水等渗入地下，或由于降水量较大，灌溉渠和水库的渗漏或回水使地下水位上升而引起的。然而受水浸湿只不过是湿陷发生所必需的外界条件。研究表明，黄土的多孔隙结构特征及胶结物质成分(碳酸盐类)是产生湿陷性的内在原因。

黄土是否具有湿陷性，以及湿陷性的强弱程度如何，应按某一给定的压力作用下土体浸水后的湿陷系数$\delta_s$值来衡量。湿陷系数由室内固结试验测定。在固结仪中将原状试样逐级加压到实际受到的压力$p$，等其压缩稳定后测得试样高度$h_p$，然后加水浸湿，测得下沉稳定后的高度$h'_p$。设土样的原始高度为$h_0$，则按式(1-95)计算黄土的湿陷系数$\delta_s$：

$$\delta_s = \frac{h_p - h'_p}{h_0} \tag{1-95}$$

式中　$\delta_s$——湿陷系数；

$h_p$——在某级压力下，试样变形稳定后的高度，mm；

$h'_p$——在某级压力下，试样浸水湿陷变形稳定后的高度，mm。

《湿陷性黄土地区建筑标准》(GB 50025—2018)规定：当$\delta_s<0.015$时，应定为非湿陷性黄土；当$\delta_s \geqslant 0.015$时，应定为湿陷性黄土。

黄土受水浸湿后，在土的自重压力下发生湿陷的，称为自重湿陷性黄土；在土的自重压力下不发生湿陷的，称为非自重湿陷性黄土。渗透溶滤变形是指黄土在荷重及渗透水长期作用下，由于盐类溶滤及土中孔隙继续被压密而产生的垂直变形，实际上是湿陷变形的继续，一般很缓慢，在水工建筑物地基中是常见的。

黄土在荷重作用下，受水浸湿后开始出现湿陷的压力，称为湿陷起始压力。黄土湿陷试验对房屋地基来说，主要是测定自重湿陷系数、起始压力和规定压力下的湿陷系数，而对水工建筑物来说，主要是测定施工和运用阶段相应的湿陷性指标，包括本试验的所有内容。

**【任务实施】**

## 一、试验基本要求

### (一)试样制备要求

应小心开启原状土样包装皮，辨别土样上下和层次，整平土样两端。无特殊要求时，切土方向应与天然层次垂直。

将试验用的切土环刀内壁涂一薄层凡士林，刃口向下，放在土样上。用切土环刀将土样切削成稍大于环刀直径的土柱。然后将环刀垂直向下压，边压边削，直至土样伸出环刀。削去两端余土并修平，试样与环刀应密合。擦净环刀外壁，称环刀、土总量，准确至0.1 g，并应测定环刀两端削下土样的含水率。

切削过程中，应细心观察土样的情况，并应描述土样的层次、气味、颜色，同时记录土样有无杂质、土质是否均匀、有无裂缝等情况。

切取试样后剩余的原状土样,应用蜡纸包好置于保湿器内,以备补做试验之用;切削的余土做物理性试验。

应视试样本身及工程要求,决定试样是否进行饱和,当不立即进行试验或饱和时,应将试样暂存于保湿器内。

原状土开土记录格式应符合任务三中的原状土开土记录表(见表1-6)。

进行本试验时,从同一土样中制备的试样,其密度的最大允许差值应为±0.03 $g/cm^3$。

**(二)变形稳定标准**

黄土湿陷试验的变形稳定标准为每小时变形不应大于0.01 mm,溶滤变形稳定标准为每3 d变形不应大于0.01 mm。

## 二、试验仪器

本试验所用的仪器设备应符合任务十七中固结试验仪器设备的规定,环刀内径为79.8 mm。试验所用的滤纸及透水石的湿度应接近试样的天然湿度。

## 三、试验步骤

**(一)测定湿陷系数**

湿陷系数试验应按下列步骤进行:

(1)在固结容器内放置护环、透水板和薄滤纸,将带有环刀的试样小心装入护环,然后在试样上放薄滤纸、透水板和加压盖板,置于加压框架下,对准加压框架的正中,安装量表。为保证试样与仪器上下各部件之间接触良好,应施加1 kPa的预压压力,然后调整量表,使读数为零。

(2)确定需要施加的各级压力,压力等级宜为50 kPa、100 kPa、150 kPa、200 kPa,大于200 kPa后每级压力为100 kPa。最后一级压力应按取土深度而定:从基础底面算起至10 m深度以内,压力为200 kPa;10 m以下至非湿陷土层顶面,应用其上覆土的饱和自重压力,当大于300 kPa时,仍应用300 kPa。当基底压力大于300 kPa时或有特殊要求的建筑物时,宜按实际压力确定。

(3)施加第一级压力后,每隔1 h测定一次变形读数,直至试样变形稳定。

(4)试样在第一级压力下变形稳定后,施加第二级压力,以此类推。试样在规定浸水压力下变形稳定后,向容器内自上而下或自下而上注入纯水,水面宜高出试样顶面,每隔1 h测记一次变形读数,直至试样变形稳定。

(5)测记试样浸水变形稳定读数后,迅速拆除仪器各部件,取出带环刀的试样,需测定试验后含水率时,则用干纸吸去试样两端表面上的水,测定其含水率。

**(二)测定自重湿陷系数**

自重湿陷系数试验应按下列步骤进行:

(1)在固结容器内放置护环、透水板和薄滤纸,将带有环刀的试样小心装入护环,然后在试样上放薄滤纸、透水板和加压盖板,置于加压框架下,对准加压框架的正中,安装量表。为保证试样与仪器上下各部件之间接触良好,应施加1 kPa的预压压力,然后调整量表,使读数为零。

(2)施加土的饱和自重压力,当饱和自重压力小于或等于 50 kPa 时,可一次施加;当压力大于 50 kPa 时,应分级施加,每级压力不应大于 50 kPa,每级压力时间不应少于 15 min,如此连续加至饱和自重压力;加压后每隔 1 h 测记一次变形读数,直至试样变形稳定。

(3)向容器内注入纯水,水面应高出试样顶面,每隔 1 h 测记一次变形读数,直至试样浸水变形稳定。

(4)测记试样变形稳定读数后,迅速拆除仪器各部件,取出带环刀的试样,需测定试验后含水率时,则用干纸吸去试样两端表面上的水,测定其含水率。

**(三)测定溶滤变形系数**

溶滤变形系数试验应按下列步骤进行:

(1)在固结容器内放置护环、透水板和薄滤纸,将带有环刀的试样小心装入护环,然后在试样上放薄滤纸、透水板和加压盖板,置于加压框架下,对准加压框架的正中,安装量表。为保证试样与仪器上下各部件之间接触良好,应施加 1 kPa 的预压压力,然后调整量表,使读数为零。

(2)确定需要施加的各级压力,压力等级宜为 50 kPa、100 kPa、150 kPa、200 kPa,大于 200 kPa 后每级压力为 100 kPa。最后一级压力应按取土深度而定:从基础底面算起至 10 m 深度以内,压力为 200 kPa;10 m 以下至非湿陷土层顶面,应用其上覆土的饱和自重压力,当大于 300 kPa 时,仍应用 300 kPa。当基底压力大于 300 kPa 时或有特殊要求的建筑物时,宜按实际压力确定。

(3)施加第一级压力后,每隔 1 h 测定一次变形读数,直至试样变形稳定。

(4)试样在第一级压力下变形稳定后,施加第二级压力,以此类推。试样在规定浸水压力下变形稳定后,向容器内自上而下或自下而上注入纯水,水面宜高出试样顶面,每隔 1 h 测记一次变形读数,直至试样变形稳定。

(5)继续用水渗透,每隔 2 h 测记 1 次变形读数,24 h 后每天测记 1~3 次,直至变形稳定。

(6)测记试样溶滤变形稳定读数后,迅速拆除仪器各部件,取出带环刀的试样,需测定试验后含水率时,则用干纸吸去试样两端表面上的水,测定其含水率。

**(四)测定湿陷起始压力**

湿陷起始压力试验可用单线法或双线法。湿陷起始压力试验应按下列步骤进行:

(1)单线法试样制备应切取 5 个环刀试样,双线法切取 2 个环刀试样。

(2)在固结容器内放置护环、透水板和薄滤纸,将带有环刀的试样小心装入护环,然后在试样上放薄滤纸、透水板和加压盖板,置于加压框架下,对准加压框架的正中,安装量表。为保证试样与仪器上下各部件之间接触良好,应施加 1 kPa 的预压压力,然后调整量表,使读数为零。

(3)单线法试验:对 5 个试样均在天然湿度下分级加压,分别加至不同的规定压力,压力等级宜为 50 kPa、100 kPa、150 kPa、200 kPa,大于 200 kPa 后每级压力为 100 kPa。最后一级压力应按取土深度而定:从基础底面算起至 10 m 深度以内,压力为 200 kPa;10 m 以下至非湿陷土层顶面,应用其上覆土的饱和自重压力,当大于 300 kPa 时,仍应用 300

kPa。当大于 300 kPa 时或有特殊要求的建筑物时,宜按实际压力确定,直至试样湿陷变形稳定。

(4)双线法试验:一个试样在天然湿度下分级加压,分别加至不同的规定压力,压力等级宜为 50 kPa、100 kPa、150 kPa、200 kPa,大于 200 kPa 后每级压力为 100 kPa。最后一级压力应按取土深度而定:从基础底面算起至 10 m 深度以内,压力为 200 kPa;10 m 以下至非湿陷土层顶面,应用其上覆土的饱和自重压力,当大于 300 kPa 时,仍应用 300 kPa。当基底压力大于 300 kPa 时或有特殊要求的建筑物时,宜按实际压力确定,直至试样湿陷变形稳定为止。另一个试样在天然湿度下施加第一级压力后浸水,直至第一级压力下湿陷稳定后,再分级加压,直至试样在各级压力下浸水变形稳定;压力等级,在 150 kPa 以内,每级增量为 25~50 kPa;150 kPa 以上,每级增量为 50~100 kPa。

(5)测记试样湿陷变形稳定读数后,迅速拆除仪器各部件,取出带环刀的试样,需测定试验后含水率时,则用干纸吸去试样两端表面上的水,测定其含水率。

## 四、试验成果整理

湿陷系数应按式(1-95)计算。

自重湿陷系数应按式(1-96)计算:

$$\delta_{zs} = \frac{h_z - h'_z}{h_0} \tag{1-96}$$

式中　$\delta_{zs}$——自重湿陷系数;

$h_z$——在饱和自重压力下,试样变形稳定后的高度,mm;

$h'_z$——在饱和自重压力下,试样浸水湿陷变形稳定后的高度,mm。

溶滤变形系数应按式(1-97)计算:

$$\delta_{wt} = \frac{h'_p - h_s}{h_0} \tag{1-97}$$

式中　$\delta_{wt}$——溶滤变形系数;

$h_s$——在某级压力下,长期渗透而引起的溶滤变形稳定后的试样高度,mm;

$h'_p$——在某一级压力下,试样浸水湿陷变形稳定后的高度,mm;

$h_0$——试样的初始高度,mm。

某一级压力下的湿陷系数应按式(1-98)计算:

$$\delta_{sp} = \frac{h_{pn} - h_{pw}}{h_0} \tag{1-98}$$

式中　$\delta_{sp}$——某一级压力下的湿陷系数;

$h_{pn}$——在某一级压力下试样变形稳定后的高度,mm;

$h_{pw}$——在某一级压力下试样浸水变形稳定后的高度,mm。

以压力为横坐标、湿陷系数为纵坐标,绘制压力与湿陷系数关系曲线,湿陷系数为 0.015 所对应的压力即为湿陷起始压力(见图 1-52)。

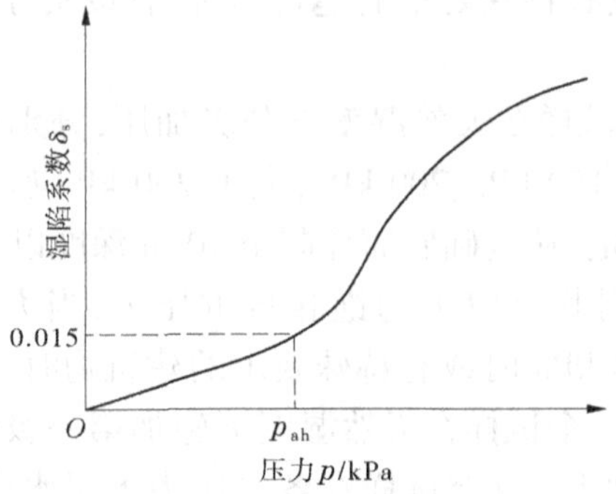


图 1-52 压力与湿陷系数关系曲线

**【任务说明】**

## 一、关于稳定标准

黄土黏性机制与黏土不同，例如，若水源来自河流、渠道、塘库，则自上而下；若是地下水位上升，则自下而上。黄土的变形稳定标准规定为每小时变形量不大于 0.01 mm。对于渗透溶滤变形，由于变形特性除粒间应力引起的缓慢塑性变形以外，也取决于长期渗透时盐类溶滤作用，故规定 3 d 的变形量不大于 0.01 mm。

## 二、浸水压力和湿陷系数

浸水压力和湿陷系数是划分湿陷等级的主要指标，为了对比地基优劣情况，需要在同一条件即规定某一浸水压力下求得湿陷系数。《土工试验方法标准》(GB/T 50123—2019)中浸水压力是根据《湿陷性黄土地区建筑标准》(GB 50025—2018)的规定确定的。而水工建筑物的地基必须考虑土体的压力强度与结构强度被破坏的作用，分级加荷至浸水时的压力应是恰好代表土层中部断面上所受的实际荷重。在实际荷重下沉降稳定后，根据工程实际情况用自上而下或自下而上的方式使试样浸水，确定土的湿陷变形。

## 三、自重湿陷系数试验

自重湿陷系数试验应按下列步骤进行：

(1)土的饱和自重压力应分层计算，以工程地质勘察分层为依据，当工程未提供分层资料时，才允许按取样深度和试样密度粗略地划分层次。

(2)饱和自重压力大于 50 kPa 时，应分级施加，每级压力不大于 50 kPa。每级压力时间视变形情况而定，为使试验时有所参考，本试验规定不少于 15 min。

## 四、溶滤变形系数试验

溶滤变形系数是水工建筑物施工和运用阶段所要求的湿陷性指标。一般在实际荷重下进行试验，浸水后长期渗透求得溶滤变形系数。

## 五、湿陷起始压力试验

湿陷起始压力利用湿陷系数和压力关系曲线求得。测定湿陷起始压力(或不同压力下的湿陷系数),国内外都沿用单线、双线两种方法。从理论上和试验结果来说,单线法比双线法更适用于黄土变形的实际情况,如果土质均匀可以得出良好的结果。双线法简便,工作量少,但与变形的实际情况不完全符合,为与《湿陷性黄土地区建筑标准》(GB 50025—2018)一致,《土工试验方法标准》(GB/T 50123—2019)改成单线法、双线法并列,供试验人员根据实际情况选用。采用双线法时,保持天然湿度施加压力的试样,在完成最后一级压力后仍要求浸水测定湿陷系数,其目的在于与浸水条件下最后一级压力的湿陷系数比较,以便二者进行校核。

**【任务考核】**

任务考核细则如表 1-42 所示。

**表 1-42 湿陷起始压力试验学生自评表**

| 班级 | | 姓名 | | 学号 | |
|---|---|---|---|---|---|
| 学习任务 | $\delta_s$、$\delta_{zs}$、$\delta_{wt}$、$\delta_{sp}$、$p_{ah}$ 检测 | | | | |
| 打分类别 | 考核要点 | | | 分值 | 得分 |
| 常规计分项目 | 试验仪器、工具、记录表等准备齐全 | | | 5 | |
| | 天平选用正确 | | | 5 | |
| | 能说出湿陷系数、自重湿陷系数、溶滤变形系数和湿陷起始压力的概念及工程应用,并写出其符号 | | | 20 | |
| | 试样制备操作正确、误差满足要求 | | | 10 | |
| | 原状土开土记录填写正确 | | | 5 | |
| | 试样安装正确(安装顺序、对中、预压压力、量表调零) | | | 5 | |
| | 施加的各级压力正确 | | | 10 | |
| | 读数时机正确,加水正确 | | | 10 | |
| | 变形稳定标准正确 | | | 5 | |
| | 仪器及试样拆除正确 | | | 5 | |
| | 试验记录表记录整洁规范 | | | 5 | |
| | 湿陷系数、自重湿陷系数和溶滤变形系数计算正确 | | | 10 | |
| | 确定湿陷起始压力时的计算及绘图正确 | | | 5 | |
| 附加分 | 试验仪器、工具、操作方法等有创新 | | | 10 | |
| | 数据处理有创新 | | | 5 | |
| | 试验精益求精,具有工匠精神 | | | 10 | |
| 扣分 | 一旦发现试验中篡改伪造数据,本项目 0 分计 | | | -100 | |
| | 不能将组内负责任务完成 | | | -30 | |
| 总计 | | | | | |

# 任务二十一　自由膨胀率试验

【任务引入】

某河道土质岸坡存在随气候变化而张开和闭合的裂隙，需要测定岸坡土的自由膨胀率，进而判断该岸坡土是否属于膨胀土。请测定该岸坡土的自由膨胀率。

【知识储备】

土的胀缩性是指黏性土具有吸水膨胀和失水收缩的两种变形特性。黏粒成分主要由亲水性矿物组成，具有显著胀缩性的黏性土，习惯称为膨胀土。膨胀土一般强度较高，压缩性低，易被误认为是建筑性能较好的地基土。当膨胀土成为建筑物地基时，如果对它的胀缩性缺乏认识，或在设计和施工中没有采取必要的措施，结果会给建筑物造成危害，尤其对低层轻型的房屋或构筑物以及土工建筑物带来的危害更大。我国广西、云南、湖北、河南、安徽、四川、河北、山东、陕西、江苏、贵州和广东等均有不同范围的膨胀土分布。

自由膨胀率是指土样在水中膨胀稳定后的体积和土样初始体积的差与土样初始体积的百分比，符号为 $\delta_{ef}$。研究表明，自由膨胀率能较好地反映土中的黏土矿物成分、颗粒组成、化学成分和交换阳离子性质的基本特征。土中的蒙脱石矿物愈多，粒径小于 0.002 mm 的黏粒在土中占较多分量，且吸附着较活泼的钠、钾阳离子时，自由膨胀率就愈大，土体内部积储的膨胀潜势愈强，显示出强烈的胀缩性。调查表明，自由膨胀率较小的膨胀土，膨胀潜势较弱，建筑物损坏轻微；自由膨胀率大的土，具有强的膨胀潜势，则较多建筑物将遭到严重破坏。

《膨胀土地区建筑技术规范》(GB 50112—2013)规定，具有下列工程地质特征的场地，且自由膨胀率大于或等于 40%的土，应判定为膨胀土：①裂隙发育，常有光滑面和擦痕，有的裂隙中充填有灰白、灰绿色黏土，在自然条件下呈坚硬或硬塑状态；②多出露于二级或二级以上阶地、山前和盆地边缘丘陵地带，地形平缓，无明显自然陡坎；③常见浅层塑性滑坡、地裂，新开挖坑(槽)壁易发生坍塌等；④建筑物裂隙随气候变化而张开和闭合。

【任务实施】

## 一、试验基本要求

### (一)试验土样要求

土样应为无结构情况下的黏土试样。

### (二)平行试验要求

本试验应进行两次测定，当 $\delta_{ef} < 60\%$ 时，最大允许差值应为±5%；当 $\delta_{ef} \geq 60\%$ 时，最大允许差值应为±8%。取其算术平均值，以整数(%)表示。

## 二、试验仪器

(1)玻璃量筒容积应为 50 mL，分度值应为 1 mL。

(2)量土杯内径应为 20 mm,容积应为 10 mL。

(3)无颈漏斗上口直径应为 50~60 mm,下口直径约为 5 mm。

(4)搅拌器由直杆和带孔圆板组成,圆板应略小于量筒直径。

(5)天平称量应为 200 g,分度值应为 0. 01 g。

(6)标准筛的孔径应为 0. 5 mm。

(7)其他设备包括漏斗支架、刮土刀。

## 三、试验步骤

试样击实应按下列步骤进行:

(1)选取有代表性的风干土样 100 g,碾碎后全部过 0. 5 mm 筛,在 105~110 ℃下烘至恒量。取出放入干燥缸内冷却至室温。

(2)将无颈漏斗放在支架上,漏斗下口对准量土杯中心并保持距离 10 mm,如图 1-53 所示。

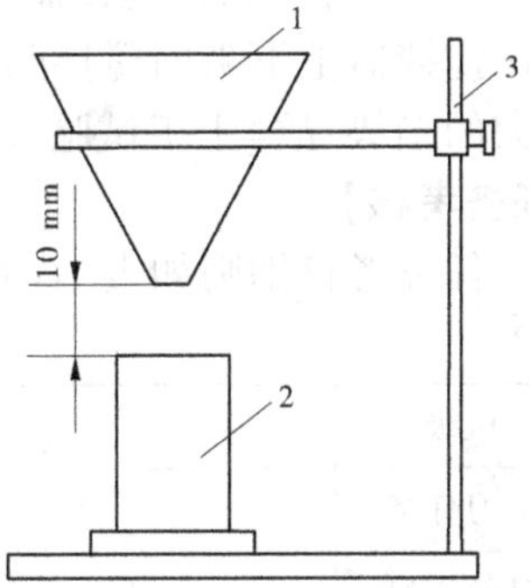

1—漏斗;2—量土杯;3—支架。

**图 1-53　漏斗与量土杯位置图**

(3)应按图 1-51 装置用取土匙取适量试样倒入漏斗中,边倒边用细铁丝搅动。待量土杯装满土样并开始溢出时,移开漏斗刮去杯口多余土,称量土杯中试样质量。将量杯中试样倒入匙内,再次倒入漏斗中,并落入量土杯,刮去多余土,称量土杯中试样的质量。两次测定的差值不得大于 0. 1 g。

(4)向 50 mL 的量筒内注入 30 mL 纯水,并加入 5 mL 浓度为 5%的纯氯化钠溶液。

(5)将备好的试样倒入量筒内,用搅拌器上下搅拌溶液各 10 次,用纯水淋洗搅拌器和量筒壁至悬液达 50 mL,静置 24 h。

(6)待悬液澄清后每隔 2 h 测读 1 次土面高度,估读至 0. 1 mL,直至 6 h 内两次读数差值不大于 0. 2 mL,当土面倾斜时,读数应取中值。

## 四、试验成果整理

自由膨胀率应按式(1-99)计算:

$$\delta_{ef} = \frac{V_{we} - V_0}{V_0} \times 100 \tag{1-99}$$

式中　$\delta_{ef}$——自由膨胀率(%);

$V_{we}$——土样在水中膨胀稳定后的体积,mL;

$V_0$——土样初始体积,即量土杯体积,mL。

**【任务说明】**

(1)本试验目的是测定黏质土在无结构情况下的膨胀潜势,初步评定黏质土的膨胀性。

(2)自由膨胀率试验中的试样制备是非常重要的,首先是土样过筛的孔径大小。用不同孔径过筛的试样进行比较试验,其结果是过筛孔径越小,10 $cm^3$ 体积的土越轻,自由膨胀率越小。为了取得相对稳定的试验条件,《土工试验方法标准》(GB/T 50123—2019)规定采用 0. 5 mm 筛。

(3)试样用体积法量取,紧密或疏松会影响自由膨胀率的大小,为消除这个影响因素,规定采用漏斗和支架,固定落距一次导入的方法,并将量杯的内径统一规定为 20 mm,高度略大于内径,便于在装土刮平时避免或减轻自重的影响。

(4)黏土颗粒在悬液中有时有长期浑浊的现象,为了加速试验,采用加凝聚剂的方法,但凝聚剂的用量和浓度实际上对不同土类有不同反映,为了增强可比性,《土工试验方法标准》(GB/T 50123—2019)统一规定采用浓度为 5%的纯氯化钠溶液 5 mL。

(5)搅拌的目的是使悬液中土粒分散,充分吸水膨胀。搅拌的方法有量筒反复倒转和用搅拌器上下来回搅拌两种,前者操作困难,工作强度大;后者有随搅拌次数增加,读数增大的趋势,故《土工试验方法标准》(GB/T 50123—2019)规定上下搅拌各 10 次。

**【任务考核】**

任务考核细则如表 1-43 所示。

**表 1-43 自由膨胀率试验学生自评表**

| 班级 | | 姓名 | | 学号 | |
|---|---|---|---|---|---|
| 学习任务 | 自由膨胀率 $\delta_{ef}$ 检测 | | | | |
| 打分类别 | 考核要点 | | | 分值 | 得分 |
| 常规计分项目 | 试验仪器、工具、记录表等准备齐全 | | | 5 | |
| | 天平选用正确 | | | 5 | |
| | 能说出自由膨胀率的概念,并写出其符号 | | | 5 | |
| | 能说出自由膨胀率的工程应用 | | | 5 | |
| | 土样按要求过筛正确 | | | 5 | |
| | 能说出自由膨胀率试验的试样要求 | | | 5 | |
| | 能说出自由膨胀率试验的平行试验误差要求 | | | 5 | |
| | 标准筛孔径选用正确 | | | 5 | |
| | 选取代表性风干土样正确 | | | 5 | |
| | 土样碾散、过筛正确 | | | 5 | |
| | 土样烘干(烘干温度和烘干标准)正确 | | | 5 | |
| | 土样放入干燥缸内冷却至室温正确 | | | 5 | |
| | 土样装入量土杯正确(漏斗与量土杯搭设位置、装土搅拌规范,平行测定差值满足要求) | | | 10 | |
| | 向 50 mL 的量筒内注入 30 mL 纯水,并加入 5 mL 浓度为 5%的纯氯化钠溶液正确 | | | 5 | |
| | 将备好的试样倒入量筒内,用搅拌器上下搅拌溶液各 10 次,用纯水淋洗搅拌器和量筒壁至悬液达 50 mL,静置 24 h 正确 | | | 10 | |
| | 悬液澄清后测读土样高度的时机、读数精度和读数结束标准正确 | | | 10 | |
| | 试验记录表记录、计算、修约及结果正确 | | | 5 | |

续表 1-43

| 打分类别 | 考核要点 | 分值 | 得分 |
| --- | --- | --- | --- |
| 附加分 | 试验仪器、工具、操作方法等有创新想法 | 10 | |
| | 数据处理有创新 | 5 | |
| | 试验精益求精,具有工匠精神 | 10 | |
| 扣分 | 一旦发现试验中篡改伪造数据,本项目 0 分计 | -100 | |
| | 不能将组内负责任务完成 | -30 | |
| 总计 | | | |

# 任务二十二　化学分析试样风干含水率试验

**【任务引入】**

根据《土工试验方法标准》(GB/T 50123—2019),土的化学分析部分试验所采用的试样均为室温下的风干状态,而化学分析中各项试验结果均以试样的烘干质量为基准,故在结果计算中应将试样的风干质量转换成烘干质量。请测定该土料的风干含水率,进而将风干试样质量换算成烘干试样质量。

**【知识储备】**

风干含水率是风干试样在温度 105~110 ℃下烘干至恒量时,失去水分的质量与恒量时试样的质量之比,以百分数(%)表述。

**【任务实施】**

## 一、试验基本要求

### (一)本方法适用范围

土样为除有机质含量较高以及含石膏较多的土外的各种土。

### (二)试样要求

本试验所用试样应为风干试样。

## 二、试验仪器设备

(1)电子天平:称量应为 200 g,分度值应为 0.001 g。

(2)烘箱:附温度控制装置。

(3)铝盒或水分皿。

(4)干燥器,盛有氯化钙或其他干燥剂。

## 三、试验步骤

(1)将洁净的铝盒置于105~110 ℃的烘箱中烘焙3~4 h,取出,置于干燥器中冷却至室温,用电子天平称量。如此反复操作,直至恒量,恒量稳定标准为前后两次质量相差不大于0.001 g,记下铝盒质量。

(2)将风干试样2~3 g放入上述称量过的铝盒中,用电子天平称量,准确至0.001 g。

(3)将盛有试样的铝盒置于烘箱中,敞开铝盒,在105~110 ℃下烘焙6~8 h。

(4)取出铝盒,将盒盖盖好,放在干燥器中冷却至室温,立即称量。

(5)再将铝盒放在烘箱中,敞开铝盒,在105~110 ℃下烘焙3~4 h,取出铝盒,将盒盖盖好,放在干燥器中冷却至室温,立即称量。如此反复操作直至恒量,记下质量。

## 四、试验成果整理

(1)风干土含水率按下式计算:

$$w_0 = \left(\frac{m_0}{m_d} - 1\right) \times 100 \tag{1-100}$$

式中 $w_0$——风干土含水率(%);

$m_0$——风干试样质量,g;

$m_d$——烘干试样质量,g。

(2)风干土含水率结果应计算至0.01%,平行试验最大允许差值应为±0.5%,试验结果取其算术平均值。

**【任务说明】**

(1)试验中所用的干燥器应当固定,其中干燥剂用一段时间后应予以更换或烘干再用。

(2)在本试验条件下,烘焙时失去的水分主要是吸湿水。其质量随空气相对湿度、试样的成分及颗粒的大小而异。本方法适用于各种土,但当试样中有机质含量较高时,本方法误差较大,可改用真空干燥法测定含水率。含石膏较多的试样,烘焙温度应为55~60 ℃。

(3)土样烘焙时间应按规定执行,不得任意增减,以免造成误差。烘焙时要注意烘箱中的温度分布情况。铝盒放在烘箱底层,因此处温度较高。

(4)铝盒盖严后放在干燥器内冷却,冷却时间每次应控制一致。铝盒称量的先后次序也应固定,以利于称量。

(5)每次称量时,铝盒的数量不宜过多,一般以4~6只为宜。称量时动作要迅速,否则会因吸湿而难以称量。

**【任务考核】**

任务考核细则如表1-44所示。

表 1-44　化学分析试样风干含水率试验学生自评表

| 班级 | | 姓名 | | 学号 | |
|---|---|---|---|---|---|
| 学习任务 | 化学分析试样风干含水率检测 | | | | |
| 打分类别 | 考核要点 | | | 分值 | 得分 |
| 常规计分项目 | 检查试验仪器、工具、记录表等是否齐全 | | | 5 | |
| | 天平选用正确 | | | 10 | |
| | 天平调平、校准正确 | | | 10 | |
| | 取样数量正确 | | | 10 | |
| | 烘箱温度、烘干时间设置正确 | | | 10 | |
| | 高温操作时劳保防护用品佩戴正确 | | | 10 | |
| | 土样恒量称量步骤操作正确 | | | 10 | |
| | 记录表填写准确规范 | | | 10 | |
| | 计算正确,平行误差满足要求 | | | 5 | |
| | 试验仪器、工具等摆放条理,工作台整齐干净 | | | 5 | |
| | 团队配合默契,能展示团队力量 | | | 5 | |
| | 试验操作有条不紊,干净利落,不拖泥带水 | | | 10 | |
| 附加分 | 目测法观察干燥剂是否过期,是否需要更换 | | | 10 | |
| | 是否具备简易的鉴别土料的能力 | | | 10 | |
| 扣分 | 一旦发现试验中篡改伪造数据,本项目 0 分计 | | | -100 | |
| | 不能将组内负责任务完成 | | | -30 | |
| 总计 | | | | | |

# 任务二十三　易溶盐总量试验(质量法)

**【任务引入】**

云南某水库位于云南省昌宁县卡斯镇大水平社区,坝址在怒江流域枯柯河左岸支流扁瓦河上。水库大坝采用黏土斜墙土石坝,料场位于水库西南侧大水平村委会旁,料场地层为上第三系半成岩,岩性以黏土岩、砂砾岩为主。该地层的矿物成分以黏土矿物为主,其次为陆源碎屑矿物、自生非黏土矿物及有机质等,主要矿物有石英、长石、白云母,铁、锰、铝的氧化物和氢氧化物,碳酸盐、硫酸盐、硅质矿物、铁的硫化物以及磷灰石、石盐、海绿石等,造成该地层的生物化学性质较为复杂。设计方在工程前期规划设计阶段需要测定该料场土料的易溶盐总量,进而判断该料场土料是否可以使用,请测定该料场土的易溶盐总量。

**【知识储备】**

土中易溶盐包括所有的氯化物盐类、易溶的硫酸盐类和碳酸盐类。这些盐类既可以呈固态，也可以呈液态存在于土中，而且经常互相转化。它们溶解于孔隙溶液中的阳离子与土粒表面吸附的阳离子之间，可以相互置换，并处于动平衡状态。因此，易溶盐的含量、成分和状态及其变化，对土粒表面扩散双电层的性状和结构联结的特性等有较大的影响，从而引起土的物理力学性质发生差异。

易溶盐总量的测定有烘干法和电导法。电导法虽简单迅速，但受各种因素如颗粒成分、盐分组成、温度等影响，准确度较差。烘干法不需用特殊的仪器设备，且比较准确，故在室内分析中应用广泛。

**【任务实施】**

## 一、试验基本要求

### （一）本试验适用范围

本试验方法适用于各种土类。

### （二）试样要求

本试验方法所用试样应为通过 2 mm 筛的风干试样。

### （三）试验结果计算要求

易溶盐总量试验结果以试样的烘干质量为基准。故在结果计算中应将试样的风干质量（$m_0$）换算成烘干质量（$m_d$），其换算关系为 $m_d = m_0/(1+0.01w)$，即除测定所需指标外，还应测定试样的风干含水率。

### （四）浸出液制取

1. 试验仪器

（1）过滤设备：真空泵、平底瓷漏斗、抽滤瓶。

（2）离心机：转速为 10 000 r/min。

（3）天平：称量 200 g，分度值 0.01 g。

（4）辅助设备：广口瓶、细颈瓶、微孔滤膜等。

2. 试验步骤

（1）称取 2 mm 筛下风干试样 50～150 g（视土中含盐量和分析项目而定），准确至 0.01 g。置于广口瓶，按土水比例 1∶5加入纯水，振荡 3 min，抽气过滤。

（2）将滤纸用纯水浸湿后贴在漏斗底部，漏斗装在抽滤瓶上，连通真空泵抽气，使滤纸与漏斗贴紧，将振荡后的土悬液摇匀，倾入漏斗中抽气过滤。

（3）当发现滤液混浊时，需重新过滤。经反复过滤仍然混浊，应用离心机分离，或用微孔滤膜过滤。所得的透明滤液即为土的浸出液，储于细口瓶中供分析用。

（4）另取试样 3～5 g，按化学分析试样风干含水率试验方法要求，测定风干含水率。

## 二、试验仪器及试剂

### （一）仪器设备

（1）分析天平：称量 200 g，分度值 0.000 1 g。

（2）烘箱：附温度控制装置。

（3）辅助设备：水浴锅、蒸发皿、表面皿、移液管、干燥器。

**（二）试剂**

（1）15%双氧水（化学纯）。

（2）2%碳酸钠（$Na_2CO_3$）溶液。

## 三、试验步骤

（1）将洁净的蒸发皿置于 105~110 ℃的烘箱中烘干，取出，置于干燥器中冷却，称蒸发皿质量，反复进行至两次质量差值不大于 0.000 1 g，记录蒸发皿质量。

（2）用移液管吸取浸出液 50~100 mL 注入已恒量的蒸发皿中，放在水浴锅上蒸干；当蒸干残渣中呈现黄褐色时，表明残渣含有有机质，加入少量 15%双氧水，继续在水浴上加热，反复处理至残渣发白，以完全除去有机质。

（3）将蒸发皿放入烘箱，在温度 105~110 ℃下烘干 4~8 h，取出后放入干燥器中冷却，称蒸发皿加试样的总质量，反复进行至两次质量差值不大于 0.000 1 g。

（4）当浸出液蒸干残渣中含有大量结晶水时，将使测得的易溶盐含量偏高，如遇此情况，可用两个蒸发皿，一个加浸出液 50 mL，另一个加纯水 50 mL，然后各加等量 2%碳酸钠溶液，搅拌均匀后按上述的规定操作，烘干温度改为 180 ℃。

## 四、试验成果整理

（1）未经 2%碳酸钠溶液处理的易溶盐含量应按下式计算：

$$w_{易溶盐} = \frac{(m_{mz} - m_m)\dfrac{V_w}{V_{x1}}}{m_d \times 10^{-3}} \tag{1-101}$$

式中　$w_{易溶盐}$——易溶盐含量，g/kg；

$m_{mz}$——蒸发皿加烘干残渣质量，g；

$m_m$——蒸发皿质量，g；

$V_w$——制取浸出液所加纯水量，mL；

$V_{x1}$——吸取浸出液量，mL。

（2）经 2%碳酸钠处理后的易溶盐含量应按下式计算：

$$w_{易溶盐} = \frac{V_w(m_{z1} - m_z)}{V_{x1} m_d \times 10^{-3}} \tag{1-102}$$

式中　$m_{z1}$——蒸干后试样加碳酸钠质量，g；

$m_z$——蒸干后碳酸钠质量，g。

（3）易溶盐含量计算至 0.1 g/kg，平行最大允许差值应为±0.2 g/kg，取算术平均值。

**【任务说明】**

（1）用水浸提易溶盐时，需要选择适当的土水比例和浸提时间，力求将易溶盐完全溶解出来，而尽可能不使中溶盐和难溶盐溶解。同时要防止浸出液中的离子与土粒上吸附的离子发生交换反应。由于各种盐类在水中的溶解差异悬殊，因而利用控制土水比例的方法是有可能将易溶盐、中溶盐和难溶盐分离开来的。对土中易溶盐的含量和组成比例而言，加水量少较好。但由于加水量少，给操作带来一定困难，尤其不适用于黏土。国内普遍用 1∶5的土水比例。

(2)关于浸提时间,在同一土水比例下,浸提的时间不同,所得结果亦有差异。浸提时间愈长,中溶盐、难溶盐被溶提的可能性愈大,土粒和水溶液间离子交换反应亦显著。所以,浸提时间宜短不宜长。研究表明,土中易溶盐的浸提时间 2~3 min 即可,本次试验采用的浸提时间为 3 min。

(3)浸出液过滤问题是该项试验成败的关键。试验中经常遇到过滤困难的问题,需要很长时间才能获得需要的滤液数量,而且不易获得清澈的滤液,目前采用抽滤方法效果较好,且操作简便。

(4)当烘干残渣中有较多的钙、镁硫酸盐存在时,在 105~110 ℃下结晶水难以蒸发,会使结果偏高,应改为 180 ℃烘干至恒量,并注明烘焙温度。

(5)当烘干残渣中有较多的吸湿性强的钙、镁氯化物存在时,将难以烘至恒量。可在浸出液内预先准确加入 2%碳酸钠($Na_2CO_3$)溶液 10~20 mL,使其转变为钙、镁碳酸盐,在 180 ℃下烘至恒量,并做一个加 2%碳酸钠溶液的空白试验,所加入的碳酸钠量应从烘干残渣总量中减去。

**【任务考核】**

浸出液制取任务考核细则如表 1-45 所示。

**表 1-45 浸出液制取学生自评表**

| 班级 | | 姓名 | | 学号 | |
|---|---|---|---|---|---|
| 学习任务 | 浸出液制取检测 | | | | |
| 打分类别 | 考核要点 | | | 分值 | 得分 |
| 常规计分项目 | 试验仪器、工具、记录表等准备齐全 | | | 5 | |
| | 劳保用品、安全防护用品佩戴正确 | | | 10 | |
| | 试样筛的选取正确 | | | 5 | |
| | 取样数量及试样状态正确 | | | 5 | |
| | 天平选用正确 | | | 5 | |
| | 天平调平、校准正确 | | | 5 | |
| | 土水比例正确 | | | 15 | |
| | 振荡时间正确 | | | 15 | |
| | 抽气过滤滤液正确 | | | 15 | |
| | 记录表填写准确规范 | | | 5 | |
| | 试验仪器、工具等摆放条理,工作台整齐干净 | | | 5 | |
| | 团队配合默契,能展示团队力量 | | | 5 | |
| | 试验操作有条不紊,干净利落,不拖泥带水 | | | 5 | |

续表 1-45

| 打分类别 | 考核要点 | 分值 | 得分 |
|---|---|---|---|
| 附加分 | 抽提过滤等设备有创新 | 10 | |
| | 试验精益求精，具有工匠精神 | 10 | |
| 扣分 | 一旦发现试验中篡改伪造数据，本项目 0 分计 | -100 | |
| | 不能将组内负责任务完成 | -30 | |
| 总计 | | | |

易溶盐总量任务考核细则如表 1-46 所示。

表 1-46 易溶盐总量测定——质量法学生自评表

| 班级 | | 姓名 | | 学号 | |
|---|---|---|---|---|---|
| 学习任务 | 易溶盐总量检测(质量法) | | | | |
| 打分类别 | 考核要点 | | | 分值 | 得分 |
| 常规计分项目 | 掌握易溶盐总量测定的基本原理 | | | 10 | |
| | 试验仪器、化学试剂、工具、记录表等准备齐全 | | | 5 | |
| | 劳保用品、安全防护用品佩戴正确 | | | 5 | |
| | 天平选用、调平、校准正确 | | | 5 | |
| | 移液管润洗、使用、读数等正确 | | | 10 | |
| | 当烘干残渣中有钙、镁硫酸盐，钙、镁氯化物等存在时的处理方法正确 | | | 15 | |
| | 烘箱温度设置正确 | | | 10 | |
| | 烘干时间正确 | | | 5 | |
| | 烘干后冷却、恒量称量正确 | | | 10 | |
| | 记录表填写准确规范 | | | 5 | |
| | 计算正确，平行误差满足要求 | | | 5 | |
| | 试验仪器、化学试剂、工具等摆放条理，工作台整齐干净 | | | 5 | |
| | 团队配合默契，能展示团队力量 | | | 5 | |
| | 试验操作有条不紊，干净利落，不拖泥带水 | | | 5 | |
| 附加分 | 目测法观察干燥剂是否过期，是否需要更换 | | | 10 | |
| | 试验精益求精，具有工匠精神 | | | 10 | |

续表 1-46

| 打分类别 | 考核要点 | 分值 | 得分 |
| --- | --- | --- | --- |
| 扣分 | 一旦发现试验中篡改伪造数据,本项目 0 分计 | -100 | |
| | 不能将组内负责任务完成 | -30 | |
| 总计 | | | |

# 任务二十四　有机质试验(重铬酸钾容量法)

【任务引入】

某水利除险加固工程位于楚雄州永仁县××乡,该水库于 20 世纪 80 年代初期所建,现需要对水库进行除险加固,加固内容主要为坝体加高、前后坝坡培土碾压。回填料所处位置为林区附近。根据其取料位置情况,初步判断可能为有机质土,而工程上应当慎用有机质土。请测定该料场土的有机质含量,进而判断回填土料是否为有机质土。

【知识储备】

重铬酸钾容量法是测定土中有机质比较通用的方法。它是通过强氧化剂重铬酸钾加热来氧化有机质,以氧化剂的消耗量求出有机质含量。用过量的重铬酸钾-硫酸溶液,在加热条件下氧化土中有机质,$Cr_2O_7^{2-}$ 被还原成 $Cr^{3+}$,剩余的重铬酸钾则用硫酸亚铁或硫酸亚铁铵的标准溶液滴定,从而得到氧化有机质的重铬酸钾的消耗量,根据重铬酸钾的消耗量乘上换算系数,便可计算出土中有机质含量。

(1)重铬酸钾-硫酸溶液与有机质作用的反应式如下:

$$2K_2Cr_2O_7+8H_2SO_4+3C=2K_2SO_4+2Cr_2(SO_4)_3+3CO_2+8H_2O$$

(2)硫酸亚铁滴定剩余重铬酸钾的反应式如下:

$$K_2Cr_2O_7+6FeSO_4+7H_2SO_4=K_2SO_4+Cr_2(SO_4)_3+3Fe_2(SO_4)_3+7H_2O$$

一般来说,土壤有机质平均含碳量为 58%,要换算成有机质,则应乘以 100/58 即 1.724。所以在采用重铬酸钾容量法测定土中的有机碳时,乘以经验系数 1.724 换算成有机质,并以 1 kg 烘干土中所含有机质的克(g)数表示,单位为 g/kg。

【任务实施】

## 一、试验基本要求

### (一)本试验适用范围

该法仅适用于有机质含量不大于 150 g/kg(15%)的土样。

### (二)试样要求

本试验方法所用试样应为剔除植物根并通过 0.15 mm 筛的风干试样。

**(三)试验结果计算要求**

有机质试验结果以试样的烘干质量为基准。故在结果计算中应将试样的风干质量($m_o$)换算成烘干质量($m_d$),其换算关系为 $m_d = m_o/(1+0.01\,w)$。即除测定所需指标外,还应测定试样的风干含水率。

## 二、试验仪器设备和试剂

**(一)仪器设备**

(1)分析天平:称量 200 g,分度值 0.000 1 g。

(2)油浴锅:内盛甘油或植物油并应带铁丝笼。

(3)温度计:量程 0~200 ℃,分度值为 0.5 ℃。

(4)其他:酸式滴定管 、三角瓶、硬质试管、小漏斗、试管夹等。

**(二)试剂**

(1)浓度为 0.800 0 mol/L 的重铬酸钾($\frac{1}{6}K_2Cr_2O_7$)标准溶液的配制:用分析天平称取经 105~110 ℃烘干并研磨细的重铬酸钾 39.224 5 g,溶于 400 mL 纯水,加热溶解,冷却后倒入 1 000 mL 容量瓶中,用纯水稀释至刻度,摇匀。

(2)浓度为 0.2 mol/L 的硫酸亚铁($FeSO_4 \cdot 7H_2O$)(或硫酸亚铁铵)标准溶液应符合下列规定:

①浓度为 0.2 mol/L 的硫酸亚铁($\frac{1}{2}FeSO_4 \cdot 7H_2O$)(或硫酸亚铁铵)标准溶液的配制:称取硫酸亚铁 56.0 g(或硫酸亚铁铵 80.0 g),溶于纯水中,加入浓度为 6 mol/L 的硫酸($\frac{1}{2}H_2SO_4$)溶液 30 mL,稀释至 1 000 mL,储于棕色瓶中。

②浓度为 0.2 mol/L 的硫酸亚铁($\frac{1}{2}FeSO_4 \cdot 7H_2O$)(或硫酸亚铁铵)标准溶液的标定:准确吸取重铬酸钾标准溶液 5 mL、硫酸 5 mL 各 3 份,分别放入 250 mL 锥形瓶中,稀释至 60 mL 左右,加入邻菲啰啉指示剂 3~5 滴,用硫酸亚铁标准溶液进行滴定,直至溶液由黄色经绿色突变至棕红色。按下式计算硫酸亚铁的浓度,计算结果表示到小数点后 4 位,取 3 份结果的算术平均值:

$$C_{\left(\frac{1}{2}FeSO_4\right)} = \frac{C\left(\frac{1}{6}K_2Cr_2O_7\right) V_K}{V_F} \tag{1-103}$$

式中 $C_{\left(\frac{1}{2}FeSO_4\right)}$——硫酸亚铁标准滴定溶液的浓度,mol/L;

$C_{\left(\frac{1}{6}K_2Cr_2O_7\right)}$——重铬酸钾标准溶液的浓度,mol/L;

$V_K$——重铬酸钾标准溶液的体积的数值,mL;

$V_F$——硫酸亚铁标准滴定溶液的体积的数值,mL。

(3)硫酸($H_2SO_4$,$\rho = 1.84\ g/cm^3$,分析纯)。

(4)邻菲啰啉指示剂:将邻菲啰啉 1.485 g 和硫酸亚铁 0.695 g 溶于 100 mL 纯水中,储于棕色瓶中。

## 三、试验步骤

(1)当试样中含有机质小于 8 mg 时,用分析天平称取剔除植物根并通过 0.15 mm 筛的风干试样 0.1~0.5 g,放入干燥的试管底部,准确吸取重铬酸钾标准溶液 5 mL、硫酸 5 mL,加入试管并摇匀,在试管口放上小漏斗。

(2)将试管插入铁丝笼中,放入 190 ℃左右的油浴锅内。试管内的液面低于油面。温度应控制在 170~180 ℃ ,从试管内试液沸腾时开始计时,煮沸 5 min,取出。

(3)将试管内溶液倒入三角瓶中,用纯水洗净试管内部,并使溶液控制在 60 mL 左右,加入邻菲啰啉指示剂 3~5 滴,用硫酸亚铁标准滴定溶液滴定,直至溶液由黄色经绿色突变至橙红色。记下硫酸亚铁标准溶液用量,准确至 0.01 mL。

(4)试样试验的同时,应按本步骤第(1)条~第(3)条的规定采用纯砂进行空白试验。

(5)另取试样,按化学分析试样风干含水率试验方法要求,测定风干含水率。

## 四、试验成果整理

(1)有机质含量应按式(1-104)计算:

$$\text{O. M.} = \frac{0.003 \times 1.724 \times C_{\left(\frac{1}{2}\text{FeSO}_4\right)} (V_{\text{hb8}} - V_{\text{hb9}})}{m_{\text{d}} \times 10^{-3}} \tag{1-104}$$

式中 O. M. ——土壤有机质含量,g/kg;

$V_{hb8}$——空白试验时硫酸亚铁标准滴定溶液的体积的数值,mL;

$V_{hb9}$——硫酸亚铁标准滴定溶液的体积的数值,mL;

0.003——1 mol 硫酸亚铁所相当的有机质碳量,kg;

1.724——有机碳换算成有机质的系数;

$m_d$——烘干土质量,g;

$10^{-3}$——将 g 换算成 kg 的系数。

(2)有机质含量计算至 0.1 g/kg,平行最大允许误差为±0.5 g/kg,试验结果取算术平均值。

**【任务说明】**

(1)重铬酸钾氧化有机质后被还原成绿色的三价铬,试验中应加过量的重铬酸钾以保证有机质完全被氧化,即消煮后的溶液应呈黄色。若呈绿色,说明重铬酸钾用量不足,需增加重铬酸钾的用量重做。

(2)重铬酸钾标准溶液的配制、硫酸亚铁标准溶液的标定是有机质含量试验成功的关键因素,试验前应严格按照规程规范要求配置、标定,确保重铬酸钾标准溶液的配制浓度、硫酸亚铁标准溶液的标定浓度准确无误。

(3)有机质试验应采取风干试样进行试验,不可烘干后测定,否则会导致检测结果偏小。

(4)如滴定消耗硫酸亚铁铵标准溶液小于 10 mL,应适当减少土样量,重做。

【任务考核】

任务考核细则如表1-47所示。

表1-47 有机质试验——重铬酸钾容量法学生自评表

| 班级 | | 姓名 | | 学号 | |
|---|---|---|---|---|---|
| 学习任务 | 有机质检测(重铬酸钾容量法) | | | | |
| 打分类别 | 考核要点 | | | 分值 | 得分 |
| 常规计分项目 | 掌握有机质含量测定的基本原理 | | | 5 | |
| | 试验仪器、化学试剂、工具、记录表等准备齐全 | | | 5 | |
| | 劳保用品、安全防护用品佩戴正确 | | | 5 | |
| | 试样筛的选取及取样数量正确 | | | 5 | |
| | 试样状态正确 | | | 5 | |
| | 加入各标准溶液、指示剂的体积数值正确 | | | 10 | |
| | 天平选用、调平、校准正确 | | | 5 | |
| | 油浴锅温度设置正确 | | | 5 | |
| | 煮沸时间正确 | | | 5 | |
| | 三角瓶溶液的控制体积正确 | | | 5 | |
| | 滴定管使用前润洗、调零、读数、滴定终点颜色观察、滴速控制等滴定操作正确 | | | 15 | |
| | 空白试验正确 | | | 5 | |
| | 记录表填写准确规范 | | | 5 | |
| | 计算正确,平行误差满足要求 | | | 5 | |
| | 试验仪器、化学试剂、工具等摆放条理,工作台整齐干净 | | | 5 | |
| | 团队配合默契,能展示团队力量 | | | 5 | |
| | 试验操作有条不紊,干净利落,不拖泥带水 | | | 5 | |
| 附加分 | 油浴锅等仪器工具有创新点 | | | 10 | |
| | 是否具备简易的鉴别土料的能力 | | | 10 | |
| 扣分 | 一旦发现试验中篡改伪造数据,本项目0分计 | | | -100 | |
| | 不能将组内负责任务完成 | | | -30 | |
| 总计 | | | | | |

# 任务二十五　酸碱度试验(电位法)

【任务引入】

根据《岩土工程勘察规范》[2009 年版](GB 50021—2001),当建筑物处于地下水位以上时,应取土试样做土的腐蚀性测试,一般认为 pH 越大,腐蚀性越弱;反之,腐蚀性越强。根据 pH 的大小,将建筑物的腐蚀情况划分为 4 个等级:强、中、弱、微。

云南省某引水工程位于禄丰县碧城镇,该工程为目前在建的最大的单体倒虹吸,工程中镇墩及支墩部分位于地下土中,请检测该部位土的酸碱度,进而判断其对倒虹吸的腐蚀程度。

【知识储备】

酸碱度是了解土的物理、化学性质和工程性质的一项重要的基本指标。酸碱度用 pH 表示。土呈碱性时,土粒表面容易形成较扩展的扩散双电层,使土粒处于松散状态。这种土塑性较大,抗剪强度不大。而酸性土,土粒之间可以通过带正电的边、角和带负电的基面的静电力相互吸引而较牢固地连接,有较高的力学强度。

pH 的测定可用比色法、电测法。但比色法不如电测法方便、准确,而电测法测定酸碱度是目前常用的方法。酸度计是一种以 pH 表示读数的电位计,用它可以直接读出溶液的 pH。

【任务实施】

## 一、试验基本要求

### (一)本试验适用范围

本试验方法适用于各种土类。

### (二)试样要求

本试验方法所用试样为通过 2 mm 筛的风干试样。

## 二、试验仪器设备和试剂

### (一)仪器设备

(1)酸度计(pH 计):附玻璃电极、甘汞电极或复合电极。

(2)天平:称量 200 g,分度值 0.01 g。

(3)电动振荡器。

(4)辅助设备:容量瓶、广口瓶、烧杯、定性滤纸、温度计等。

### (二)试剂

(1)邻苯二甲酸盐标准缓冲溶液(pH=4.01):称取在温度 105~110 ℃下经 2~3 h 烘

干恒重的邻苯二甲酸氢钾（$KHC_3H_4O_6$）10.21 g，用无二氧化碳纯水溶解后，移至 1 000 mL 容量瓶中，稀释至刻度，摇匀。

（2）磷酸盐标准缓冲溶液（pH=6.87）：称取在温度 105~110 ℃下经 2~3 h 烘干恒重的磷酸氢二钠（$Na_2HPO_4$）3.53 g 和磷酸二氢钾（$KH_2PO_4$）3.39 g，用无二氧化碳纯水溶解后，移至 1 000 mL 容量瓶中，稀释至刻度，摇匀。

（3）硼酸盐标准缓冲溶液（pH=9.18）：称取硼砂（$Na_2B_4O_7 \cdot 10H_2O$）3.80 g，用无二氧化碳纯水溶解后，移至 1 000 mL 容量瓶中，稀释至刻度，摇匀，转入密闭的塑料瓶中保存。此溶液保存使用期不宜超过 2 个月，若出现发霉、混浊，不宜使用。

（4）饱和氯化钾（KCl）溶液：向适量纯水中加入氯化钾，边加边搅拌，直至不溶解。

## 三、试验步骤

（1）土悬液制备应称取通过 2 mm 筛的风干试样 10 g，置于 100 mL 广口瓶中，加 50 mL 无二氧化碳纯水（土水比为 1∶5）。在振荡器上振荡 3 min，静止 30 min，待测。

（2）将少许土悬液盛于小烧杯中，将酸度计上的玻璃电极和甘汞电极（或复合电极）插入杯中，轻轻摇动烧杯，使土悬液均匀接触电极 2~3 min，弃去。如此反复用土悬液洗涤 1~2 次。再取土悬液按仪器说明书测定 pH，准确至 0.01。同时测定土悬液温度，进行温度补偿。两次平行最大允许误差应为±0.1。

（3）测量完毕，关闭电源，用纯水洗净电极，并用滤纸吸干电极表面的水分或将玻璃电极浸泡在饱和氯化钾溶液中。

## 四、试验成果整理

酸碱度试验应进行两次平行测定，平行最大允许误差应为±0.1，试验结果取算术平均值。

**【任务说明】**

（1）土悬液的土水比例的大小对测定结果有一定的影响。土水比例究竟用多大比较适宜，目前尚无结论，国内外也不统一，但用 1∶5的比例较多。本次试验也采用 1∶5的比例，振荡 3 min，静置 30 min。

（2）长时间存放不用的玻璃电极需要在蒸馏水中浸泡 24 h，使之活化后才能进行正常反应。玻璃电极表面受到污染时，需进行处理。

（3）标准缓冲溶液在室温下一般可保存 1~2 月，在 4 ℃冰箱中可延长保存期限。用过的标准缓冲溶液不能倒回原液中混存，如发现混浊、沉淀，不能再使用，需重新配制。

**【任务考核】**

任务考核细则如表 1-48 所示。

表 1-48　酸碱度试验学生自评表

| 班级 | | 姓名 | | 学号 | |
|---|---|---|---|---|---|
| 学习任务 | 酸碱度检测 | | | | |
| 打分类别 | 考核要点 | | | 分值 | 得分 |
| 常规计分项目 | 掌握酸碱度测定的基本原理 | | | 5 | |
| | 试验仪器、化学试剂、工具、记录表等准备齐全 | | | 5 | |
| | 劳保用品、安全防护用品佩戴正确 | | | 5 | |
| | 试样筛的选取、取样数量、试样状态正确 | | | 5 | |
| | 溶液的配置正确,浓度标识正确 | | | 5 | |
| | 天平选用、调平、校准正确 | | | 5 | |
| | 土水比例正确 | | | 5 | |
| | 振荡时间及静置时间正确 | | | 5 | |
| | 温度测定正确 | | | 5 | |
| | 初步测定溶液的 pH 正确 | | | 5 | |
| | 校正酸度计所选取的标准缓冲溶液正确 | | | 10 | |
| | 电极的选用和使用操作正确 | | | 10 | |
| | 电极润洗正确 | | | 5 | |
| | 平行误差满足要求 | | | 5 | |
| | 记录表填写准确规范 | | | 5 | |
| | 试验仪器、化学试剂、工具等摆放条理,工作台整齐干净 | | | 5 | |
| | 团队配合默契,能展示团队力量 | | | 5 | |
| | 试验操作有条不紊,干净利落,不拖泥带水 | | | 5 | |
| 附加分 | 电极的维护保养正确 | | | 10 | |
| | 试验精益求精,具有工匠精神 | | | 10 | |
| 扣分 | 一旦发现试验中篡改伪造数据,本项目 0 分计 | | | -100 | |
| | 不能将组内负责任务完成 | | | -30 | |
| 总计 | | | | | |

# 任务二十六　烧失量试验

**【任务引入】**

某高速公路前期规划方案中，公路途经农耕用地，此地土质较为松软，为了初步判断该地区土样是否符合公路建设标准，请选取一定具有代表性的土样进行土壤烧失量的测定。

**【知识储备】**

一般规定，试样在950~1 000 ℃下灼烧后减少的质量百分数即为烧失量（个别试样的测定温度则另作规定）。

当在高温下灼烧时，试样中的许多组分将发生氧化、分解及化合等反应。如：

FeO 氧化成 $Fe_2O_3$：$4FeO+O_2=2Fe_2O_3$，表现在烧失量上是质量增加现象。

碳酸盐的分解：$CaCO_3=CaO+CO_2\uparrow$

结晶水的失去：$Al_2O_3+2SiO_2 \cdot 2H_2O=Al_2O_3 \cdot 2SiO_2+2H_2O$

部分硫化物燃烧成二氧化硫并继而转化成硫酸盐：$2CaO+2SO_2+O_2=2CaSO_4$。

所以，烧失量实际上是样品中各种化学反应在质量上的增加和减少的代数和。烧失量的大小与灼烧温度、灼烧时间及灼烧方式等有关。正确的灼烧方法应是在马弗炉中（不应使用硅碳棒炉）由低温升起达到规定温度并保温0.5 h以上。

**【任务实施】**

## 一、试验基本要求

### （一）本试验适用范围

本试验适用于各类土。

### （二）试样要求

本试验所用试样为通过1 mm筛的烘干试样。

## 二、试验仪器设备

（1）高温电炉：自动控制温度达1 300 ℃。

（2）天平：感量0.000 1 g。

（3）辅助设备：瓷坩埚、干燥器、坩埚钳等。

## 三、试验步骤

（1）将试样通过1 mm试验筛，置于100~105 ℃的烘箱中烘焙8 h，取出，置于干燥器中冷却至室温。

（2）将空坩埚放入已升温至950 ℃的高温炉中灼烧0.5 h，取出稍冷（0.5~1 min），放入干燥器中冷却0.5 h，称量。如此反复灼烧，直至恒量，恒量稳定标准为前后两次质量相差小于0.5 mg，记下空坩埚质量。

(3)称取已通过 1 mm 筛孔的烘干土 1~2 g(称准到 0.000 1 g),放入已灼烧至恒量的坩埚中,把坩埚放入未升温的高温炉内,斜盖上坩埚盖。徐徐升温至 950 ℃,并保持恒温 0.5 h,取出稍冷,盖上坩埚盖。放入干燥器内,冷却 0.5 h 后称量。重复灼烧称量至前后两次质量相差小于 0.5 mg,即为恒量。

## 四、试验成果整理

(1)烧失量按式(1-105)计算:

$$X = \frac{m - (m_2 - m_1)}{m} \times 100 \tag{1-105}$$

式中 $X$——烧失量,计算至 0.01%;

$m$——烘干土样质量,g;

$m_1$——空坩埚质量,g;

$m_2$——灼烧后土样加坩埚质量,g。

(2)烧失量的试验结果精度应符合表 1-49 的规定。

**表 1-49 矿质全量分析及烧失量测定结果允许偏差**

| 测定值/% | 绝对偏差/% | 相对偏差/% |
|---|---|---|
| >50 | <0.9 | 1.0~1.5 |
| 50~30 | <0.7 | 1.5~2.0 |
| 30~10 | <0.5 | 2.0~3.0 |
| 10~5 | <0.3 | 3.0~4.0 |
| 5~1 | <0.2 | 4.0~5.0 |
| 1~0.1 | <0.05 | 5.0~6.0 |
| 0.1~0.05 | <0.006 | 6.0~8.0 |
| 0.05~0.01 | <0.004 | 8.0~10.0 |
| 0.01~0.005 | <0.001 | 10.0~12.0 |
| 0.005~0.001 | <0.000 6 | 12.0~15.0 |
| <0.001 | <0.000 15 | 15.0~20.0 |

**【任务说明】**

(1)烧失量是全量分析的一个组成部分。它不包括吸湿水,仅包括有机质和结合水,石灰性土中还包括二氧化碳(由碳酸盐所产生)。因此,用烘干土作烧失量测定。

(2)关于烧失量的灼烧温度,有的文献采用 550 ℃或 700 ℃,也有采用 950 ℃的,本次试验采用 950 ℃。但确系中性和酸性土时,亦可采用 700 ℃。

(3)坩埚放入干燥器中的平衡时间要尽量一致,称量应越快越好,以免样品吸湿。称量时切不可用手直接拿取坩埚,戴上干净的汗布手套拿取,也可用坩埚钳夹取。

(4)若遇到有机质含量高的样品,预先放在四孔小电炉上碳化后,再放入高温炉中灼烧。

【任务考核】

任务考核细则如表 1-50 所示。

**表 1-50 烧失量试验学生自评表**

| 班级 | | 姓名 | | 学号 | |
|---|---|---|---|---|---|
| 学习任务 | 烧失量检测 | | | | |
| 打分类别 | 考核要点 | | | 分值 | 得分 |
| 常规计分项目 | 掌握烧失量测定的基本原理 | | | 5 | |
| | 试验仪器、工具、记录表等准备齐全 | | | 5 | |
| | 劳保用品、安全防护用品佩戴正确 | | | 5 | |
| | 试样筛的选取正确 | | | 5 | |
| | 取样数量、试样状态正确 | | | 5 | |
| | 天平选用、调平、校准正确 | | | 5 | |
| | 高温炉温度设置正确 | | | 10 | |
| | 灼烧时间正确 | | | 5 | |
| | 冷却时间正确 | | | 5 | |
| | 空坩埚质量恒量正确 | | | 10 | |
| | 灼烧后土样加坩埚质量恒量正确 | | | 10 | |
| | 计算正确，平行误差满足要求 | | | 10 | |
| | 记录表填写准确规范 | | | 5 | |
| | 试验仪器工具等摆放条理、工作台整齐干净 | | | 5 | |
| | 团队配合默契，能展示团队力量 | | | 5 | |
| | 试验操作有条不紊，干净利落，不拖泥带水 | | | 5 | |
| 附加分 | 高温炉试验前的检查、试验后的维护保养 | | | 10 | |
| | 试验精益求精，具有工匠精神 | | | 10 | |
| 扣分 | 一旦发现试验中篡改伪造数据，本项目 0 分计 | | | -100 | |
| | 不能完成组内负责任务 | | | -30 | |
| 总计 | | | | | |

# 模块二

## 岩石试验

岩土工程

【模块导读】

## 一、岩石力学试验的发展历程

岩石力学试验及其试验技术是岩石力学测试的最基本内容,是岩石力学理论及其工程应用研究的基础。

我国的岩石力学试验研究工作最早起步于1958年三峡工程的岩石力学试验研究。为进行三峡工程大坝岩基试验研究,1958年6月,国家科学技术委员会决定组织中国科学院、水利电力部、建工部等部门的下属单位及相关高等院校协作攻关,并于同年成立了三峡岩基专题研究组。三峡岩基专题研究组的成立及我国20世纪50年代中期开工建成的江西上犹江水电站、浙江新安江水电站、黄河三门峡水库以及丹江口水电站等工程的实践,为我国岩石力学试验技术的发展及对岩石力学研究工作的重视和促进奠定了基础。

半个世纪以来,岩石力学试验及其试验技术的研究为解决我国水利、能源、交通、矿山、人防和铁道等领域工程中的岩石力学问题做出了重大贡献;另外,随着工程实践的积累和深入,岩石力学试验技术也在不断完善和发展。

### (一)岩石力学室内试验

岩石力学室内试验是测试岩石力学性质指标的重要途径,因其具有能够严格控制试验环境条件,灵活控制试验方法,具有可重复性,且试验成本相对低廉等特点,是岩石力学特性研究的基本手段,并在各行业中得到普遍使用与推广。随着科学技术的发展与进步,新技术、新材料和新方法不断在岩石力学室内试验中得到应用,推动了岩石力学室内试验技术的进步。

*1. 岩石力学常规室内试验*

为了解岩石强度与变形等基本力学性质,通常对岩石试样进行单轴压缩、三轴压缩和剪切试验。在岩石力学室内试验技术发展上,主要体现在高围压条件下的岩石三轴压缩试验、岩石剪切试验及刚性伺服试验技术在岩石力学特性试验中的应用。20世纪90年代,武汉岩土力学研究所开发出的刚性伺服性试验机RMT-64、RMT-150型系列,具有对脆性岩石试样直接拉伸、压缩和剪切试验全过程的测试功能,为研究岩石材料的本构关系等提供了研究手段。RMT-150型岩石试验系统,最大垂直载荷1 000 kN,最大水平静载荷500 kN,三轴室最高围压50 MPa。

近年来,大批国外先进的室内岩石试验设备得到引进、消化、吸收、再创新,进一步提升了对岩石力学特性研究的技术与手段。引进的设备中有MTS三轴刚性试验机及IN-STRON真三轴刚性试验机系列。MTS850型刚性三轴试验系统,可提供轴向压力4 600 kN,围压150 MPa,为高围压条件下岩石力学特性的试验研究提供了良好的平台。

*2. 岩石流变力学特性试验*

岩石流变性质试验设备的研制和开发一直为学术界及工程界所重视。1981年,长江科学院与长春试验机厂采用了气液增压技术施加试验力,共同研制了国内真正意义上第一台岩石剪切流变仪,该流变仪最大法向载荷150 kN、最大剪切载荷200 kN。20世纪80年代中期,长江科学院研制成功多功能软岩剪切流变仪,并能自动记录剪应力-剪位移全过程,中国科学院地球物理研究所研制出具有量测试样内孔隙压力,并能对试样施加温度的三轴压缩流变仪。

近年来，国内多家机构研制出高围压条件下的岩石三轴流变试验系统。2004 年长江科学院与长春市朝阳试验仪器有限公司共同研制出了一台大吨位、高围压微机控制电液伺服岩石三轴流变试验机“RLW-2000 微机控制岩石三轴流变仪”，该流变仪最大轴压 2 000 kN、最大围压 70 MPa，仪器的轴压和围压加载系统均采用闭环伺服液压加载方式控制。2007 年，河海大学引进一套岩石全自动流变伺服仪，该试验系统围压的施压范围为 0~60 MPa，最大偏压达 200 MPa。

*3. 岩石真三轴试验*

我国真三轴仪的研制始于 20 世纪 80 年代，水电部中南勘测设计院和湖南省水利水电勘测设计院于 20 世纪 80 年代初开始研制岩石真三轴仪。中国科学院武汉岩土力学所于 1989 年成功研制 RT3 型真三轴仪样机，该设备最大轴向载荷为 2 000 kN，最大侧向载荷为 1 000 kN，变形测试精度可以达到±0. 001 mm。2005 年中国矿业大学研制了一套能进行岩石三轴拉压、拉剪等多种组合试验和对不同加卸载过程进行模拟的真三轴试验系统，该设备最大压力 450 kN，最大拉力 75 kN。

此外，重庆大学、成都理工大学、河海大学、香港理工大学等也开展了类似的研究，并有真三轴状态下岩石试验研究成果发表。但与国外的产品相比较，国内真三轴仪研究或改造仍处于初级阶段，设备相对笨重、操作复杂，在压力伺服控制、软硬件制作、数据自动采集及处理等方面尚存在较大差距。

*4. 岩石力学耦合试验*

随着对核废料地质处置库等问题研究的需求，国内外学者开始了热、液、力及其相互耦合条件下岩石力学特性研究，并推动了相关设备的研制与开发。20 世纪 90 年代以来，已开发了相关试验技术，并取得研究成果。

在试验设备研制方面，北京石油大学研制出高温高压三轴岩石蠕变仪，试验温度可达 200 ℃，试验围压 200 MPa。国家地震局地质研究所研制了有孔隙水压功能的高温高压三轴试验机，试验温度能达到 300 ℃，试验围压为 300 MPa，试验孔隙压力为 100 MPa。太原理工大学研制出 20 MN 伺服控制高压岩体三轴试验机，最大轴向和侧向出力 10 000 kN，试样最高加热温度 600 ℃。同济大学开发了节理剪切-渗流耦合试验系统，该系统包括法向和切向力加载系统、水压加载系统和渗流剪切盒三部分，最大法向和切向荷载均为 600 kN，最大渗透压力为 0. 5 MPa，可以实现常法向刚度的加载方式。

*5. 岩石声学试验技术*

岩石介质超声测试技术是近年来发展起来的一种新技术，它通过测定超声波穿透岩石或岩体后声波信号的声学参数超声波波速、衰减系数、波形、频率、频谱、振幅等的变化，间接地了解岩石或岩体的物理力学特性及结构特征，可以确定岩石的动弹性模量、动剪切模量、泊松比等相关参数，也可以利用超声波在岩石内传播的速度对岩石的均一性进行判断并分析，与静力学方法相比具有简便、快捷、可靠、经济及无破损等特点，这种测试技术已得到国内外岩土工程界的广泛重视。

目前，绝大多数声发射试验都是基于岩石单轴压缩或是剪切试验开展的，国内有许多高校与科研机构都利用常规的试验设备配装上岩石声发射信号监测仪来完成实时测试，没有成套的系统。由美国引进的 MTS 系统,功能强大,测试精度高,配套的声发射监测系统可以较好地对声发射事件自动计数、存储,可与计算机通信,实现对声发射的实时监测,并可进行波形和参数的分析,初步实现了声发射事件定位分析。

6. 岩石 CT、红外扫描等成像技术

近年来,计算机断层识别技术即 CT 技术以其具有无扰动、可多层面分析、机制明确等诸多优点受到岩土工程研究者的关注。2008 年,同济大学采用立体视觉法、结构光法和双目成像原理,研制了一台便携式岩石三维表面形貌仪 TJXW-3D,该形貌仪主要由 2 个高精度的工业摄像头、2 个工业镜头、数字光栅投影装置、云台、三脚架和用于数据采集的计算机组成。摄像头的分辨率为 144×106 pixel,一次测量的最大面积可以人工调节,范围为 200 mm×150 mm~400 mm×300 mm,最高测量精度为 0.02 mm;测量时间短,一次测量仅需 10 s;仪器仅重 10 kg,可以拆开装入 2 个尺寸为 0.4 m×0.3 m×0.2 m 的盒子里,方便携带至现场。仪器所配套的测量与分析软件可以对岩石表面的三维形貌进行图形显示与分析。

**(二)现场岩石力学试验**

为确定现场条件下岩石及结构面力学参数,开展现场岩石力学试验是重要的研究途径。

1. 岩石力学常规现场试验

常规的岩石力学现场试验包括岩体变形试验及强度试验等,目前已形成了系统的试验技术与方法。在现场岩石力学试验技术的完善过程中,液压钢枕加载、试验刚度与温度控制等技术的研究推进了现场岩石力学试验技术的进步。

在岩体现场直剪试验设备研制方面也有新的进展。黄河水利委员会勘测规划设计研究院科学试验研究所研制出软弱夹层现场慢剪试验设备,即应变控制式现场直剪仪,剪切速率 0.025 mm/h,对软弱夹层试验结果,抗剪强度 $f$ 值较常规固结快剪提高 31.6%。近年来,长江科学院研制完成了 RL-S60 现场岩石流变试验系统,其加载稳压实现自动补压技术,并能在试验平硐潮湿环境下进行长期数据自动采集。

由中国科学院武汉岩土力学研究所和长江科学院相继开发出的钻孔千斤顶试验设备能利用普通的地质钻孔,在现场实地测试钻孔范围内岩体的变形特性,为深部岩体变形特性测量提供测试手段。

另外,高精度的钻孔变形测量技术与承压板变形试验技术的结合,进一步完善了中心孔法承压板试验技术,为复杂层状岩体变形特性的研究提供了重要的试验研究手段。

2. 岩体流变性质现场试验

考虑到室内岩块和现场岩体性能上的重大差异,近年来,许多重要水电工程开展了现场岩体蠕变试验。

黄河水利委员会勘测规划设计研究院科学试验研究所在小浪底水利枢纽进行了两组共四点刚性承压板法岩体蠕变试验,最大压力 3.5 MPa,每点累计观测时间 25 d。根据岩体特征和变形曲线特点建立了各种岩体的流变模型,并提出了相应的流变参数。成都勘测设计研究院在二滩水电站也进行了大型岩体变形蠕变试验,受压面直径 100 cm,最大载荷达 10 MPa,每级载荷时间持续 7~98 d 不等。针对试验,专门研制了气液稳压器、位移及载荷传感器,并在试验过程中应用多点位移计测量岩体深部位移。

为研究三峡船闸高边坡的长期稳定性问题,长江科学院在三峡枢纽船闸区 8#勘探平洞内进行了大型岩体现场流变试验。试验内容包括岩体压缩流变试验 1 组 3 点、岩体剪切流变试验 1 组 6 点、岩体结构面剪切流变试验 1 组 6 点、剪切流变试验尺寸为 50 cm×50 cm,流变试验每级载荷稳定标准为 0.001 mm/d,单级载荷持续时间最长为 34 d。根据现场和室内岩体(岩石)及结构面流变试验结果,建立了反映三峡船闸区岩体力学特征的流变模型。

*3. 岩体初始应力测量*

岩体初始应力测量技术是随着对岩体应力状态认识的提高而发展起来的。目前,工程上主要采用的应力测量技术为钻孔应力测量,钻孔应力测量方法主要有钻孔水压致裂法和套钻孔应力解除法两类。

我国采用钻孔水压致裂法测量地应力的深度一般在 500~600 m。我国地应力研究工作者完成了兖矿集团万福矿区 7 个钻孔、37 个测点的现场实测,最大测量深度为 1 105 m,创造了我国钻孔水压致裂法测量地应力深度的纪录。测量克服了 700 m 厚冲击层引起的局部缩径、胀径和塌孔等困难,证明了改进的水压致裂测量系统在深部复杂地质条件下可靠的工作性能。万福煤矿在前期勘探阶段即进行矿区地应力测量,采用钻孔水压致裂法通过钻孔直接测量深部地应力,并且实施的测量规模较大,这在国内是具有开创性的尝试。

套钻孔应力解除法根据钻孔深度可分为浅钻孔的套孔应力解除测量法和深钻孔的套孔应力解除测量法。深钻孔的套孔应力解除测量法与浅钻孔的套孔应力解除测量法相似,一般采用孔壁应变测量法。但是为解决钻孔深度所带来的一系列问题,在浅钻孔岩体应力测量技术的基础上有许多发展。主要有:能够在深水中工作的深钻孔水下三向应变计(包括配套的应变片水下黏结剂、水下应变计粘贴技术)、安装定位的触发装置、井下测定应变片方向的装置、深钻孔套钻技术,以及井下数据采集系统(可以在深达数百米钻孔中不间断地取得应力解除全过程的解除应变数据)。

## 二、常用试验规程规范

为了统一岩石试验方法和技术标准,我国从 20 世纪 50 年代开始制订适合我国国情的岩石试验规程。1950 年,中国水利水电科学研究院等单位编制了《岩石试验操作规程》;1981 年,原电力部和水利部行业标准《水利水电工程岩石试验规程》(DLJ 204—1981)、《水利水电工程岩石试验规程(试行)》(SLJ 2—1981)颁布施行;1992 年,《水利水电工程岩石试验规程(补充部分)》(DL 5006—1992)颁布施行;1999 年 5 月,《工程岩体试验方法标准》(GB/T 50266—1999)由国家质量技术监督局、建设部作为国家标准联合发布实施,该标准总结了我国自 20 世纪 50 年代起 40 多年岩石试验经验,统一了我国岩石试验方法。

2020 年 7 月,为统一水利水电工程岩石试验方法,提高试验成果质量及其可比性,水利部颁布实施了水利行业标准《水利水电工程岩石试验规程》(SL/T 264—2020),其内容包括岩石物理力学性质、岩体强度和变形特性、地应力测试、工程岩体观测以及岩体声波测试等,适用于水利水电工程的岩石试验工作。

除水利行业标准外,水电、铁路、交通等不同行业的岩石试验规范均可学习参考,具体规程规范如下:

(1)《工程岩体试验方法标准》(GB/T 50266—2013)。

(2)《水电水利工程岩石试验规程》(DL/T 5368—2007)。

(3)《铁路工程岩石试验规程》(TB 10115—2023)。

(4)《公路工程岩石试验规程》(JTG E41—2005)。

**【证书技能要求】**

岩土工程质量检测(岩石试验)职业技能等级分为三个等级:初级、中级、高级,三个级别依次递进,高级别涵盖低级别职业技能要求,具体要求见表 2-1。

**表 2-1 岩土工程质量检测(岩石试验)职业技能等级要求**

| 检测领域 | 检测项目 | 检测成果 | 职业技能要求 | 初级 | 中级 | 高级 |
|---|---|---|---|---|---|---|
| 岩块 | 1.1 含水率试验 | $w_0$ | 1.1.1 能熟练掌握含水率的试验方法 | √ | √ | √ |
| | | | 1.1.2 能正确计算含水率指标 | √ | √ | √ |
| | | | 1.1.3 能正确选择使用天平、烘箱设备 | √ | √ | √ |
| | | | 1.1.4 能够编写检测报告 | | √ | √ |
| | | | 1.1.5 具备对检测报告进行校核的能力 | | | √ |
| | 1.2 块体密度试验 | $\rho_0$、$\rho_d$、$\rho_s$、 | 1.2.1 能熟练掌握量积法、水中称重法或密封法的操作步骤,掌握各种方法的适用范围 | √ | √ | √ |
| | | | 1.2.2 能正确计算块体密度 | √ | √ | √ |
| | | | 1.2.3 能正确选择使用天平、烘箱设备 | √ | √ | √ |
| | | | 1.2.4 能够编写检测报告 | | √ | √ |
| | | | 1.2.5 具备对检测报告进行校核的能力 | | | √ |
| | 1.3 颗粒密度试验 | $\rho_p$ | 1.3.1 能熟练掌握比重瓶法或水中称重法的操作步骤,掌握各种方法的适用范围 | √ | √ | √ |
| | | | 1.3.2 能正确计算颗粒密度 | √ | √ | √ |
| | | | 1.3.3 能够编写检测报告 | | √ | √ |
| | | | 1.3.4 具备对检测报告进行校核的能力 | | | √ |

续表 2-1

| 检测领域 | 检测项目 | 检测成果 | 职业技能要求 | 初级 | 中级 | 高级 |
|---|---|---|---|---|---|---|
| 岩块 | 1.4 单轴抗压强度试验 | $R$ | 1.4.1 能熟练掌握单轴抗压强度的试验方法 | √ | √ | √ |
| | | | 1.4.2 能熟练掌握各种类型压力机的操作方法 | √ | √ | √ |
| | | | 1.4.3 能正确计算单轴抗压强度 | √ | √ | √ |
| | | | 1.4.4 能够编写检测报告 | | √ | √ |
| | | | 1.4.5 具备对检测报告进行校核的能力 | | | √ |
| | 1.5 单轴压缩变形试验 | $E_e$、$E_{50}$、$\mu_e$、$\mu_{50}$ | 1.5.1 能熟练掌握电阻应变片法或位移计法的操作步骤,掌握各种方法的适用范围 | √ | √ | √ |
| | | | 1.5.2 能根据岩石的层理方向对电阻应变片正确粘贴并掌握粘贴方法;熟练使用位移计 | √ | √ | √ |
| | | | 1.5.3 能正确计算弹性模量、变形模量、泊松比等参数 | √ | √ | √ |
| | | | 1.5.4 能够编写检测报告 | | √ | √ |
| | | | 1.5.5 具备对检测报告进行校核的能力 | | | √ |
| | 1.6 岩块直剪强度试验 | $c$、$\varphi$ | 1.6.1 能熟练掌握岩块直剪强度试验步骤,能正确开展法向载荷和剪切载荷的施加,可以处理试验过程中的异常情况 | √ | √ | √ |
| | | | 1.6.2 能合理进行剪切后试样的描述工作,并根据描述结果,进行异常试件剔除和重分组 | √ | √ | √ |
| | | | 1.6.3 可以根据抗剪强度参数,剔除异常值,判断合理的取值 | √ | √ | √ |
| | | | 1.6.4 能够编写检测报告 | | √ | √ |
| | | | 1.6.5 具备对检测报告进行校核的能力 | | | √ |
| | 1.7 岩块声波测试 | $v_p$、$v_s$ | 1.7.1 能正确地使用非金属超声波检测仪,了解非金属超声波检测仪的性能,参数设置等 | √ | √ | √ |
| | | | 1.7.2 能正确识别波形图,并判断波形图是否异常并分析原因 | √ | √ | √ |
| | | | 1.7.3 能正确计算岩块的纵波速度和横波速度,判定试验结果中的异常值并分析原因 | √ | √ | √ |
| | | | 1.7.4 能根据纵波速度和横波速度计算岩块的动弹性参数 | | √ | √ |
| | | | 1.7.5 能够编写检测报告 | | √ | √ |
| | | | 1.7.6 具备对检测报告进行校核的能力 | | | √ |

续表 2-1

| 检测领域 | 检测项目 | 检测成果 | 职业技能要求 | 初级 | 中级 | 高级 |
|---|---|---|---|---|---|---|
| 岩体 | 1.8 岩体声波测试 | $v_p$、$v_s$、$K_v$ | 1.8.1 能正确选择合适的岩体测试表面布置测点,并能针对不同的测区特征选择合理的测试方式 | √ | √ | √ |
| | | | 1.8.2 能正确地进行换能器和岩体表面的耦合工作,并能根据测试结果分析耦合效果 | √ | √ | √ |
| | | | 1.8.3 能正确设定采集参数,并根据波形曲线特征进行仪器调整,能正确测读传播时间等,数据异常时,可以分析异常原因,并剔除异常值 | √ | √ | √ |
| | | | 1.8.4 能正确计算岩体的纵波速度、横波速度、动弹性模量、完整性系数 | √ | √ | √ |
| | | | 1.8.5 能够编写检测报告 | | √ | √ |
| | | | 1.8.6 具备对检测报告进行校核的能力 | | | √ |
| | 1.9 岩体变形测试(刚性承压板法) | $E_e$、$E_0$ | 1.9.1 能够根据工程需要选择不同方向的安装方式,并正确判断测表的安装刚度,能够分辨错误的安装并改正 | √ | √ | √ |
| | | | 1.9.2 能根据岩体和承压板参数,正确计算并选择合适的承压板厚度和叠置方式 | √ | √ | √ |
| | | | 1.9.3 能正确绘制压力变形曲线,判断曲线类型,计算岩体变形模量 | √ | √ | √ |
| | | | 1.9.4 能够编写检测报告 | | √ | √ |
| | | | 1.9.5 具备对检测报告进行校核的能力 | | | √ |
| | 1.10 岩体强度测试(混凝土与岩体接触面直剪试验) | $c$、$\varphi$ | 1.10.1 能够根据特殊的试验要求开展特有的连接方式 | √ | √ | √ |
| | | | 1.10.2 能正确施加法向载荷和剪切载荷,可以处理试验过程中的异常情况 | √ | √ | √ |
| | | | 1.10.3 能合理进行剪切后试样的描述工作,并根据描述结果,进行异常试件剔除和重分组 | √ | √ | √ |
| | | | 1.10.4 可以根据抗剪强度参数,剔除异常值,判断合理的取值 | √ | √ | √ |
| | | | 1.10.5 能够编写检测报告 | | √ | √ |
| | | | 1.10.6 具备对检测报告进行校核的能力 | | | √ |

续表 2-1

| 检测领域 | 检测项目 | 检测成果 | 职业技能要求 | 初级 | 中级 | 高级 |
|---|---|---|---|---|---|---|
| 岩体 | 1.11 岩体应力测试（水压致裂法） | $S_H$、$S_h$ | 1.11.1 能识别错误的连接方式，并根据特定的试验需求对连接方式进行更换 | √ | √ | √ |
| | | | 1.11.2 能根据卡钻的成因，进行一定的脱困操作 | √ | √ | √ |
| | | | 1.11.3 根据印模结果剔除干扰因素，并开展断续裂缝的连接 | √ | √ | √ |
| | | | 1.11.4 能根据水压致裂特征压力的系统分析，进行计算并剔除异常值 | √ | √ | √ |
| | | | 1.11.5 能计算应力的侧压力系数，并通过侧压力系数筛选、剔除异常值 | √ | √ | √ |
| | | | 1.11.6 能够编写检测报告 | | √ | √ |
| | | | 1.11.7 具备对检测报告进行校核的能力 | | | √ |

(1)岩石试验检测(初级)。

具有基本的专业理论知识，具有岩石 5 项指标(含水率、块体密度、单轴抗压强度、弹性模量、变形模量)的检测能力。具有熟练操作仪器设备的能力、对检测数据进行计算的能力。

(2)岩石试验检测(中级)。

具有一定的专业理论知识，具有岩石 8 项指标(含水率、块体密度、单轴抗压强度、弹性模量、变形模量、抗剪强度、岩块声波波速、岩体声波波速)的检测能力。具有熟练操作仪器设备的能力、对检测数据进行计算甄别的能力、编写检测报告的能力。

(3)岩石试验检测(高级)。

具有较强的专业理论知识，具有岩石 12 项指标(岩块的含水率、块体密度、颗粒密度、单轴抗压强度、弹性模量、变形模量、抗剪强度、声波波速等参数和岩体的声波波速、变形模量、抗剪强度、应力数据等参数)的检测能力。具有正确熟练操作仪器设备的能力、对常规检测仪器设备校准的能力、对检测数据进行计算甄别的能力、编写检测报告的能力、对检测报告进行校核的能力。

**【知识储备】**

## 一、基本概念

### (一)岩石与岩体

岩石是组成地壳的基本物质，它是由矿物或岩屑在地质作用下按一定规律凝结而成的自然地质体。按照成因，岩石可分为岩浆岩、沉积岩和变质岩三大类。岩石是一种自然造物，其形成受地质作用支配，这是岩石与其他人工制造的材料和结构物的根本不同之处。

岩体是指一定工程范围内的自然地质体，由于岩石是地质历史的产物，在漫长的地质历史中，建造之后又经历了多次改造，形成了各种地质构造形迹，如断层、节理、裂隙等。广义上，我们把结构面和结构体的组合称为岩体，而把不包含结构面的结构体称为岩块，显然这种划分具有相对性，从宏观上看，不包含结构面的岩块内部，仍然有矿物节理、微裂隙、粒间空隙、晶格缺陷、晶格边界等微观结构的存在。

由于岩块相对完整，因此可以近似作为一种均质材料，即具有连续性、均匀性、各向同性。而岩体由于包含结构面，不是一种均质材料，因此岩体的基本属性是非连续、非均匀、各向异性的。

**（二）工程岩体分类**

对水利工程而言，比较常用的工程岩体分类方法主要为《工程岩体分级标准》（GB 50218—2014）。岩体基本质量是指岩体所固有的、影响工程岩体稳定性的最基本属性，由岩石的坚硬程度和岩体的完整程度所决定。《工程岩体分级标准》（GB 50218—2014）先对岩体进行基本质量分级，再根据岩体的具体工程条件做出修正，对各类型工程岩体作详细定级。岩体基本质量分级主要考虑岩石的坚硬程度和岩体的完整程度两个分级因素，采用定性与定量相结合、经验判断与测试计算相结合的方法进行。

岩石的坚硬程度是岩体最基本的性质之一，表征为岩石在外部载荷作用下，抵抗变形直至破坏的能力，它与岩石的矿物成分、结构、致密程度、风化程度以及软化程度有关。一般采用岩石单轴饱和抗压强度作为岩石的坚硬程度分类的定量指标（见表2-2）。现场鉴别岩石的坚硬程度可根据岩石的锤击难易程度、回弹程度、手触感觉和吸水反映来为岩石的坚硬程度做定性鉴定。

**表2-2　岩石的坚硬程度分类**

| 岩石的坚硬程度 | 硬质岩 | | 软质岩 | | |
|---|---|---|---|---|---|
| | 硬质岩 | 较硬质岩 | 较软岩 | 软岩 | 极软岩 |
| 单轴饱和抗压强度 $R_c$/MPa | >60 | 60~30 | 30~15 | 15~5 | <5 |

在岩性相同的条件下，岩体的完整性系数 $K_v$ 值既反映了岩体结构面的发育程度，又反映了结构面的性状，是一项能较全面地从量上反映岩体完整程度的指标。分级标准将 $K_v$ 值作为反映岩体的完整程度的定量指标，按表2-3作定量划分。

**表2-3　岩体的完整程度分类**

| 岩体的完整程度 | 完整 | 较完整 | 较破碎 | 破碎 | 极破碎 |
|---|---|---|---|---|---|
| 完整性系数 $K_v$ | >0.75 | 0.75~0.55 | 0.55~0.35 | 0.35~0.15 | <0.15 |

岩体基本质量指标（BQ）采用岩石的坚硬程度和岩体的完整程度两个定量指标确定。以两个分级因素的定量指标 $R_c$ 及 $K_v$ 为参数，按式（2-1）计算BQ值，根据BQ值进行岩体基本质量分级。

$$BQ = 100 + 3R_c + 250K_v \tag{2-1}$$

当 $R_c > 90K_v + 30$ 时，以 $R_c = 90K_v + 30$ 和 $K_v$ 代入上式计算 BQ 值；当 $K_v > 0.04R_c + 0.4$ 时，以 $K_v = 0.04R_c + 0.4$ 和 $R_c$ 代入上式计算 BQ 值。

根据岩石坚硬程度、岩体完整程度以及 BQ 值，按表 2-4 可分别得到岩体基本质量的定性和定量级别，可以获得较准确的岩体基本质量定级。

**表 2-4　岩体基本质量分级标准**

| 基本质量级别 | 岩体基本质量的定性特征 | 岩体基本质量指标(BQ) |
|---|---|---|
| Ⅰ | 坚硬岩，岩体完整 | >550 |
| Ⅱ | 坚硬岩，岩体较完整；较坚硬岩，岩体完整 | 451~550 |
| Ⅲ | 坚硬岩，岩体较破碎；较坚硬岩或软硬岩互层，岩体较完整；较软岩，岩体完整 | 351~450 |
| Ⅳ | 坚硬岩，岩体破碎；较坚硬岩，岩体较破碎—破碎；较软岩或软硬岩互层，且以软岩为主，岩体较完整—较破碎；软岩，岩体完整—较完整 | 251~350 |
| Ⅴ | 较软岩，岩体破碎；软岩，岩体较破碎—破碎；全部极软岩及全部极破碎岩 | ≤250 |

## 二、岩石本构关系

岩石本构模型主要是研究岩石应力或应力速率与其应变及应变速率之间的关系，在只考虑静力的情况下，岩石的本构模型主要是反映岩石的应力与应变或者应力增量与应变增量之间的关系。岩石的本构模型主要包括弹性本构和弹塑性本构，岩石的弹性本构（见式 2-2）主要以 HOOK 定律为基础，在早期的研究中研究得比较充分，由于岩石本身性质的复杂性，岩石的弹塑性本构模型的研究对于工程实际具有更好的应用价值。为解决弹塑性本构模型中的屈服问题，一些基于连续介质方法的经典的理论 Mohr-Coulomb 和 Drucker-Prager 等理论得到极大的发展，并且基于此的数值模拟技术更是推动了岩石本构模型的研究在工程上的应用。

$$\left.\begin{aligned}
\varepsilon_x &= \frac{1}{E}[\sigma_x - \mu(\sigma_y + \sigma_z)] \\
\varepsilon_y &= \frac{1}{E}[\sigma_y - \mu(\sigma_z + \sigma_x)] \\
\varepsilon_z &= \frac{1}{E}[\sigma_z - \mu(\sigma_x + \sigma_y)] \\
\gamma_{yx} = \frac{1}{G}\tau_{yx},\ \gamma_{zx} &= \frac{1}{G}\tau_{zx},\ \gamma_{xy} = \frac{1}{G}\tau_{xy}
\end{aligned}\right\} \tag{2-2}$$

为了进一步增加岩石本构模型反映应力应变关系的精度，岩石本构模型的研究开始引入变形元件、损伤理论等方法。变形元件主要是将岩石的变形特性理想化为具有不同功能的元件，典型的有弹性元件、黏性元件、塑性元件，通过不同元件间的组合获得不同形式的本构关系，经典的模型有如图 2-1 所示的圣维南体、马克斯威尔体等，但是此种方法应用的难点在于组合元件的数量及形式，数量过多、形式过于复杂往往会导致实用性降低，反之则精度难以保证，针对此方面的研究以冯夏庭团队为代表开发了遗传算法-遗传规划为一体的智能本构模型识别技术，殷德顺、何志磊等相关学者则进一步发展了以分数阶导数理论为基础的软件模型，但是整体而言，此类方法无法从机制的角度阐释复杂应力状态下岩石变形的具体特征，比如剪胀、环向应变、声发射等。

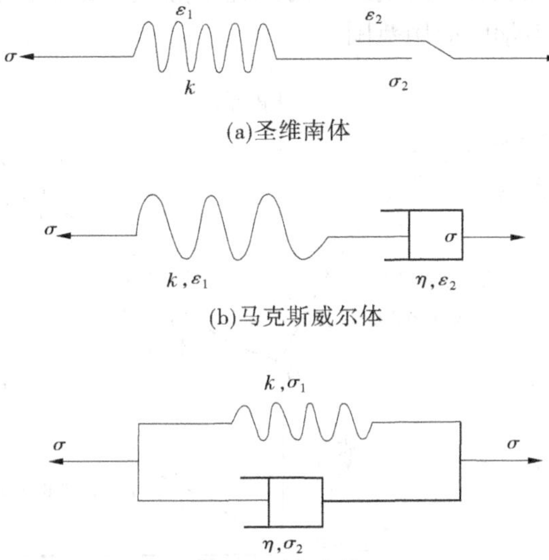


(a)圣维南体

(b)马克斯威尔体

(c)开尔文体

**图 2-1　常见流变组合模型力学模型**

针对岩石本构研究更为广泛的是在连续介质力学的基础上引入损伤力学的相关知识，此类的研究较多，早在 1976 年，Dougill 通过利用损伤力学等相关知识研究脆性岩石的材料的损伤特性，更进一步，Dragon 则将研究岩石的损伤特性的重点放在断裂面研究上，Krajcinovic 则首次将热力学方面的理论应用到脆性岩石材料的本构模型研究中去，具体到国内，张全胜推广了应变等价原理并给出单轴压缩状态下的损伤本构，李树春进一步提出了初始损伤的概念，张慧梅在研究了引进损伤力学相关理论和统计力学相关理论的基础上建立等围压条件下的本构模型，周辉则在总结已有的研究基础上提出了基于岩石统一能量屈服准则的硬岩损伤模型。

虽然本构关系研究取得了一定的进展，也引进了统计学、损伤学、智能算法等一系列的科学方法，但是依旧是唯象学的方法，对岩石变形本身的机制特性研究不深。E. Eberhardt 在总结 Brace 和 Bieniawski 的应力应变关系研究成果的基础上，从裂纹发展的角度提出图 2-2 所示的应力应变关系曲线，其定性地描述了不同阶段的裂纹行为状态与应力应变之间的关系，从机制角度阐释岩石的本构关系曲线的特征，但是限于岩石裂纹行为的复杂性，并未建立对应的本构模型。为了令岩石的本构模型更加贴近实际，一些基于岩石断裂力学与裂纹行为状态的本构模型陆续被提出，Lu Y L 基于传统的连续介质模拟方法和流体力学耦合理论，提出了双尺度模型，用以解决岩石断裂耦合过程中水力耦合问题；周小平则根据岩石不同阶段的应变特征，将围压状态分为低压、中压、高压三种状态，分别建立基于裂纹扩展贯通机制的本构模型；Liu H H 受自然应变和工程应变的启发，将岩石分为以裂隙为主的软部和以基质为主的硬部，得到两者串联的本构模型；袁小清认为脆性岩石的原始状态的损伤由于宏微观裂纹的存在，其值并不为零，在此理论的指导下，在接着的本构模型的研究中加入了初始损伤的概念；朱其志则进一步发展了热动力理论，将脆性岩石进行了一定的均质化处理，并发展出了一种适用于脆性岩石非线性力学行为模拟的新型本构模型；区别于大多数的研究，刘红岩的研究重点主要是脆性岩石的动态损伤过程，更进一步地推广了断裂力学的应用范围。

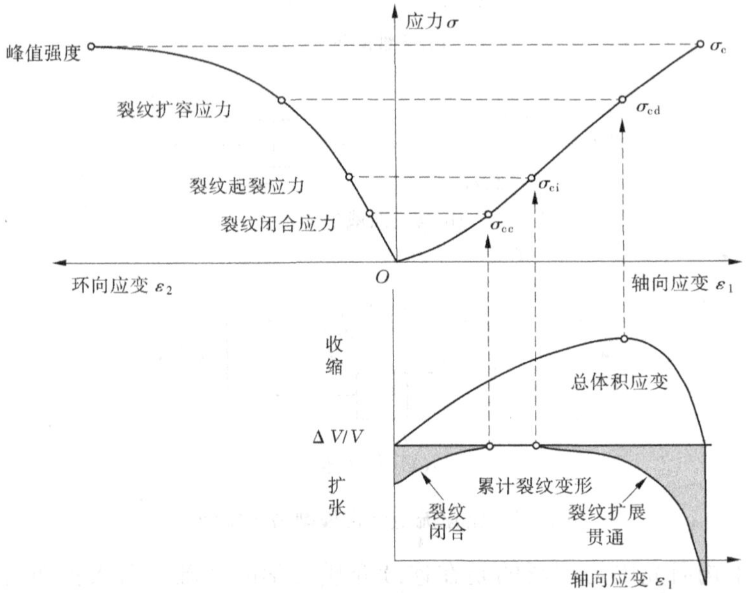


**图 2-2　岩石应力应变关系曲线**

## 三、岩石强度理论

岩石强度理论是研究岩石在各种应力状态下的强度准则的理论。强度准则又称破坏判据，它表征岩石在极限应力状态下（破坏条件）的应力状态和岩石强度参数之间的关系，一般可以表示为极限应力状态下的主应力间的关系方程或者表示为处于极限平衡状态截面上的剪应力 $\tau$ 和正应力 $\sigma$ 间的关系方程。

岩石强度理论主要有最大正应变理论、剪应变能强度理论、八面体应力理论、库仑强度准则、莫尔强度准则、格里菲斯强度理论、德鲁克-普拉格等。常用的岩石强度理论主要有库仑强度准则、莫尔强度准则和格里菲斯强度理论。

**(一)库仑强度准则**

库仑强度准则是由库仑(C. A. Coulomb)于1773年提出的"摩擦"准则。库仑认为,岩石的破坏主要是剪切破坏,岩石的强度,即抗摩擦强度等于岩石本身抗剪切摩擦的黏结力和剪切面上法向力产生的摩擦力。平面中的剪切强度准则为

$$|\tau| = c + \sigma\tan\varphi \tag{2-3}$$

式中 $\tau$——剪切面上的剪应力,MPa;

$\sigma$——剪切面上的正应力,MPa;

$c$——黏聚力,MPa;

$\varphi$——内摩擦角,(°)。

**(二)莫尔强度准则**

莫尔(1900年)把库仑准则推广到考虑三向应力状态,他认识到材料性质本身乃是应力的函数。他总结指出"到极限状态时,滑动平面上的剪应力达到一个取决于正应力与材料性质的最大值",并可用下列函数关系表示:

$$\tau = f(\sigma) \tag{2-4}$$

上式在 $\tau-\sigma$ 坐标系中为一条对称于 $\sigma$ 轴的曲线,它可通过试验方法求得,即由对应于各种应力状态(单轴拉伸、单轴压缩及三轴压缩)下的破坏莫尔应力圆包络线,即各破坏莫尔圆的外公切线,如图2-3所示,称为莫尔强度包络线,利用这条曲线判断岩石中一点是否会发生剪切破坏时,可在事先给出的莫尔包络线上,叠加上反映实际试件应力状态的莫尔应力圆。如果应力圆与包络线相切或相割,则研究点将产生破坏;如果应力圆位于包络线下方,则不会产生破坏。莫尔包络线的具体表达式可根据试验结果用拟合法求得。目前,已提出的包络线形式有斜直线型、二次抛物线型、双曲线型等,其中斜直线型与库仑准则基本一致,库仑准则是莫尔准则的一个特例。

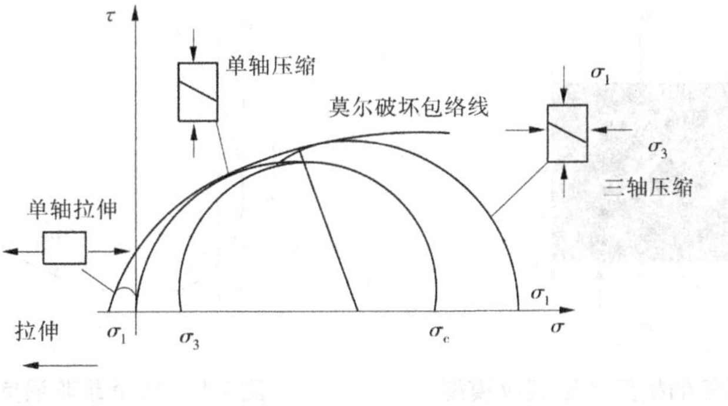


**图2-3 岩石莫尔强度曲线**

莫尔强度理论实质上是一种剪应力强度理论。一般认为,该理论比较全面地反映了岩石的强度特征,它既适用于塑性岩石的剪切破坏,也适用于脆性岩石的剪切破坏。同时也反映了岩石抗拉强度远小于抗压强度这一特性,并能解释岩石在三向等拉时会破坏,而在三向等压时不会破坏(曲线在受压区不闭合)的特点,这一点已为试验所证实,因此目前莫尔理论被广泛应用于岩石工程实践。

莫尔判据的缺点是忽略了中间主应力 $\sigma_2$ 的影响，与试验结果有一定的出入。另外，该判据只适用于剪切破坏，受拉区的适用性还值得进一步探讨，并且不适用于膨胀或蠕变破坏。

**(三)格里菲斯强度理论**

格里菲斯(1920年)认为，诸如钢和玻璃之类的脆性材料，其断裂的起因是分布在材料中的微小裂纹尖端有拉应力集中。格里菲斯还建立了确定断裂扩展的能量不稳定原理。该原理认为，当作用力的势能始终保持不变时，裂纹扩展准则可写为

$$\frac{\partial}{\partial C}(W_d - W_e) \leqslant 0 \tag{2-5}$$

式中 $C$——裂纹长度参数；

$W_d$——裂纹表面的表面能；

$W_e$——储存在裂纹周围的弹性应变能。

1921年，Griffith 把该理论用于初始长度为 $2C$ 的椭圆形裂纹的扩展研究中，并设裂纹垂直于作用在单位厚板上的均匀单轴拉伸应力 $\sigma$ 的加载方向，当裂纹扩展时满足下列条件：

$$\sigma \geqslant \sqrt{\frac{2Ea}{\pi C}} \tag{2-6}$$

式中 $a$——裂纹表面单位面积的表面能；

$E$——非破裂材料的弹性模量。

1924年，格里菲斯把他的理论推广到用于压缩试验的情况(见图2-4)。在不考虑摩擦对压缩下闭合裂纹的影响和假定椭圆裂纹将从最大拉应力集中点开始扩展的情况下，获得了双向压缩下裂纹扩展准则，即格里菲斯强度准则(见图2-5)：

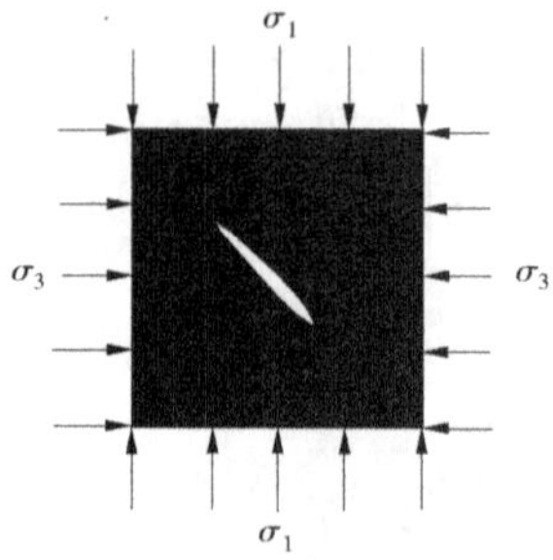


图2-4 平面压缩的格里菲斯裂纹模型

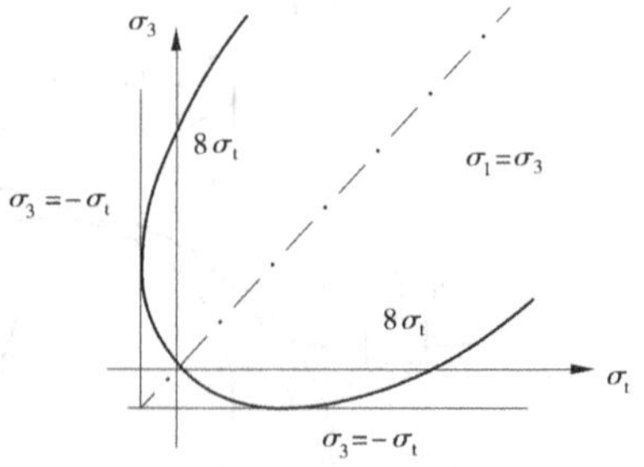


图2-5 格里菲斯强度曲线

$$\begin{cases} \dfrac{(\sigma_1 - \sigma_3)^2}{\sigma_1 + \sigma_3} = 8\sigma_t & (\sigma_1 + 3\sigma_3 \geqslant 0) \\ \sigma_3 = -\sigma_t & (\sigma_1 + 3\sigma_3 \leqslant 0) \end{cases} \tag{2-7}$$

格里菲斯强度准则是针对玻璃和钢等脆性材料提出来的，因而只适用于研究脆性岩石的破坏。而对一般的岩石材料，Mohr-Coulomb 强度准则的适用性要大于格里菲斯强度准则。

# 任务一　岩块物理性质试验——含水率试验

岩石的含水率是指岩石在105~110 ℃温度下烘至恒量时所失去的水的质量与岩石固体颗粒质量的比值,以百分数表示。岩石的含水率可间接地反映岩石中空隙的多少、岩石的致密程度等特性。

影响岩石试件天然含水率的因素很多,能否反映岩石在天然状态下的实际情况,取决于岩石试件取样、运输、储存和试件制备过程中保存试件的方法。一般采用蜡封法或高分子树脂胶涂料法对岩石试件进行封闭,尽量减少其含水量的损失,保持其天然含水状态。

## 一、试验基本要求

### (一)试件制备

(1)试件应在现场采取,不得采用爆破取样,室内不得采用湿法加工。试件在采取、运输、储存和制备过程中应保持天然含水率状态。

(2)试件尺寸应大于组成岩石最大颗粒粒径的10倍。

(3)试件质量宜为40~200 g。

(4)每组试件数量不宜少于6个。

### (二)试件描述

(1)岩石名称、颜色、矿物成分、风化程度。

(2)为保持试件天然含水状态所采取的措施。

## 二、试验仪器

(1)烘箱和干燥器。

(2)天平(感量0.01 g)。

(3)具有密封盖的试样盒。

## 三、试验步骤

(1)制备试件并称其质量。

(2)将试件放入烘箱,在105~110 ℃的恒温下烘干,烘干时间不应少于24 h。

(3)将试件从烘箱中取出,放入干燥器内冷却至室温,称试件质量。

(4)重复步骤(2)、步骤(3),直到相邻两次称量之差不超过后一次称量的0.1%。

(5)称量准确至0.01g。

## 四、试验成果整理

(1)岩石含水率应按式(2-8)计算:

$$w_0 = \frac{m_0 - m_d}{m_d} \times 100 \tag{2-8}$$

式中 $w_0$——岩石含水率(%);

$m_0$——试件烘干前的质量,g;

$m_d$——试件烘干后的质量,g。

(2)计算值精确至0.01。

## 五、解释说明

(1)岩石的天然含水率反映了岩石在天然状态下的实际情况。含水率试验主要是针对黏土质、粉砂质和风化的软弱岩石在天然状态下的含水多少而制定的,对于坚硬或较坚硬的岩石,测定天然含水率的工程意义不大。

(2)烘干试样标准:目前各规程中有时间控制和质量控制两种规定。用时间控制时,有的规定在105~110 ℃下烘12 h,有的规定在上述温度下烘24 h。用质量控制时,规定在上述温度下烘至恒量。对于恒量,又有两种解释:一种认为两次称量之差不超过0.05 g,即达到恒量;另一种规定相邻24 h两次称量之差不超过后一次称量的0.1%。后者考虑了试样质量与时间的因素,因此后一种规定比较合理。为了研究试样烘干与时间的关系,不少单位进行了比较试验,试样在20 h以内,已全部达到恒量。除岩石(颗粒)密度试验外,其他物理力学性质试验均可将上述规定作为烘干标准。

(3)结晶水:岩石中的结晶水以$H_2O$分子形式并按一定比例和其他成分组成矿物晶格,如石膏($CaSO_4 \cdot 2H_2O$)含2个结晶水。结晶水在一定热力条件下可以脱水,脱水后矿物晶格结构也破坏了,随之矿物的物理性质也改变了。如石膏加热至100~120 ℃水分开始逸出,变为性质不同的熟石膏。不同的含结晶水矿物,其失水温度是一定的,一般为100~200 ℃。对于含有结晶水易逸出矿物的岩石,在未取得充分论证前,一般烘干温度为55~65 ℃,或在常温下采用真空抽气干燥方法。

(4)对于不易成形的较松散或松散岩石可采用土工方法,即用有密封盖的试件盒进行测定。

# 任务二 岩块物理性质试验——吸水性试验

岩石吸水性试验可分为自然吸水率试验和饱和吸水率试验。岩石自然吸水率应采用自由吸水率试验法测定,自由吸水率试验法是指试件在大气压力和室温条件下吸水的方法。岩石自然吸水率是采用自由吸水率试验法吸入的最大吸水量与试件固体质量的比值,以百分数表示。岩石饱和吸水率是试件在强制饱和状态下的最大吸水量与试件固体质量的比值,以百分数表示。饱和吸水率应采用煮沸法或真空抽气法测定。该试验适用于遇水不崩解、不溶解和不干缩湿胀的岩石。

## 一、试验基本要求

### (一)试件制备

试件制备应符合下列规定:

(1)试件宜采用规则形状,在试件制备困难时可采用不规则形状。

(2)规则试件尺寸应符合下列规定:①圆柱体直径或方柱体边长宜为 48~54 mm。②试件高度不宜小于 50 mm。

(3)不规则试件应符合下列规定:①试件为边长 40~60 mm 的浑圆形岩块。②试件质量宜为 150~200 g。

(4)含大颗粒岩石的试件直径或边长应大于最大颗粒粒径的 10 倍。

(5)每组试件块数不应少于 3 块。

**(二)试件描述**

(1)岩石名称、颜色、矿物成分、风化程度。

(2)裂隙分布。

(3)试件形状。

## 二、试验仪器

(1)钻石机、切石机、磨石机。

(2)烘箱、干燥器。

(3)天平(感量 0.01 g)。

(4)水槽。

(5)真空抽气设备或煮沸设备。

## 三、试验步骤

(1)清除试件表面的尘土和松动颗粒。对软岩和极软岩,试件应采取保护措施,防止试件在吸水过程中掉块或崩解。

(2)试件烘干应符合含水率试验烘干的相关规定。

(3)采用自由吸水法测定岩石自然吸水率时,应将试件放入水槽,先注水至试件高度的 1/4 处,以后每隔 2 h 分别注水至试件高度的 1/2 和 3/4 处,6 h 后全部浸没试件。试件全部浸入在水中自由吸水 48 h 后,取出试件拭干表面水分并称量。

(4)对自由吸水后的试件应强制饱和,并应符合下列规定:

①采用煮沸法饱和试件时,煮沸容器内的水面应始终高于试件,煮沸时间不得少于 6 h。经煮沸的试件应放置在原容器中冷却至室温,取出试件拭干表面水分并称量。

②采用真空抽气法饱和试件时,饱和试件容器内的水面应高于试件,真空压力表读数宜为试验所在地大气压值,直至无气泡逸出,且抽气时间不得少于 4 h。经真空抽气的试件应放置在原容器中,在大气压力下静置 4 h,取出试件拭干表面的水分并称量。

(5)称量准确至 0.01 g。

## 四、试验成果整理

(1)岩石的自然吸水率、饱和吸水率及饱水系数应分别按式(2-9)~式(2-11)计算:

$$w_a = \frac{m_a - m_d}{m_d} \times 100 \tag{2-9}$$

$$w_s = \frac{m_s - m_d}{m_d} \times 100 \tag{2-10}$$

$$k_w = \frac{w_a}{w_s} \tag{2-11}$$

式中 $w_a$——自然吸水率(%);

$w_s$——饱和吸水率(%);

$m_a$——试件浸水 48 h 后的质量,g;

$m_s$——试件强制饱和后的质量,g;

$k_w$——饱水系数。

(2)计算值精确至 0.01。

## 五、解释说明

(1)岩石吸水性对岩石的风化程度比较敏感,在国外常作为风化指标,广泛地与其他物理力学特征值建立相关关系,并能有效地反映岩石微裂隙的发育程度。

(2)试件形态对岩石吸水率的试验成果有影响,不规则试件的吸水率可以是规则试件的吸水率的两倍多,这和试件与水的接触面积大小有很大关系。采用单轴抗压强度试验的试件作为吸水性试验的标准试件,能与抗压强度等指标建立良好的相关关系。因此,只有在试件制备困难时,才允许采用不规则试件,但需试件为浑圆形,有一定的尺寸要求(40~60 mm),才能确保试验成果的精度。

(3)吸水稳定标准:试验资料证明,浸水 24 h 平均可以达到绝对吸水率的 85%,48 h 可达到 94%,继续浸水的吸水量很小,因此在大气压力下吸水的稳定标准规定采用 48 h,完全能够反映岩石试样的吸水特征。

(4)煮沸和抽气时间:国外相关规程规定的煮沸和抽气时间均比较长。一般认为适当延长煮沸和抽气时间是必要的。参考相关试验规程,至少应取煮沸和抽气时间的下限:煮沸 6 h 以上,抽气 4 h 以上。

# 任务三　岩块物理性质试验——颗粒密度试验

岩石颗粒密度试验可采用比重瓶法或水中称量法。比重瓶法适用于各类岩石,水中称量法适用于除遇水崩解、溶解和干缩湿胀外的其他各类岩石。

## 一、试验基本要求

### (一)比重瓶法

比重瓶法试件制备应符合下列规定:

(1)将岩石试样用粉碎机粉碎成岩粉,使之全部通过 0.25 mm 筛孔,用磁铁吸去铁屑。

(2)对含有磁性矿物的岩石,应采用瓷研钵或玛瑙研钵粉碎,使之全部通过 0.25 mm

筛孔。

**(二)水中称量法**

水中称量法试件制备应符合下列规定:

(1)试件可采用规则或不规则形状。

(2)试件最小尺寸应大于组成岩石最大颗粒粒径的10倍。

(3)每个试件质量不宜小于150 g。

(4)每组试件块数不应少于3块。

**(三)试件描述**

(1)岩石名称、颜色、矿物成分、风化程度。

(2)试件粉碎方法。

(3)试件形状。

## 二、试验仪器

(1)钻石机、切石机、磨石机。

(2)粉碎机、瓷研钵或玛瑙研钵、磁铁块。

(3)筛(孔径0.25 mm)。

(4)天平(称量200 g,感量0.001 g)。

(5)烘箱和干燥器。

(6)真空抽气设备或煮沸设备。

(7)恒温水槽。

(8)短颈比重瓶(容积100 mL)。

(9)温度计(量程0~50 ℃,最小分度值0.5 ℃)。

(10)水中称量装置。

## 三、试验步骤

**(一)比重瓶法**

比重瓶法试验步骤应符合下列规定:

(1)将制备好的岩粉置于105~110 ℃的恒温下烘干,烘干时间不得少于6 h,然后放入干燥器内冷却至室温。

(2)用四分法取其中两份岩粉,每份岩粉质量宜为15 g。

(3)将称量后的岩粉装入烘干的比重瓶内,注入试液(水或煤油)至比重瓶容积的1/2处。对含水溶性矿物的岩石,应使用煤油作试液。

(4)当使用水作试液时,可采用煮沸法或真空抽气法排除气体。当使用煤油作试液时,应采用真空抽气法排除气体。

(5)当采用煮沸法排除气体时,煮沸后加热时间不应少于1 h。当采用真空抽气法排除气体时,真空压力表读数宜为试验所在地的大气压值,抽气应抽至无气泡逸出,且继续抽气时间应不少于1 h。

(6)将经过排除气体的试液注入比重瓶至近满,然后置于恒温水槽内,使瓶内温度保持稳定,上部悬液澄清,测量瓶内试液的温度。

(7)塞好瓶塞,使多余的试液自瓶塞毛细孔中溢出,将瓶外擦干,称瓶、试液和岩粉的总质量。

(8)洗净比重瓶,注入经排除气体并与试验同温度的试液至比重瓶内,按上述第(6)款、第(7)款规定称瓶和试液的总质量。

(9)本试验应进行两次平行试验。

(10)称量应准确至0.001 g,温度应准确至0.5 ℃。

**(二)水中称量法**

水中称量法试验步骤应符合下列规定:

(1)对试件进行烘干、自然吸水和强制饱和。

(2)强制饱和的试件置于水中称量装置上,将试件在水中称量,并测量水温。

(3)称量准确至0.01 g,温度应准确至0.5 ℃。

## 四、试验成果整理

(1)比重瓶法试验岩石颗粒密度应按式(2-12)计算:

$$\rho_p = \frac{m_{dp}}{m_1 + m_d - m_2}\rho_{w1} \tag{2-12}$$

式中 $\rho_p$——颗粒密度,g/cm³;

$m_1$——比重瓶和试液总质量,g;

$m_2$——比重瓶、试液和岩粉总质量,g;

$m_{dp}$——烘干岩粉的质量,g;

$\rho_{w1}$——试验温度条件下试液密度,g/cm³。水的密度可按附录A中表A-1取值。

(2)对于用煤油作试液时,煤油的密度应按式(2-13)计算:

$$\rho'_0 = \frac{m'_1 - m_3}{m_{10} - m_3}\rho_w \tag{2-13}$$

式中 $\rho'_0$——煤油密度,g/cm³;

$\rho_w$——水的密度,g/cm³;

$m'_1$——比重瓶和煤油总质量,g;

$m_{10}$——比重瓶和水总质量,g;

$m_3$——比重瓶质量,g。

(3)比重瓶法试验两次平行测定的允许偏差为±0.02 g/cm³,应取两次测值的平均值作为试验结果。

(4)水中称量法试验岩石颗粒密度应按式(2-14)计算:

$$\rho_p = \frac{m_d}{m_d - m_w}\rho_w \tag{2-14}$$

式中 $m_w$——强制饱和试件在水中的称量,g。

(5)计算值精确至0.01 g/cm³。

## 五、解释说明

(1)用水中称量法计算岩石的颗粒密度,是假定水全部充满岩石试件的空隙。但实际上岩石是由矿物颗粒、闭合空隙和开敞空隙3部分组成的,水只能充满其中开敞空隙部分。经比较,水中称量法计算的颗粒密度略小于比重瓶法测定的颗粒密度值,其差别随闭合空隙的增大而增加。经大量的试验研究资料分析,水中称量法计算的颗粒密度与比重瓶法测定的颗粒密度值虽存在一定差别,但差值不大,其测定值可以满足中小型水利工程各设计阶段以及大型水利工程前期可行性研究阶段和初步设计阶段的需要。

(2)试件可采用块体密度试验后的试件岩粉,旨在减少岩石不均匀性的影响。实测资料表明,采用粉碎后最大粒径1 mm的岩粉,对试验成果影响甚微。参照国内外相关规程,岩粉必须全部通过0.25 mm筛孔。

(3)采用比重瓶法测定颗粒密度时,岩粉的烘干时间可根据不同岩石而定。根据经验,坚硬岩类一般为6~8 h,黏土岩类为8~10 h。

# 任务四　岩块物理性质试验——块体密度试验

岩石块体密度是岩石试件质量与试件体积的比值。岩石块体密度试验可采用量积法、水中称量法或密封法。量积法适用于能制备成规则试件的各类岩石,水中称量法适用于除遇水崩解、溶解和干缩湿胀岩石外的其他各类岩石,密封法适用于不能用量积法或直接在水中称量进行试验的岩石。当采用密封法进行块体密度试验时,应同时测定岩石的天然含水率,密封材料可选用石蜡或高分子树脂胶涂料。

## 一、试验基本要求

(1)量积法试件制备应符合下列规定:①试件高度、直径或边长的允许偏差为±0.3 mm。②试件两端面的不平行度允许偏差为±0.05 mm。③端面应垂直于试件轴线,允许偏差为±0.25°。④方柱体或立方体试件相邻两面应互相垂直,允许偏差为±0.25°。

(2)水中称量法试件制备应符合颗粒密度试验试件制备的相关规定。

(3)密封法试件宜采用边长为40~60 mm的近似立方体或浑圆状体。

(4)进行块体干密度试验时每组试件数量不得少于3个,块体湿密度试验时试件数量不宜少于5个。

(5)试件描述:①岩石名称、颜色、矿物成分、风化程度。②裂隙分布。③试件形状。

## 二、试验仪器

(1)钻石机、切石机、磨石机和车床。

(2)烘箱和干燥器。

(3)天平(称量200 g,感量0.01 g)。

(4)游标卡尺(量程 200 mm,最小分度值 0.01 mm)。

(5)测量平台。

(6)石蜡及融蜡设备。

(7)水中称量装置。

(8)高分子树脂胶涂料及配制涂料的用具。

## 三、试验步骤

**(一)量积法试验步骤**

(1)测量试件两端和中间三个断面上相互垂直的两个方向的直径或边长,按平均值计算截面面积。

(2)测量两端面周边上对称四点和中心点处的高度,计算高度平均值。

(3)测量天然密度时,应称试件在天然状态下的质量。

(4)测量烘干密度和饱和密度时,应按相关规定将试件烘干后称量和饱和后称量。

(5)长度测量准确至 0.01 mm,称量准确至 0.01 g。

**(二)水中称量法试验步骤**

水中称量法试验步骤应符合颗粒密度试验水中称重法的相关规定。

**(三)石蜡密封法试验步骤**

(1)制备试件并称量。

(2)将试件系上细线,置于温度 60 ℃左右的熔蜡中 1~2 s,使试件表面均匀涂上蜡膜,厚度宜为 1 mm。当蜡膜有气泡时,应用热针刺穿并用蜡液涂平,待冷却后称蜡封试件质量。

(3)将蜡封试件置于水中称量。

(4)取出试件,拭干表面水分后再次称量。当浸水后的蜡封试件质量增加时,应重新试验。

(5)称量准确至 0.01 g。

**(四)高分子树脂胶涂料密封法试验步骤**

(1)制备试件并称量。

(2)配制高分子树脂胶。可取聚氯乙烯树脂和环己酮质量之比为 1:4,先将粉末状的树脂倒入磨口玻璃瓶内,再加入环己酮,用玻璃棒搅拌均匀,盖好瓶口,待粉末完全溶解呈透明状胶液后即可使用。

(3)用毛笔将高分子树脂胶均匀涂抹于试件表面,宜涂刷两遍。待溶剂挥发,在试件表面形成一层薄膜后,称涂层与试件总质量。

(4)其余步骤应符合石蜡密封法试验步骤(3)~步骤(5)的规定。

## 四、试验成果整理

(1)量积法岩石块体密度应按式(2-15)~式(2-17)计算:

$$\rho_0 = \frac{m_0}{AH} \tag{2-15}$$

$$\rho_d = \frac{m_d}{AH} \tag{2-16}$$

$$\rho_s = \frac{m_s}{AH} \tag{2-17}$$

式中　$\rho_0$——天然密度，g/cm³；

$\rho_d$——干密度，g/cm³；

$\rho_s$——饱和密度，g/cm³；

$A$——试件截面面积，cm²；

$H$——试件高度，cm。

(2)水中称量法岩石块体密度应按式(2-18)~式(2-20)计算：

$$\rho_0 = \frac{m_0}{m_s - m_w} \times \rho_w \tag{2-18}$$

$$\rho_d = \frac{m_d}{m_s - m_w} \times \rho_w \tag{2-19}$$

$$\rho_s = \frac{m_s}{m_s - m_w} \times \rho_w \tag{2-20}$$

(3)石蜡密封法岩石块体密度应按式(2-21)、式(2-22)计算：

$$\rho_0 = \frac{m_0}{\dfrac{m_{lp} - m_{lw}}{\rho_w} - \dfrac{m_{lp} - m_0}{\rho_l}} \times \rho_w \tag{2-21}$$

$$\rho_d = \frac{\rho_0}{1 + 0.01\,w_0} \tag{2-22}$$

式中　$m_{lp}$——蜡封试件质量，g；

$m_{lw}$——蜡封试件水中称量，g；

$\rho_l$——石蜡密度，g/cm³。

(4)高分子树脂胶涂料密封法岩石块体密度应按式(2-23)、式(2-24)计算：

$$\rho_0 = \frac{m_0}{\dfrac{m_n - m_{nw}}{\rho_w} - \dfrac{m_n - m_0}{\rho_n}} \times \rho_w \tag{2-23}$$

$$\rho_d = \frac{\rho_0}{1 + 0.01\,w_0} \tag{2-24}$$

式中　$m_n$——涂封高分子树脂胶试件质量，g；

$m_{nw}$——涂封高分子树脂胶试件水中称量，g；

$\rho_n$——高分子树脂胶密度，g/cm³。

(5)岩石孔隙率应按式(2-25)计算：

$$n_p = \left(1 - \frac{\rho_d}{\rho_p}\right) \times 100 \tag{2-25}$$

式中　$n_p$——岩石孔隙率(%)。

(6)密度计算精确至0.01 g/cm³,孔隙率计算精确至0.01%。

## 五、解释说明

(1)用量积法测定岩石的块体密度,方法简易,计算成果准确,不受试验环境的影响,且可以作为饱和抗压强度试验的试件,但是采用量积法时,对岩石试件的制备精度要求很高。

(2)水中称量法的优点有:一是对岩石试件的精度没有要求;二是可连续测定岩石含水率、自然吸水率和饱和吸水率等指标,且水中称量法操作较为简便,并对试件的形状是否规则没有限制。另需注意的是,使用不规则试件测定岩石的块体密度时,不允许采用边角废料。规则试件可以作为饱和抗压强度试验的试件,但适应范围受岩性的限制,对于遇水易崩解、溶解和干缩湿胀的岩石,不使用水中称量法,同时试验环境对该试验方法也会产生一定的影响。需要利用该试验方法获得黏土质岩石的某些水理性指标时,可以采用先浸水饱和后烘干的方法,对于具有颗粒脱落现象的岩石,水中的干燥残留物应作为试件的烘干质量参加计算。

(3)选择试验方法时应主要考虑试件制备的难度和水对岩石的影响。密封法试验当以石蜡为密封材料时,由于石蜡的熔点较高,在蜡封过程中会引起试件含水率的变化,同时试件也会产生干缩,影响岩石天然含水率和块体密度计算的准确性。而高分子树脂胶是在常温下凝固的涂料,密封过程中不会引起试件含水率和试件体积的变化。因此,对于干缩湿胀的岩石宜采用高分子树脂胶密封试件来测定岩石的块体密度。

# 任务五　岩块物理性质试验——膨胀性试验

岩石膨胀性试验是测定岩石吸水后的膨胀特性。岩石膨胀性试验可分为自由膨胀率试验、侧向约束膨胀率试验和体积不变条件下膨胀压力试验。自由膨胀率试验适用于遇水不易崩解的岩石,侧向约束膨胀率试验和体积不变条件下膨胀压力试验适用于各类岩石。

岩石自由膨胀率分为径向自由膨胀率和轴向自由膨胀率,分别是岩石试件吸水后产生的径向变形、轴向变形与试件吸水前的直径、高度的比值,以百分数表示。岩石侧向约束膨胀率是岩石试件在有侧向约束条件下,轴向受有限载荷(5 kPa)时吸水后产生的轴向变形与吸水前试件高度的比值,以百分数表示。体积不变条件下岩石膨胀压力是岩石试件在有侧向约束条件下,测定试件吸水后保持轴向尺寸不变所需施加的轴向压力。

## 一、试验基本要求

### (一)试件制备

(1)试样应在现场采用干钻法采取,并保持天然含水状态。

(2)自由膨胀率试验每组试件数量不应少于3个,试件尺寸应符合下列规定:①圆柱体试件直径宜为50~60 mm,高度宜等于直径。两端面不平行度允许偏差为±0.05 mm,垂直度允许偏差为±0.25°。②正方体试件边长宜为50~60 mm,两端面不平行度允许偏差为±0.05 mm,垂直度允许偏差为±0.25°。

(3)侧向约束膨胀率试验每组试件数量不应少于3个,试件应为圆柱体,直径宜为50 mm,其尺寸与试验金属套环直径的允许偏差为-0.1~0 mm,高度不宜小于20 mm,且应大于岩石最大颗粒粒径的10倍。两端面不平行度允许偏差为±0.05 mm,且应垂直于试件轴线,垂直度允许偏差为±0.25°。

(4)体积不变条件下膨胀压力试验,试件数量视所要求的受力方向而定,同一膨胀方向每组试件的数量不应少于3个。试件规格和精度应符合侧向约束膨胀率试验的相关规定。

**(二)试件描述**

(1)岩石名称、颜色、矿物成分、风化程度。

(2)膨胀变形和加载方向分别与层理、片理、裂隙之间的关系。

(3)试件加工方法。

## 二、试验仪器

(1)钻石机、切石机、磨石机和车床。

(2)测量平台、角尺,游标卡尺、放大镜。

(3)天平(称量不小于500 g,感量0.01 g)。

(4)自由膨胀试验仪(见图2-6)。

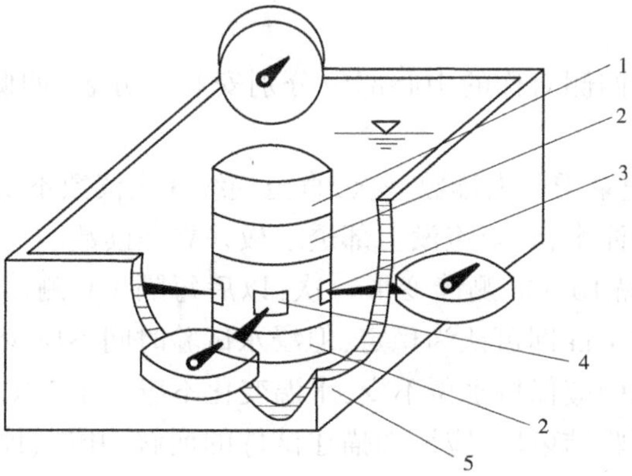


1—铝板;2—透水板;3—试样;4—紫铜片;5—容器。

**图2-6　自由膨胀试验仪示意图**

(5)侧向约束膨胀率试验仪。

(6)膨胀压力试验仪(见图2-7)、压力传感器。

(7)千分表。

(8)温度计(量程50 ℃,最小分度值0.5 ℃)。

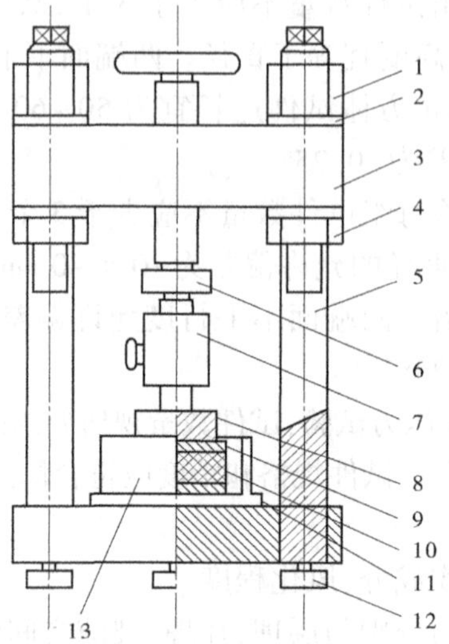


1—螺母;2—平垫圈;3—横梁;4—螺母;5—立柱;6—接头;7—压力传感器;8—上压板;
9—金属透水板;10—试件;11—套环;12—调整件;13—容器。

**图 2-7 膨胀压力试验仪示意图**

## 三、试验步骤

### (一)自由膨胀率试验

自由膨胀率试验步骤:

(1)将试件放入自由膨胀试验仪内,在试件上、下端分别放置透水板,顶部放置一块金属板。

(2)在试件上部和四侧对称的中心部位分别安装千分表,四侧千分表与试件接触处宜粘贴一块紫铜片。

(3)每隔 10 min 记录千分表读数一次,直至连续 3 次读数不变。

(4)缓慢向容器内注水,直至淹没上部透水板并立即读数。

(5)第一小时,每隔 10 min 测读变形一次;以后每隔 1 h 测读变形一次,直至相邻三次读数差不大于 0.001 mm 即可认为稳定,但浸水试验时间不应少于 48 h。

(6)整个试验过程中应保持水位不变,水温变化不应大于 2 ℃。

(7)试验过程及试验结束后,应详细描述试件的崩解、开裂、掉块、表面泥化和软化现象。根据需要可对试块进行矿物鉴定、X 衍射分析和差热分析。

### (二)侧向约束膨胀试验

侧向约束膨胀试验步骤:

(1)在内壁涂有凡士林的金属套环内,先在其底部放置一块金属透水板和一张薄型滤纸,接着放置试件,其上再放置一张薄型滤纸和一块金属透水板,最后在顶部放置固定金属载荷板,并安装千分表。金属载荷板质量应对试件产生 5 kPa 的压力,金属套环高度不应小于试件高度和两块透水板厚度之和。

(2)试验步骤及稳定标准应符合自由膨胀率试验的相关规定。

(3)试验结束后,应描述试件表面的泥化和软化现象。根据需要可对试件进行矿物鉴定、X 衍射分析和差热分析。

**(三)体积不变条件下的膨胀压力试验**

体积不变条件下的膨胀压力试验步骤:

(1)将试件放入内壁涂有凡士林的金属环内,并在试件上、下端分别放置一张薄型滤纸和金属透水板。

(2)安装加压系统及测量试件变形的千分表,使加压的中心线和试件中心线同轴,不得出现偏心载荷。

(3)对试件施加 10 kPa 的压力,测记千分表读数,每隔 10 min 测读一次,连续 3 次读数不变时,重新调整千分表并记录千分表读数。

(4)向盛水容器内缓慢注水,直至淹没上部透水板。观测千分表的变化,当变形量达到 0.001 mm 时,调节所施加的压力,使试件膨胀变形在整个试验过程中维持在 0.001 mm 以内。

(5)开始时每隔 10 min 读数一次,连续 3 次读数差小于 0.001 mm 时,改为每 1 h 读数一次,连续 3 次读数差小于 0.001 mm 时,即可认为稳定并记录试验压力。浸水后总的试验时间不应少于 48 h。

(6)试验过程中应保持水位不变,水温变化不应大于 2 ℃。

(7)试验结束后,应描述试件表面的泥化和软化现象。根据需要可对试件进行矿物鉴定、X 衍射分析和差热分析。

## 四、试验成果整理

(1)岩石自由膨胀率、侧向约束轴向膨胀率和膨胀压力应按式(2-26)~式(2-29)计算:

$$V_{\mathrm{h}} = \frac{U_{\mathrm{h}}}{H} \times 100 \tag{2-26}$$

$$V_{\mathrm{d}} = \frac{U_{\mathrm{d}}}{D} \times 100 \tag{2-27}$$

$$V_{\mathrm{hp}} = \frac{U_{\mathrm{hp}}}{H} \times 100 \tag{2-28}$$

$$p_{\mathrm{v}} = \frac{P}{A} \tag{2-29}$$

式中　$V_{\mathrm{h}}$——轴向自由膨胀率(%);

$V_{\mathrm{d}}$——径向自由膨胀率(%);

$V_{\mathrm{hp}}$——侧向约束轴向膨胀率(%);

$p_{\mathrm{v}}$——膨胀压力,MPa;

$U_{\mathrm{h}}$——试件轴向变形量,mm;

$H$——试件高度,mm;

$U_{\mathrm{d}}$——试件径向平均变形量,mm;

$D$——试件直径或边长,mm;

$U_{hp}$——侧向约束轴向变形量,mm;

$P$——轴向载荷,N;

$A$——试件截面面积,$mm^2$。

(2)计算值取3位有效数字。

(3)分别绘制轴向自由膨胀率 $V_h$ 与时间 $t$ 及径向自由膨胀率 $V_d$ 与时间 $t$ 的关系曲线,确定最大轴向及径向自由膨胀率。

(4)绘制侧向约束轴向膨胀率 $V_{hp}$ 与时间 $t$ 的关系曲线,确定最大侧向约束轴向膨胀率。

(5)绘制膨胀压力 $p_v$ 与时间 $t$ 的关系曲线,确定最大膨胀压力。

### 五、解释说明

(1)侧向约束膨胀率和体积不变条件下膨胀压力试验,规定试件直径允许偏差为-0.1~0 mm,以确保试件吸水后不产生径向变形又便于安装。

(2)侧向约束膨胀率试验仪中的金属套环高度不应小于试件高度和两块透水板厚度之和,以保证试件吸水后不产生侧向变形。

(3)体积不变条件下岩石膨胀压力试验,为使试件体积保持不变,应随时调节所施加载荷,在观测变形时扣除仪器的系统变形。

(4)试验过程中应注意,侧向约束膨胀率试验仪中的金属套环高度不应小于试件高度与两块透水板厚度之和。不得由于金属套环高度不够,引起试件浸水饱和后出现三向变形。岩石膨胀压力试验中,为使试件变形始终不变,应随时调节所加的荷载;采用杠杆式加压系统,应随时调整砝码质量;采用螺杆式加压系统,应随时调整测力钢环或压力传感器的读数。膨胀压力试验仪必须进行各级压力下仪器自身变形的测定,并在加压时扣除仪器变形,使试件变形始终为零。

## 任务六　岩块物理性质试验——耐崩解试验

岩石耐崩解性试验是测定岩石试件在经过烘干和浸水2个标准循环后,试件的质量与其原质量的比值,以百分数表示。岩石耐崩解性试验可适用于遇水易崩解的各类岩石。

### 一、试验基本要求

**(一)试件制备**

(1)现场采取的试样应保持天然含水率,并密封装箱。

(2)试件为浑圆形,每个试件质量应为40~60 g。

(3)每组试件数量不应少于20个。

**(二)试件描述**

试件描述应包括岩石名称、颜色、矿物成分、结构、构造、风化程度、胶结物性质。

## 二、试验仪器

(1)烘箱及干燥器。

(2)天平(称量大于 2 000 g,感量 0.01 g)。

(3)温度计(量程 0~50 ℃,最小分度值 0.5 ℃)。

(4)耐崩解性试验仪(见图 2-8)。由动力装置、圆柱形筛筒和水槽组成,其中圆柱形筛筒长 100 mm,直径 140 mm,筛孔直径 2 mm。

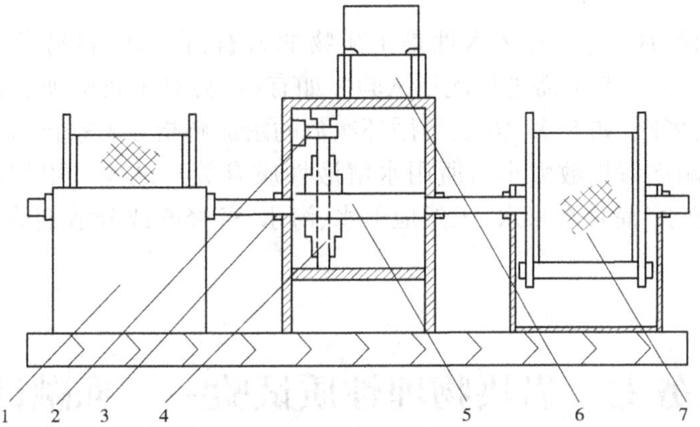


1—水槽;2—蜗杆;3—轴套;4—涡轮;5—大轴;6—马达;7—筛筒。

**图 2-8 耐崩解性试验仪示意图**

## 三、试验步骤

(1)烘干筛筒并称量。

(2)将试件装入耐崩解性试验仪的圆柱形筛筒内,按相关规定烘干,在干燥器内冷却至室温并称量。

(3)将装有试件的圆柱形筛筒放置于水槽内,向水槽内注水,宜使水位保持在转动轴下 20 mm,圆柱形筛筒以 20 r/min 的转速转动 10 min 后,将圆柱形筛筒和残留试块按相关规定烘干,在干燥器内冷却至室温并称量。

(4)重复上述步骤(2)、步骤(3),取得第二循环后的圆柱形筛筒和残留试件的质量。

(5)根据工程重要性和岩石耐崩解性能可进行 3~5 次循环。

(6)试验过程中水温应保持在(20±2)℃。

(7)试验结束后,应描述残留试件、水的颜色和水中沉积物。根据需要,可对水中沉积物进行颗粒分析、含水量测定和黏土矿物分析。

(8)称量准确至 0.01 g。

## 四、试验成果整理

(1)岩石耐崩解性指数应按下式计算:

$$I_d = \frac{m_r}{m_d} \times 100 \tag{2-30}$$

式中 $I_d$——岩石耐崩解性指数(%);

$m_d$——原试件烘干质量,g;

$m_r$——残留试件烘干质量,g。

(2)计算精确至0.1。

(3)岩石耐崩解性以第二次循环的耐崩解性指数 $I_{d2}$ 表示。

(4)根据需要可绘制耐崩解性指数 $I_d$ 与循环次数 $N$ 关系图。

### 五、解释说明

(1)质地疏松、风化、含有亲水性黏土矿物的岩石,在水中容易发生崩解剥落现象。对于坚硬完整岩石,一般不需进行此项试验。如有需要,对于较坚硬岩石(耐崩解指数高的岩石),可以用多次,如5次、10次等循环次数的耐崩解指数考察该岩石的耐崩解性。

(2)岩石的耐崩解指数大小与所用水解液性质有关。试验所用的水解液,如果不是(20±2)℃的洁净水,而是自来水、天然地下水、海水、稀释酸或分散剂等,则需要在试验报告中加以说明。

## 任务七 岩块物理性质试验——冻融试验

岩石冻融试验应采用直接冻融法,分为常规冻融试验和特殊冻融试验,适用于可制备成规则试件的各类岩石。

### 一、试验基本要求

**(一)试件制备**

(1)试件应采用标准试件,对于非均质粗粒岩石或非标准钻孔岩芯,可采用非标准试件。

(2)标准试件可用钻孔岩芯或坑探槽中采取岩块加工制成。试件直径宜为48~54 mm,且应大于岩石最大颗粒粒径的10倍。试件高度与直径之比应为2.0~2.5。试件在采取、运输和制备过程中应避免扰动。

(3)对于非标准试件,试件高径比不宜小于2.0。

(4)对于遇水崩解、溶解和干缩湿胀的岩石,应采用干法制备试件。

(5)试件精度应符合块体密度试验的相关规定。

(6)每组试件不应少于6个。

**(二)试件描述**

(1)岩石名称、颜色、矿物成分、颗粒大小、裂隙分布、风化蚀变特征。

(2)加载方向与层理、片理及裂隙之间的关系。

## 二、试验仪器

(1)低温冰箱(常规冻融试验最低制冷温度-25 ℃,特殊冻融试验最低制冷温度-50℃)。

(2)钻石机、切石机、磨石机和车床。

(3)测量平台、角尺、游标卡尺和放大镜。

(4)天平(称量不小于2 000 g,感量0.01 g)。

(5)烘箱和干燥器。

(6)试件饱和设备。

(7)材料试验机。

(8)白铁皮盒(长×宽×高为210 mm×210 mm×200 mm)和铁丝架。铁丝架可放入白铁皮盒中,铁丝架分为9格,每格可放一个试件。

## 三、试验步骤

(1)取3块饱和试件进行冻融前的单轴抗压强度试验。

(2)将另外3块饱和试件置入白铁皮盒内的铁丝架中,再一起置入低温冰箱,在(-20±2)℃温度下冷冻时间不应小于4 h,然后取出白铁皮盒,往盒内注水浸没试件,水温应保持在(20±2)℃,融解时间不应小于4 h,完成一个循环。特殊冻融试验在(-40±2)℃温度下冷冻时间不应小于8 h,融解时间不应小于8 h。

(3)冻融循环次数应不少于25次。根据工程需要,冻融循环次数可选用50次或100次。

(4)每完成一次冻融循环,应检查各试件有无掉块、裂缝等,观察其破坏过程和裂隙开度变化情况。试验结束后全面检查,并记录。

(5)冻融循环结束后,从水中取出试件拭干表面水分并称量,进行单轴抗压强度试验。

## 四、试验成果整理

冻融质量损失率、冻融前后的饱和单轴抗压强度和冻融系数应按式(2-31)~式(2-34)计算:

$$L_f = \frac{m_s - m_f}{m_s} \times 100 \tag{2-31}$$

$$R_s = \frac{P_s}{A} \tag{2-32}$$

$$R_f = \frac{P_f}{A} \tag{2-33}$$

$$K_f = \frac{\overline{R_f}}{\overline{R_s}} \tag{2-34}$$

式中 $L_f$——冻融质量损失率(%);

$R_s$——冻融前饱和单轴抗压强度,MPa;
$R_f$——冻融后饱和单轴抗压强度,MPa;
$K_f$——冻融系数;
$m_s$——冻融试验前试件饱和质量,g;
$m_f$——冻融试验后试件饱和质量,g;
$P_s$——冻融前饱和试件破坏载荷,N;
$P_f$——冻融后饱和试件破坏载荷,N;
$A$——试件截面面积,$mm^2$;
$\overline{R_f}$——冻融试验后饱和单轴抗压强度平均值,MPa;
$\overline{R_s}$——冻融试验前饱和单轴抗压强度平均值,MPa。

## 五、解释说明

(1)岩石冻融破坏是由于裂隙中的水结冰,体积膨胀导致岩石破裂。岩石冻融试验可测定岩石经过多次反复冻融后的质量损失率和饱和冻融系数,二者分别是冻融后的试件质量和饱和单轴抗压强度与冻融前的质量和饱和单轴抗压强度的比值,质量损失率以百分数表示。

当前水利水电工程时常有在极端严寒地区建设,冻融问题比较突出,增加了特殊冻融试验下的相关规定。特殊冻融试验规定在(-40±2)℃温度下开展试验,现有的制冷技术可以满足要求。

(2)关于特殊冻融试验,冷冻和融解规定不小于 8 h,主要根据现有经验制定。实际应用时,可根据实际经验积累不断完善。

# 任务八　岩块力学性质试验——单轴压缩变形试验

岩石单轴压缩变形试验应采用电阻应变片法或位移计法,适用于能制成规则试件的各类岩石。较软岩、软岩和极软岩宜采用位移计法。

## 一、试验基本要求

### (一)试件制备

(1)试件可用岩芯或岩块加工制成,在采取、运输和制备过程中应避免扰动。

(2)试件尺寸应符合:试件应采用标准试件,对于非均质粗粒岩石或非标准钻孔岩芯,可采用非标准尺寸的试件。标准试件可用钻孔岩芯或坑探槽中采取岩块加工制成。试件为标准试件,直径为 48~54 mm,对于非标准尺寸的试件,高径比不宜小于 2.0。

(3)试件加工精度应符合块体密度试验试件加工精度的相关要求。

(4)试件含水状态可根据需要选择天然含水状态、烘干状态和饱和状态。

(5)同一含水状态下每组试件数量不应少于 3 个。

### (二)试件描述

(1)岩石名称、颜色、矿物成分、风化程度。

(2)试件的层理、节理、裂隙及其与加载方向的关系。

(3)含水状态。

(4)试件加工过程中出现的问题。

(5)贴片位置或位移计触点部位。

**(三)加载方法和稳定标准**

(1)加载方法宜采用逐级一次连续加载法,根据需要可采用逐级一次循环法或逐级多次循环法,每次循环退载至0.2~0.5 kN的接触载荷。

(2)最大循环载荷为预估极限载荷的50%,宜等分五级施加,至最大循环载荷后再逐级加载直至破坏。

(3)加载采用时间控制,施加一级载荷后立即读数,1 min后再读数一次,即可施加下一级载荷。

## 二、试验仪器

主要仪器和设备应包括:钻石机、锯石机、磨石机、测量平台、烘箱和饱和设备、万用电表、兆欧表、静态电阻应变仪、电阻应变片或位移计(机械式、电测式)、测量表架、材料试验机。

## 三、试验步骤

**(一)电阻应变片法试验步骤**

(1)选择电阻应变片。应变片栅长应大于岩石矿物最大颗粒的10倍,并应小于试件半径。同一组试件的工作片与温度补偿片的规格和灵敏系数应相同,电阻值允许偏差为±0.1 Ω。

(2)在试件中部选定互相垂直的两对面,以相对面为一组,分别为贴纵、横向应变片的位置,贴片位置应尽量避开裂隙或斑晶。在互相垂直且与纵轴成45°的方向上用零号砂纸将贴片位置打磨,并用酒精或丙酮擦洗干净。

(3)在贴片位置均匀涂抹一层防潮底胶液,厚度不应大于0.1 mm,范围宜为20 mm×30 mm,宜采用半桥连接方式把应变片连接到静态电阻应变仪上。

(4)应变片应牢固地贴在试件上,纵、横向电阻应变片的数量均不应少于2片。

(5)焊接导线。在应变片表面涂抹一层防潮胶液,厚约2 mm。系统绝缘电阻值应大于200 MΩ。

(6)将试件置于试验机承压板中心,上、下承压板与试件之间放置与试件相同直径的刚性垫块,垫块厚度与直径之比不应小于0.5。

(7)调整球形座,使刚性垫块与试验机上下承压板均匀接触,受力对中。在试件调平过程中,接触载荷范围内相对两纵向应变值之差不得大于1倍。

(8)按规定的加载方式和载荷分级,以0.2~1.0 MPa/s的速率加载,逐级测读载荷与应变值,直至试件破坏。测值不宜少于10组。

(9)记录加载过程及破坏时出现的现象,对破坏后的试件进行描述。

**(二)位移计法试验步骤**

(1)采用位移计法测量岩石试件变形时,测量轴向变形和径向变形的位移计均不宜少于 2 支。

(2) 对于变形较小的坚硬岩和较坚硬岩，可先将位移计安装在专用夹具上，再把夹具卡在试件上，直接测量试件中部的轴向、径向变形。对于变形较大的软岩和极软岩，可将位移计安装在磁性表架上，磁性表架安装在试验机的下承压板上，轴向位移计触点与上承压板边缘接触，径向位移计触点直接与试件接触，测读初始读数。

(3) 两对相互垂直的轴向和径向位移计应分别安装在试件直径的对称位置上。

(4) 其他步骤应符合电阻应变片法相关试验步骤。

## 四、试验成果整理

(1) 各级应力按下式计算：

$$\sigma = \frac{P}{A} \tag{2-35}$$

式中 $\sigma$——应力，MPa；

$P$——破坏载荷，N；

$A$——试件截面面积，$mm^2$。

(2) 位移计法的轴向应变值、径向应变值按下式进行计算：

$$\varepsilon_h = \frac{\Delta L}{L} \tag{2-36}$$

$$\varepsilon_d = \frac{\Delta D}{D} \tag{2-37}$$

式中 $\varepsilon_h$——轴向应变；

$\varepsilon_d$——径向应变；

$\Delta L$——轴向变形平均值，mm；

$\Delta D$——与 $\Delta L$ 同载荷下径向变形平均值，mm；

$L$——轴向测量标距或试件高度，mm；

$D$——试件直径，mm。

(3) 绘制应力 $\sigma$ 与应变 $\varepsilon$ 关系曲线。

(4) 弹性模量、变形模量和泊松比应按式(2-38)~式(2-41)计算：

$$E_e = \frac{\sigma_b - \sigma_a}{\varepsilon_{hb} - \varepsilon_{ha}} \tag{2-38}$$

$$E_{50} = \frac{\sigma_{50}}{\varepsilon_{h50}} \tag{2-39}$$

$$\mu_e = \frac{\varepsilon_{db} - \varepsilon_{da}}{\varepsilon_{hb} - \varepsilon_{ha}} \tag{2-40}$$

$$\mu_{50} = \frac{\varepsilon_{d50}}{\varepsilon_{h50}} \tag{2-41}$$

式中 $E_e$——岩石弹性模量，MPa；

$E_{50}$——岩石变形模量，即割线模量，MPa；

$\mu_e$——岩石弹性泊松比；

$\mu_{50}$——与 $\varepsilon_{d50}$ 和 $\varepsilon_{h50}$ 相应的泊松比；
$\sigma_a$——应力与轴向应变关系曲线上直线段起点的应力值，MPa；
$\sigma_b$——应力与轴向应变关系曲线上直线段终点的应力值，MPa；
$\varepsilon_{ha}$——应力为 $\sigma_a$ 时的轴向应变值；
$\varepsilon_{hb}$——应力为 $\sigma_b$ 时的轴向应变值；
$\varepsilon_{da}$——应力为 $\sigma_a$ 时的径向应变值；
$\varepsilon_{db}$——应力为 $\sigma_b$ 时的径向应变值；
$\sigma_{50}$——抗压强度 50%时的应力值，MPa；
$\varepsilon_{h50}$——应力为 $\sigma_{50}$ 时的轴向应变值；
$\varepsilon_{d50}$——应力为 $\sigma_{50}$ 时的径向应变值。

(5)岩石应力、弹性模量和变形模量值取 3 位有效数字，泊松比计算值精确至 0.01。

## 五、解释说明

(1)岩石单轴压缩变形试验是通过测定岩石试件在轴向压力作用下的轴向和径向应变值，计算岩石弹性模量、变形模量和泊松比。本书试验采用电阻应变片法和位移计法。位移计可分为机械式(如千分表、百分表)和电测式(如 LVDT 位移计、引伸计等)两类。

(2)为了取得完整的应力应变关系曲线，循环加载至预定的最大循环荷级之后，仍应继续逐级加载并读数，直至岩石破坏。

(3)电阻应变片宜采用半桥连接方式，以利于检查试件受力的偏心程度，便于及时调平试件使之均匀受力。试件上下各垫一块与试件同直径的垫块，有利于减小试件的端部效应，使试件内部应力分布均匀。

(4)对于软岩与极软岩，因岩石试件变形相对较大，上下压板与试件之间的缝隙变形对测试成果影响较小，因此可将测量到的上下压板之间的变形作为试件的轴向变形。对于较软岩以及硬岩类岩石，可通过专用夹具测量试件轴向一定标距范围内的岩石变形。

# 任务九 岩块力学性质试验——单轴抗压强度试验

岩石单轴抗压强度试验适用于能制备成规则试件的各类岩石。

## 一、试验基本要求

### (一)试件制备

(1)试件应采用标准试件，对于非均质粗粒岩石或非标准钻孔岩芯，可采用非标准尺寸的试件。标准试件可用钻孔岩芯或坑探槽中采取岩块加工制成。试件在采取、运输和制备过程中应避免扰动。制备试件时应采用纯净水作冷却液。

(2)试件加工精度应符合：试件高度、直径或边长的偏差不应大于 0.3 mm。试件两端面的不平整度偏差不应大于 0.05 mm。端面应垂直于试件轴线，偏差不应大于 0.25°。方柱体或立方体试件相邻两面应互相垂直，偏差不应大于 0.25°。

(3)试件含水状态可根据需要选择天然状态、烘干状态或饱和状态,并应符合下列规定:①天然状态应在试样拆除密封后立即制备试件,并测定其天然含水率。②烘干状态应符合:对于不含矿物结晶水的岩石,应在 105~110 ℃的恒温下烘 24 h。对于含有矿物结晶水的岩石,应降低烘干温度,可在(40±5)℃恒温下烘 24 h。将试件从烘箱中取出,放入干燥器内冷却至室温,称试件质量。重复以上步骤,直到相邻两次称量之差不超过后一次称量的 0.1%。③饱和状态应符合:采用自由吸水法测定岩石自然吸水率时,应将试件放入水槽,先注水至试件高度的 1/4 处,以后每隔 2 h 分别注水至试件高度的 1/2 和 3/4 处,6 h 后全部浸没试件。试件全部浸入水中自由吸水 48 h 后,取出试件,拭干表面水分并称量。采用煮沸法饱和试件时,煮沸容器内的水面应始终高于试件,煮沸时间不得少于 6 h。经煮沸的试件应放置在原容器中冷却至室温,取出试件拭干表面水分并称量。采用真空抽气法饱和试件时,饱和试件的容器内的水面应高于试件,真空压力表读数宜为当地大气压值,直至无气泡逸出,但抽气时间不得少于 4 h。经真空抽气的试件应放置在原容器中,在大气压力下静置 4 h,取出试件,拭干表面的水分并称量。

(4)同一含水状态、同一加压方向下每组试件数量不应少于 3 个。

**(二)试件描述**

(1)岩石名称、颜色、矿物成分、风化程度。

(2)试件的层理、节理、裂隙及其与加载方向的关系。

(3)含水状态。

(4)试件加工过程中出现的问题。

## 二、试验仪器

(1)钻石机、锯石机、磨石机和车床。

(2)测量平台、角尺、游标卡尺、放大镜。

(3)烘箱、干燥器和饱和设备。

(4)材料试验机。

## 三、试验步骤

(1)试验安装应符合:将试件置于试验机承压板中心,上下承压板与试件之间放置与试件相同直径的刚性垫块,垫块厚度与直径之比不应小于 0.5。

(2)试验调平应符合:调整球形座,使刚性垫块与试验机上下承压板均匀接触,受力对中。在试件调平过程中,接触载荷范围内相对两纵向应变值之差不得大于 1 倍。

(3)以 0.2~1.0 MPa/s 的速率加载,直至破坏。

(4)试验结束后,描述试件的破坏形态。

## 四、试验成果整理

(1)岩石单轴抗压强度和软化系数应按下列公式计算:

$$R = \frac{P}{A} \tag{2-42}$$

$$\eta = \frac{\overline{R_s}}{\overline{R_d}} \tag{2-43}$$

式中 $R$——岩石单轴抗压强度，MPa；

$P$——破坏载荷，N；

$A$——试件截面面积，$mm^2$；

$\eta$——软化系数；

$\overline{R_s}$——饱和状态下单轴抗压强度平均值，MPa；

$\overline{R_d}$——烘干状态下单轴抗压强度平均值，MPa。

(2)强度计算值取3位有效数字，软化系数计算值精确至0.01。

## 五、解释说明

(1)岩石单轴抗压强度是试件在无侧限条件下受轴向力作用破坏时单位面积所承受的载荷。本试验采用直接压坏试件的方法确定岩石单轴抗压强度。也可以在一个试件上先进行岩石单轴压缩变形试验后再将试件压坏，测定岩石单轴抗压强度。

(2)推荐圆柱体试件作为标准试件，当没有条件加工成圆柱体试件时，可采用方柱体试件。

(3)加载速率对岩石强度有一定影响，0.2～1.0 MPa/s的加载速率与目前国内外常用的加载速率一致。实际操作时可根据岩石软硬程度选用，对于软岩类岩石加载速率宜适当降低。

# 任务十 岩块力学性质试验——三轴压缩强度试验

岩石三轴压缩强度试验应采用等侧向压力，适用于能制成圆柱体试件的各类岩石。

## 一、试验基本要求

### (一)试件制备要求

试件应采用标准试件，对于非均质粗粒岩石或非标准钻孔岩芯，可采用非标准尺寸的试件。标准试件可用钻孔岩芯或坑探槽中采取岩块加工制成。试件在采取、运输和制备过程中应避免扰动。制备试件时应采用纯净水作冷却液。

试件加工精度应符合：试件高度、直径或边长的偏差不应大于0.3 mm。试件两端面的不平整度偏差不应大于0.05 mm。端面应垂直于试件轴线，偏差不应大于0.25°。方柱体或立方体试件相邻两面应互相垂直，偏差不应大于0.25°。

同一含水状态下每组试件的数量不应少于5个，高应力条件下每组试件的数量不应少于10个。

### (二)试件描述内容

(1)岩石名称、颜色、矿物成分、风化程度。

(2)试件的层理、节理、裂隙及其与加载方向的关系。

(3)含水状态。

(4)试件加工过程中出现的问题。

**(三)侧向压力选择**

(1)侧向压力大小应根据工程需要和岩石特性确定。

(2)侧向压力宜按等差级数进行分级,也可按等比级数分级,分级数不得少于 5 级。

## 二、试验仪器

(1)钻石机、锯石机、磨石机和车床。

(2)测量平台、角尺、游标卡尺(量程 0~200 mm,最小分度值 0.01 mm)、放大镜。

(3)三轴试验机。

## 三、试验步骤

(1)试件应采取防油措施,先在试件表面涂抹防油胶液薄层,胶液凝固后套上耐油的薄橡皮套或塑胶套。

(2)试件安装应满足三轴试验机要求,并排出压力室内的空气。

(3)先以 0.05 MPa/s 的加载速率同步施加侧向压力和轴向压力至预定的侧压力值,并保持侧压力在试验过程中始终不变。

(4)以 0.2~1.0 MPa/s 的加载速率施加轴向载荷直至试件破坏,记录试验全过程的轴向载荷和变形值。采用人工读数时,测值不宜少于 10 组。

(5)描述破坏后的试件。当有完整破裂面时,应测量破裂面与试件轴线之间的夹角。

## 四、试验成果整理

(1)不同侧压条件下岩石三轴压缩强度和应变值应按式(2-44)~式(2-46)计算:

$$\sigma_1 = \frac{P}{A} \tag{2-44}$$

$$\varepsilon_{hu} = \frac{U_{hs}}{L} \tag{2-45}$$

$$\varepsilon_{du} = \frac{U_{ds}}{D} \tag{2-46}$$

式中 $\sigma_1$——轴向应力,MPa;

$\varepsilon_{hu}$——轴向应变;

$\varepsilon_{du}$——径向应变;

$P$——轴向破坏载荷,N;

$A$——试件截面面积,$mm^2$;

$L$——轴向测量标距,mm;

$U_{hs}$——试件轴向压缩变形量,mm;

$U_{ds}$——试件径向变形量,mm;

$D$——试件直径,mm。

(2)根据轴向应力 $\sigma_1$ 及相应的侧向应力 $\sigma_3$，在 $\sigma_1 \sim \sigma_3$ 坐标内用最小二乘法拟合关系曲线，在关系曲线上选定若干组对应值，在剪应力 $\tau$ 与正应力 $\sigma$ 坐标图上以 $\frac{\sigma_1+\sigma_3}{2}$ 为圆心，以 $\frac{\sigma_1-\sigma_3}{2}$ 为半径绘制莫尔应力圆，根据莫尔-库仑强度理论确定三轴应力状态下岩石的抗剪强度参数值。

(3)绘制轴向和侧向应力差($\sigma_1-\sigma_3$)与轴向应变 $\varepsilon_{hu}$ 的关系曲线、轴向和侧向应力差($\sigma_1-\sigma_3$)与横向应变 $\varepsilon_{du}$ 的关系曲线。根据需要，可分别计算弹性模量、泊松比等三轴压缩变形参数。

(4)高应力条件下的三轴压缩强度参数宜采用莫尔-库仑强度准则按2~3段分段拟合确定。

五、解释说明

(1)岩石三轴压缩强度试验采用等侧压($\sigma_2=\sigma_3$)，是三向应力状态下的一种特殊情况。

(2)西部水利水电工程建设面临越来越多的高应力岩石力学问题，根据《工程岩体分级标准》(GB/T 50218—2014)，工程部位岩石的强度应力比小于7时，通常会发生高应力条件下的相关力学现象，试验过程中应考虑高应力条件下的岩石力学强度非线性特征。实际应用表明，围压在50 MPa以下岩样的高应力条件下三轴试验，一组10个岩样基本可反映出岩石的非线性强度特征。

(3)高应力条件下岩石强度曲线的非线性特征显著，需采用莫尔-库仑强度准则分段拟合。

## 任务十一　岩块力学性质试验——抗拉强度试验

岩石抗拉强度试验应采用劈裂法，适用于能制成规则试件的各类岩石。

一、试验基本要求

(1)试件应采用圆柱体，直径宜为48~54 mm，高度与直径之比宜为0.5~1.0，试件高度应大于岩石最大颗粒粒径的10倍。

(2)试件加工精度应符合：试件高度、直径或边长的偏差不应大于0.3 mm。试件两端面的不平整度偏差不应大于0.05 mm。端面应垂直于试件轴线，偏差不应大于0.25°。方柱体或立方体试件相邻两面应互相垂直，偏差不应大于0.25°。

(3)试件劈裂面的受拉方向应与岩石单轴抗压试验的受力方向一致。

(4)试件描述应包括：岩石名称、颜色、矿物成分、风化程度，试件的层理、节理、裂隙及其与加载方向的关系，含水状态，试件加工过程中出现的问题。

## 二、试验仪器

(1)钻石机、锯石机、磨石机和车床。
(2)测量平台、角尺、游标卡尺、放大镜。
(3)烘箱、干燥器和饱和设备。
(4)垫条(钢丝垫条或胶木板垫条)。
(5)材料试验机。

## 三、试验步骤

(1)通过试件直径的两端,在试件的侧面沿轴线方向画两条加载基线,将两根垫条沿加载基线固定。坚硬和较坚硬岩石应选用直径为 1 mm 钢丝为垫条,软弱和较软弱的岩石应选用宽度与试件直径之比为 0.08~0.1 的胶木板为垫条。

(2)将试件置于试验机承压板中心,调整球形座,使试件均匀受力,作用力通过两垫条所确定的平面。

(3)以 0.1~0.3 MPa/s 的速率加载直至试件破坏,软岩和较软岩应适当降低加载速率。

(4)试件最终破坏应通过两垫条确定的平面,否则应视为无效试验。

(5)记录破坏载荷和加载过程中出现的现象,并对破坏后的试件进行描述。

## 四、试验成果整理

(1)岩石抗拉强度按下式计算:

$$\sigma_t = \frac{2P}{\pi DH} \tag{2-47}$$

式中 $\sigma_t$——岩石抗拉强度,MPa;
$P$——破坏载荷,N;
$D$——试件直径,mm;
$H$——试件高度,mm。

(2)计算值取 3 位有效数字。

## 五、解释说明

(1)劈裂法又称巴西法,为间接拉伸法,其原理是沿试件直径轴面方向施加一对线载荷,使试件沿直径轴面方向劈裂破坏,根据弹性力学理论计算岩石的抗拉强度。为便于成果分析,试件劈裂面的拉力方向应与单轴抗压强度试件的受力方向一致。

(2)垫条应根据岩石软硬程度选定,垫条的硬度应与试件硬度匹配。垫条硬度过大,易产生贯入;垫条硬度过小,垫条本身易变形,对试验成果会产生较大的影响。

# 任务十二　岩块力学性质试验——直剪强度试验

岩石直剪强度试验可采用平推法,适用于岩块、结构面以及混凝土与岩石的接触面直剪试验。

## 一、试验基本要求

### (一)试件制备

(1)试件在采取、运输和制备过程中应防止扰动和失水。

(2)岩石直剪试件的直径或边长不宜小于 50 mm,试件高度宜大于直径或边长。

(3)结构面直剪试件的边长不宜小于 150 mm,试件高度宜与边长相等,含结构面试件的结构面应位于试件的中部。

(4)混凝土与岩石接触面试件宜为正方体,边长不宜小于 150 mm。应采用钢模具或直接采用剪切盒制备,接触面应位于试件中部,起伏差为边长的 1%~2%。混凝土原材料和配合比应根据设计要求确定,骨料最大粒径不得大于试件边长的 1/6。

(5)在制备混凝土与岩石接触面试件的同时,应制备混凝土抗压试件 3 块。

(6)混凝土与岩石接触面的直剪试件和混凝土抗压试件应进行养护,达到规定的龄期后进行试验。同组试验应在同一龄期下进行。

(7)根据需要,试件可采用天然含水状态或饱和状态。

(8)同一含水状态下,每组试件不应少于 5 个。

### (二)试件描述

(1)岩石名称、颜色、矿物成分、风化程度。

(2)层理、片理、裂隙以及与剪切方向的关系。

(3)结构面的充填物性质、充填厚度以及试件在采取和制备过程中受扰动的情况。

(4)混凝土与岩石接触面的起伏差,混凝土配合比和混凝土强度等级。

## 二、试验仪器

(1)试件制备设备。

(2)锯石机。

(3)钢模具。

(4)试件养护设备。

(5)直剪试验仪。

(6)位移测表。

## 三、试验步骤

### (一)试验安装

(1)将试件置于直剪试验仪的剪切盒内,用填料将试件与剪切盒内壁的间隙填实,应使试件与剪切盒成为一整体。试件安装受剪方向宜与工程岩体受力方向一致,预定剪切面应位于剪切缝中部。

(2)法向载荷和剪切载荷的作用方向应通过预定剪切面的几何中心。法向和切向位移测表均不应少于 2 支,并应对称布置。

(3)预留剪切缝宽度应为试件剪切方向长度的 5%,或为结构面充填物的厚度。

### (二)法向载荷施加

(1)法向载荷最大值宜为工程压力的 1.2 倍。对于结构面中含有软弱充填物的试件,最大法向载荷应以不挤出充填物为限。

(2)各试件施加的法向载荷宜按等差级数分级,分级数不应少于5级。

(3)对于不需要固结的试件,法向载荷可一次施加完毕,立即测读法向位移,5 min后再测读一次,即可施加剪切载荷。

(4)对于需要固结的试件,在法向载荷施加完毕后的第一个小时内,每隔15 min读数一次,然后每30 min读数一次。当每小时法向位移不超过0.05 mm时,可施加剪切载荷。

(5)试验过程中法向载荷应始终保持不变。

**(三)剪切载荷施加**

(1)按预估最大剪切载荷分10~12级,每级载荷施加后,立即测读剪切位移和法向位移,5 min后再测读一次,即可施加下一级剪切载荷,当剪切位移明显增大时,可适当减小级差,峰值前施加剪切载荷不宜少于10级。

(2)剪切破坏后,先后分别将剪切载荷和法向载荷退至零。试件复位后,调整测表,按以上操作进行同一法向载荷下的摩擦试验。

**(四)剪切破坏标准**

(1)剪切位移增量明显变大,在剪应力$\tau$与剪切位移$u_s$关系曲线上出现明显突变段。

(2)总剪切位移达到试件边长的10%。

**(五)剪切破坏后剪切面的描述**

(1)剪切面破坏情况、擦痕分布、方向和长度。

(2)剪切面起伏差及沿剪切方向变化曲线。

(3)当结构面内有充填物时,应描述剪切面的准确位置,充填物的组成成分、性质、厚度和含水状态。根据需要可取代表性样品测定填充物物理性质和黏土矿物成分。

## 四、试验成果整理

(1)法向应力和剪应力按下列公式计算:

$$\sigma = \frac{P}{A} \tag{2-48}$$

$$\tau = \frac{Q}{A} \tag{2-49}$$

式中 $\sigma$——法向应力,MPa;

$\tau$——剪应力,MPa;

$P$——法向载荷,N;

$Q$——剪切载荷,N;

$A$——剪切面积,$mm^2$。

(2)绘制剪应力$\tau$与剪切位移$u_s$、剪应力$\tau$与法向位移$u_n$的关系曲线,确定各剪切阶段特征点的剪应力值。

(3)根据各剪切阶段特征点的剪应力和法向应力值,点绘到坐标图上,采用最小二乘法或图解法拟合剪应力$\tau$与法向应力$\sigma$的关系曲线,并确定相应的抗剪强度参数。

# 任务十三　岩体变形试验——承压板法试验

岩体承压板法变形试验可采用刚性承压板法或柔性承压板法。柔性承压板法可分为双枕法、四枕法、环形枕法。刚性承压板法适用于各类岩体,柔性承压板法适用于完整和较完整的岩体。试验宜在平洞内进行,特殊情况下也可在露天坑槽或竖井内进行。

## 一、试验基本要求

### (一)试件制备

(1)试点受力方向宜与工程岩体实际受力方向一致。

(2)承压面积不宜小于 2 000 $cm^2$。

(3)试点边缘至试验洞侧壁或底顶板距离应大于承压板直径或边长的 1.5 倍;试点边缘至洞口或掌子面距离应大于承压板直径或边长的 2 倍;试点边缘至临空面的距离应大于承压板直径或边长的 6 倍。试点间距应大于承压板直径或边长的 3 倍。

(4)试点表面以下 3 倍承压板直径或边长范围内的岩性宜相同。

(5)试点表层受扰动的岩体应清除干净,并与岩体实际承压面处于同一层面上。

(6)承压面应加凿平整,并用砂轮打磨,起伏差应小于承压板直径或边长的 1%。承压面以外 1.5 倍承压板直径范围内岩体表面应平整,无松动岩石。

(7)中心孔法试验前,应在试点中心钻孔并取岩芯,钻孔深度不应小于承压板直径的 6 倍,钻孔直径应与钻孔多点位移计设备配套。

### (二)地质描述

地质描述应包括试段开挖和试点制备的方法、试点地质素描图及试点中心钻孔柱状图。

## 二、试验仪器

主要试验仪器和设备有液压千斤顶、液压枕、测力枕、液压泵、液压管路、压力表、稳压装置、刚性承压板、滚轴排、钢垫板、传力箱、传力柱、楔形垫块、反力装置、测量支架、位移测表、测量表架、钻孔多点位移计、测量标点、钻机及辅助设备。

## 三、试验步骤

### (一)刚性承压板法试验加压系统与传力系统安装

(1)清洗试点表面,铺垫一层水泥浆。铺垫的水泥浆中应减少气泡,放置刚性承压板并挤压出多余水泥浆,水泥浆厚度应小于承压板直径或边长的 1%,并使承压板平行于试点表面。可在水泥浆中掺入适量的速凝剂,缩短水泥浆养护时间,但水泥标号不宜低于 425 号,养护时间不宜少于 7 d。

(2)试验完成前,不得移动刚性承压板。承压板为圆形,应满足刚度要求,单块承压板厚度不应小于 6 cm。当刚度不足时,可采用叠置钢垫板或传力箱的方式提高承压板的刚度。采用叠置钢垫板增大承压板厚度的方式提高承压板的刚度时，叠置厚度应满足下式的要求：

$$h > r \times \sqrt[3]{\frac{6E}{E_f} \times \frac{1-\mu_f^2}{1-\mu^2}} \tag{2-50}$$

式中　$h$——承压板叠置厚度，cm；

$r$——承压板半径，cm；

$E$——岩体弹性模量，MPa；

$E_f$——承压板弹性模量，MPa；

$\mu$——岩体泊松比；

$\mu_f$——承压板泊松比。

(3)依次在承压板上安装千斤顶、钢垫板、传力柱、钢垫板，在钢垫板和岩体间填筑砂浆或安装反力装置(见图2-9)。

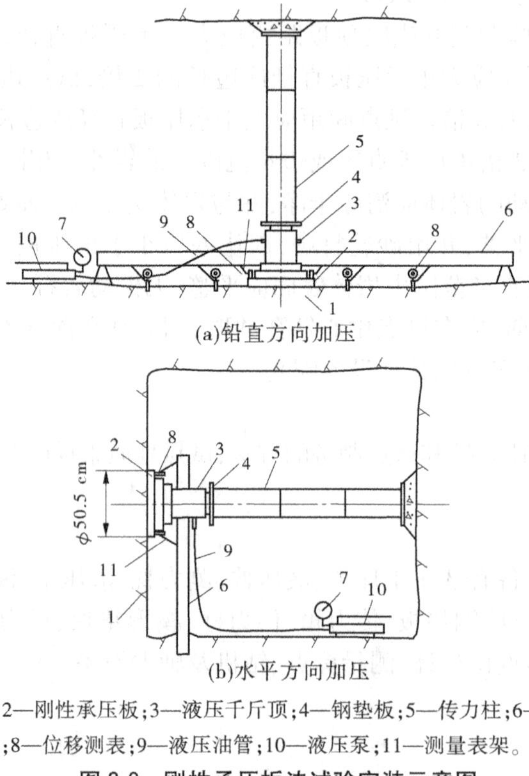


1—岩体；2—刚性承压板；3—液压千斤顶；4—钢垫板；5—传力柱；6—测量支架；7—压力表；8—位移测表；9—液压油管；10—液压泵；11—测量表架。

**图2-9　刚性承压板法试验安装示意图**

(4)施加接触压力，使整个系统接触紧密。整个系统应具有足够刚度和强度，所有部件中心应保持在同一轴线上，轴线应与加压方向一致。

**(二)柔性承压板法试验加压系统与传力系统安装**

(1)中心孔法试验，应在放置液压枕之前，在钻孔内安装钻孔多点位移计(见图2-10)，测点可按承压板直径的25%、50%、75%、1.00倍、1.50倍、2.00倍、3.00倍孔深进行布置，孔口及孔底应设置测点。孔口应设置位移测表测量岩体表面变形，并与多点位移计测量值进行比较。

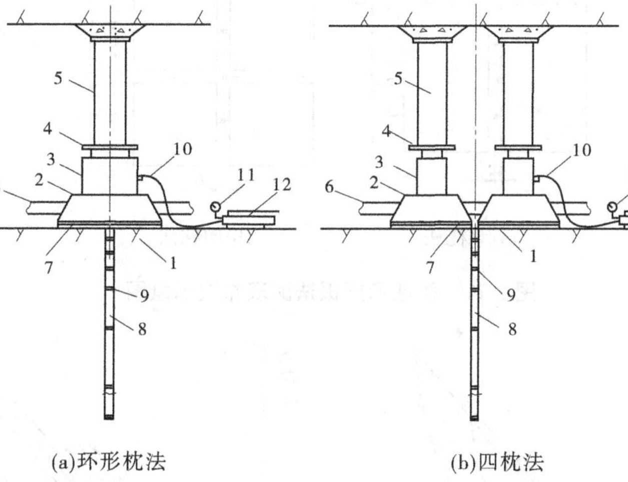


1—岩体;2—传力箱;3—液压千斤顶;4—钢垫板;5—传力柱;6—测量支架;
7—液压枕;8—中心孔;9—多点位移计测点;10—液压管路;11—压力表;12—液压泵。

**图 2-10 柔性承压板中心孔法试验安装示意图**

(2)双枕法和四枕法的液压枕应对称试点中心放置,枕间缝隙应小于 3 cm。清洗试点表面,铺垫水泥砂浆,放置无凹面的液压枕,挤出多余的水泥砂浆,并使液压枕平行试点表面。在液压枕上叠置钢垫板,必要时叠置传力箱,并依次安装钢垫板、加载设备、钢垫板、传力柱、钢垫板,在钢垫板和岩体间填筑砂浆或安装反力顶板。

(3)施加接触压力,使整个系统接触紧密。整个系统应具有足够刚度和强度,所有部件中心应保持在同一轴线上,轴线应与加压方向一致。

**(三)变形测量系统安装**

(1)在承压板两侧各放置简支测量支架一根,测量支架应满足刚度要求。可选用 20 号及以上的工字钢。其支点应设置在距试点中心 4 倍承压板直径(或边长)以外。

(2)刚性承压板法试验应在承压板上对称布置 4 支测表。柔性承压板法试验应在试点中心布置 1 支测表。双枕法或四枕法试验除在中心布置 1 支测表外,在液压枕间缝隙的中线上对称试点中心分别距中心 25%缝长处布置 2 支或 4 支测表(见图 2-11)。根据需要,可在承压板外通过承压板中心沿洞轴方向或垂直洞轴方向对称布置若干测表。测量表架应满足刚度要求,直径不宜小于 2 cm,悬臂长度不宜大于 10 cm。

(3)试验加压及稳定标准:试验最大压力不宜小于工程设计压力的 1.2 倍,宜等分 5 级施加。加压前应对测表进行初始稳定读数观测,每隔 10 min 同时测读各测表 1 次,连续 3 次读数不变后开始加压。

加压方式宜采用逐级一次循环法,根据需要可采用逐级多次循环法或大循环法(见图 2-12)。

每级压力加压或退压后应立即读数,以后每隔 10 min 读数一次,当所有测表相邻两次读数差与同级压力下第一次读数和前一级压力下最后一次读数差之比小于 5%时,即可施加或退至下一级压力。试验期间应控制试验环境温度,变化幅度不宜大于 1 ℃。当

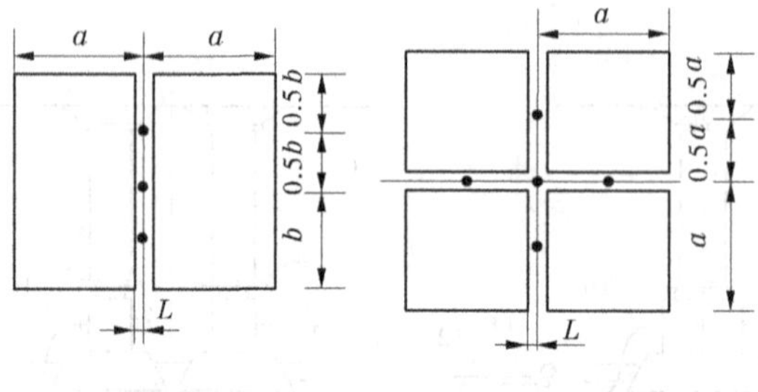


图 2-11　柔性承压板法测表布置示意图

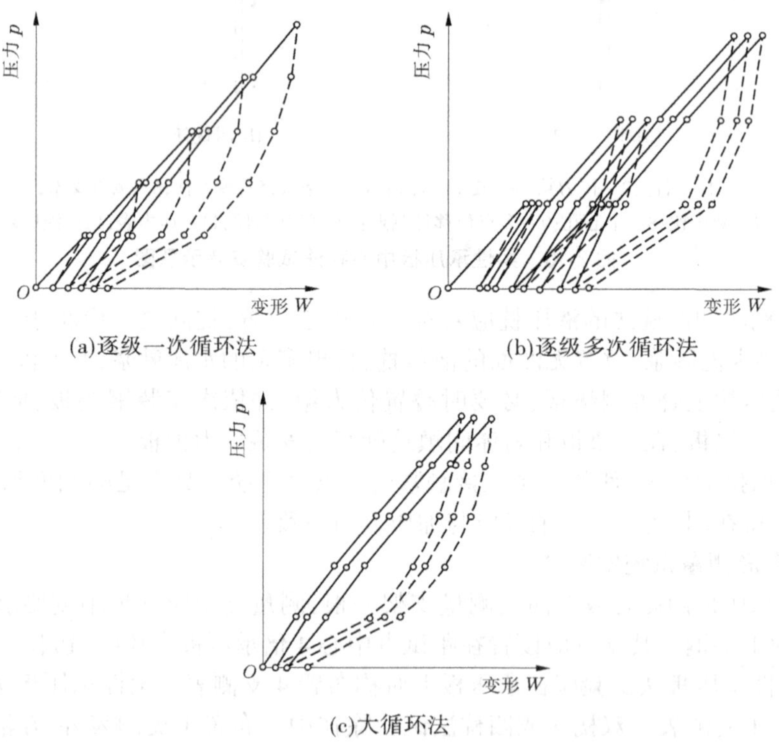


图 2-12　加压方法示意图

试点距离洞口较近时,应设置隔温门。

## 四、试验成果整理

(1)刚性承压板法试验应采用板上 4 支测表的变形平均值作为岩体变形值,当其中 1 支测表失效,变形均匀时,可采用另外 3 支测表的平均值作为变形值;变形不均匀时,应采用对称的 2 支测表的平均值作为变形值,并予以说明。

(2)绘制压力 $p$ 与变形 $W$ 之间的关系曲线,根据曲线类型确定变形值,计算岩体变形参数(见图 2-13)。图 2-13(a)、图 2-13(d)和图 2-13(e)所示类型取直线段计算,图 2-13(b)和图 2-13(c)所示类型可逐级分别计算,刚性承压板法试验岩体变形参数应按

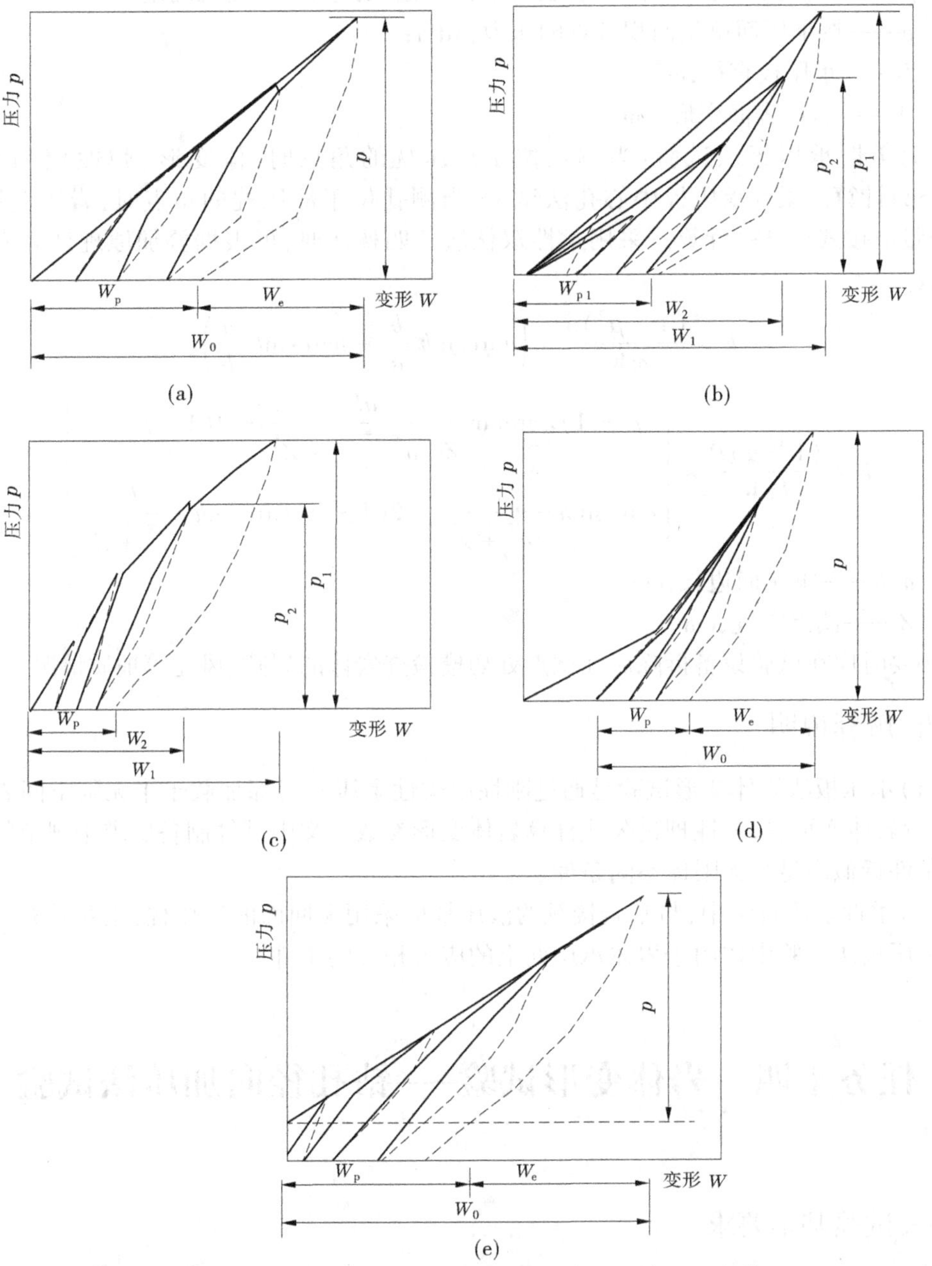


$W_e$—弹性变形；$W_p$—残余变形；$W_0$—全变形；$p$—压力；$W$—变形。

**图 2-13　压力-变形关系曲线类型示意图**

式(2-51)计算：

$$E = \frac{\pi}{4} \times \frac{(1-\mu^2)pD}{W} \tag{2-51}$$

式中　$E$——岩体变形模量或弹性模量，MPa，当以全变形 $W_0$ 代入式中计算时为变形模量 $E_0$，当以弹性变形 $W_0$ 代入式中计算时为弹性模量 $E_e$；

$\mu$——岩体泊松比，为非实测值，可根据其他试验成果或类比确定；

$p$——按承压面单位面积计算的压力，MPa；

$D$——承压板直径，cm；

$W$——岩体表面变形，cm。

(3)柔性承压板法试验：当测点位于液压枕的角点时，体变形(弹性)模量应按式(2-52)计算。柔性承压板中心孔法试验，当测孔位于液压枕的角点时，岩体变形(弹性)模量应按式(2-53)计算。采用柔性双枕法及四枕法时，可根据叠加原理计算岩体变形参数。

$$E = \frac{(1-\mu^2)p}{\pi W} \times \left(a\operatorname{arcsinh}\frac{b}{a} + b\operatorname{arcsinh}\frac{a}{b}\right) \tag{2-52}$$

$$E = \frac{(1+\mu)P}{2\pi W} \times \left[\begin{aligned} &(\mu-1)Z\arctan\frac{ab}{Z\sqrt{a^2+b^2+Z^2}} + 2(1-\mu) \\ &a\operatorname{arcsinh}\frac{b}{\sqrt{a^2+Z^2}} + 2(1-\mu)b\operatorname{arcsinh}\frac{b}{\sqrt{b^2+Z^2}} \end{aligned}\right] \tag{2-53}$$

式中 $a$、$b$——承压面边长，cm；

$Z$——测点深度，cm。

必要时应在试验设备拆除后在试点处切槽检查岩体的裂隙、风化等地质情况。

### 五、解释说明

(1)承压板法岩体变形试验是通过刚性或柔性承压板局部加载于半无限空间岩体表面，测量岩体变形，按弹性理论公式计算岩体变形参数。文中试件制备要求中规定的试验边界条件近似满足半无限体空间条件。

(2)柔性承压板法中，与基岩接触的液压枕应采用无回面的液压枕，主要是充分保证柔性承压板法试验中作用于岩体承压面上的应力相等的条件。

## 任务十四　岩体变形试验——钻孔径向加压法试验

### 一、试验基本要求

(1)岩体钻孔径向加压法变形试验可采用钻孔膨胀计法、钻孔压力计法和钻孔千斤顶法，适用于完整和较完整岩体。

(2)钻孔应采用金刚石钻头钻进，孔壁应平直光滑，试验段岩性应基本一致。相邻两加压段边缘之间的距离应大于1倍加压段长，加压段边缘距孔口距离应大于1倍加压段长，距孔底距离应大于1倍加压段长。

(3)试验前地质描述除应包括试段开挖和试点制备的方法、试点地质素描图外，还应绘制钻孔柱状图。

## 二、试验仪器

主要仪器和设备应包括：钻孔膨胀计、钻孔压力计或钻孔千斤顶、液压泵及高压软管、压力表、扫孔器、模拟管、校正仪、起吊设备。

## 三、试验步骤

(1)试验前应对钻孔膨胀计、钻孔压力计或钻孔千斤顶进行率定。放入钻孔膨胀计、钻孔压力计或钻孔千斤顶前，应将模拟管放入孔内至孔底，畅通无阻时，开始进行试验。

(2)将钻孔千斤顶(或钻孔膨胀计、钻孔压力计)放入孔内预定试验段，定向后施加0.5 MPa的初始压力固定千斤顶，读取初始读数。试验最大压力不宜小于工程设计压力的1.5倍，分级宜按最大压力等分7~10级。加压方式宜采用逐级一次循环法或大循环法。

(3)采用逐级一次循环法时，每级压力加压或退压后应立即读数，以后每隔3~5 min读数一次，当相邻两次读数差与同级压力下第一次读数和前一级压力下最后一次读数差之比小于5%时，施加或退至下一级压力。

(4)采用大循环法时，每级压力加压或退压后应立即读数，以后每隔3~5 min读数一次，当相邻二次读数差与同级压力下第一次读数前一级压力下最后一次读数差之比小于5%时，施加或退至下一级压力。大循环次数不应少于3次。每一循环退压时，最低压力应退至初始压力。

(5)试验结束后，压力退至零并保持一段时间，取出径向加压设备或移至下一试点试验。

## 四、试验成果整理

(1)绘制压力$p$与径向变形量$\Delta d$的关系曲线。

(2)采用钻孔膨胀计法或钻孔压力计法进行试验时，岩体变形参数应按式(2-54)计算：

$$E=\frac{(1+\mu)pd}{\Delta d} \tag{2-54}$$

式中　$E$——变形模量或弹性模量，MPa，当以径向全变形量$\Delta d_0$代入式中计算时为变形模量$E_0$，当以径向弹性变形$\Delta d_e$代入式中计算时为弹性模量$E_e$；

$\mu$——泊松比；

$p$——计算压力，为试验压力与初始压力之差，MPa；

$d$——钻孔直径，cm；

$\Delta d$——钻孔岩体径向变形，cm。

(3)采用钻孔千斤顶法进行试验时，岩体变形参数应按式(2-55)计算：

$$E=K\cdot\frac{(1+\mu)pd}{\Delta d} \tag{2-55}$$

式中　$K$——包括三维效应系数以及与传感器灵敏度、承压板的接触角度及弯曲效应等有关的系数,根据率定确定。

(4)绘制变形模量 $E_0$ 及弹性模量 $E_e$ 沿孔深 $h$ 的分布图。

五、解释说明

(1)钻孔径向加压法试验是通过放入钻孔中的钻孔膨胀计、钻孔压力计或钻孔千斤顶,对钻孔孔壁施加径向压力,测量钻孔岩体径向变形,按弹性理论公式计算岩体变形参数。本试验适用范围取决于仪器类型和测试精度,如仪器测试精度达到 0.001 mm,可适用于坚硬和较坚硬岩体。

(2)刚性加压直接测量岩体径向变形的仪器称为钻孔千斤顶。通过柔性加压间接测量岩体径向变形(通过测体积变化换算孔壁径向变形)的仪器称为钻孔膨胀计。柔性加压直接测量岩体径向变形的仪器称为钻孔压力计。

(3)本试验计算出的弹性模量是应力-变形关系曲线直线段的斜率。变形模量是应力-变形曲线预压点与工程应力点连线的斜率,也称割线模量。

## 任务十五　岩体变形试验——隧洞液压枕径向加压法试验

一、试验基本要求

(1)隧洞液压枕径向加压法变形试验适用于相应洞径条件下有自稳能力的岩体。

(2)试验洞应符合下列规定:①试验洞直径宜为 2~3 m,试验段不得欠挖,半径误差不得大于 5%,起伏差不宜大于 2 cm。加压段,长度宜为试验洞直径的 1 倍,必要时可为试验洞直径的 50%、2.0 倍或者 3.0 倍。洞口自由段长度应大于试验洞直径的两倍。洞末端约束段长应大于试验洞直径的两倍。②上覆岩体厚度应能满足最高试验压力下岩体的稳定要求。相邻两洞室中心间距及试验洞中心至临空面距离应大于试验洞直径的 6 倍。地质描述除应符合规定外,还应包括时段开挖和试点制备的方法、试点地质素描图及观测断面、钻孔柱状图。

二、试验仪器

主要仪器和设备应包括:承力框架、液压枕、液压泵、压力表、位移测表、钻孔多点位移计、测量支架、液压管路、采集系统。

三、试验步骤

(1)混凝土各块厚度应按下式计算:

$$h_c = R - h_z - r_A \tag{2-56}$$

式中　$h_c$——混凝土条块厚度,cm;

$R$——试验洞半径,cm;

$h_z$——液压枕与砂浆厚度,cm;

$r_A$——承力框架外半径,cm。

(2)混凝土条块应从底部向顶部依次浇筑。混凝土各条块之间应设置分缝,宜使用涂抹黄油的油毛毡作为分缝材料。浇筑顶部混凝土时应填满捣实。

(3)变形测量,断面布置应符合下列规定:①在试验段中布置一个主测量断面加压段,长为试验洞直径 2 倍时,主测量断面两侧应布置一个辅助测量断面。②根据需要可在试验段两端各设置一个参考测量断面。

(4)承力框架及液压枕安装应符合下列规定:①液压枕埋设前应在 1.5 倍工程应力下进行率定。②将液压枕凹面用水泥砂浆抹平。③先浇筑底部第一块传力混凝土块,待混凝土初凝后,将液压枕按预定位置安置于混凝土条块表面。④24 h 后将承力框架逐个安装排列,完成后连成整体。⑤从底部向顶部依次安装液压枕,在液压枕与岩面之间依次浇筑混凝土块。

(5)变形测点埋设应符合下列规定:①每个断面应安装不少于 4 支直径向测表或不少于 8 支半径向测表。②根据需要,可在测量断面位置,沿隧洞径向用金刚石钻头钻孔,并在钻孔内埋设多点位移计钻孔,孔深不应小于试验洞直径的 3 倍。③当采用半径向测表测量岩体变形时,刚性中心轴的支点与试验段边缘的距离不宜小于试验洞直径的 75%。④穿过传力混凝土埋设于基岩上的测点测杆,不得与混凝土接触。各液压枕之间采用带快速接头的高压软管连接,按试验要求可采用并联、串联或混合连接方式。

(6)试验加压及稳定标准应符合下列规定:①对于破碎岩类、软弱岩类、遇水软化、遇水膨胀等特殊岩类,应进行预压,预压值为最大试验压力值的 5%。②加压前测表出示读数应充分稳定,每隔 15 min 读数 1 次,直至所有测表连续 3 次读数不变。③试验最大压力宜为工程设计压力的 1.2 倍,等分 5~10 级加压。④加压方式宜采用逐级一次循环法,必要时可采用主机多次循环法。⑤每级加压或推压后,应立即读数,以后每隔 10 min 读数 1 次,加压或退压稳定标准应符合下列规定:每级压力加压或退压后,应立即读数,以后每隔 10 s 读数 1 次,当所有测表相邻两次读数之差与同级压力下第一次读数和前一级压力下最后一次读数之差小于 5%时,即可施加或退至下一级压力。压力退至零,变形稳定后终止试验。

## 四、试验成果整理

(1)绘制压力 $P$ 与径向变形 $\Delta R$ 的关系曲线。

(2)岩体变形模量应按式(2-57)计算:

$$E_0 = p(1+\mu)\frac{R}{\Delta R} \tag{2-57}$$

式中　$E_0$——变形模量,MPa;

$p$——作用于岩体表面单位面积上的压力,MPa;

$\mu$——岩体泊松比;

$R$——试验洞半径,cm;

$\Delta R$——主断面岩体表面径向变形,cm。

(3)岩体抗力系数应按式(2-58)计算:

$$K = \frac{p}{\Delta R} \tag{2-58}$$

式中 $K$——抗力系数,MPa/cm。

(4)岩体单位抗力系数应按式(2-59)计算:

$$K_0 = \frac{p}{\Delta R} \cdot \frac{R}{100} \tag{2-59}$$

式中 $K_0$——单位抗力系数,MPa/cm。

(5)当试验段长度小于3倍洞径时,岩体变形模量与单位抗力系数应按式(2-60)~式(2-62)计算:

$$E_0 = \phi p(1+\mu)\frac{R}{\Delta R} \tag{2-60}$$

$$K_0 = \phi \frac{p}{\Delta R} \cdot \frac{R}{100} \tag{2-61}$$

$$\phi = \phi_1 \phi_2 \tag{2-62}$$

式中 $\phi$——变形修正系数,与试段长度、试段间距、岩体性质有关;

$\phi_1$、$\phi_2$——试段有限加压长度变形修正系数(有限长受压与无限长受压变形比值)与试段间距变形修正系数。其值按表2-5~表2-10的规定取值。

(6)绘制各测点压力 $p$ 与岩体表面径向变形 $\Delta R$ 的关系曲线。

(7)绘制各级压力下观测断面径向变形分布曲线。

(8)采用孔内多点位移计测量岩体变形时,应绘制变形随钻孔深度分布曲线。

(9)试验记录应包括工程名称、岩石名称、试验洞位置及编号、测量断面位置及编号、试验洞描述、试验洞半径、混凝土条块厚度、试验方法、液压枕尺寸及编号、位移测表布置、位移测表编号、压力表编号、压力、变形、试验人员、试验日期。

**表2-5 1 m试段端部变形修正系数**

| $\mu$ | $m=L/D$ | | | | | | | | | | |
|---|---|---|---|---|---|---|---|---|---|---|---|
| | 0. 333 | 0. 345 | 0. 357 | 0. 370 | 0. 385 | 0. 400 | 0. 417 | 0. 434 | 0. 454 | 0. 476 | 0. 500 |
| | $\phi_1$ | | | | | | | | | | |
| 0. 20 | 0. 365 | 0. 369 | 0. 374 | 0. 379 | 0. 384 | 0. 390 | 0. 395 | 0. 399 | 0. 404 | 0. 410 | 0. 416 |
| 0. 25 | 0. 360 | 0. 365 | 0. 369 | 0. 374 | 0. 379 | 0. 385 | 0. 389 | 0. 394 | 0. 399 | 0. 404 | 0. 410 |
| 0. 30 | 0. 354 | 0. 358 | 0. 363 | 0. 367 | 0. 373 | 0. 378 | 0. 383 | 0. 387 | 0. 393 | 0. 398 | 0. 405 |
| 0. 35 | 0. 347 | 0. 351 | 0. 356 | 0. 361 | 0. 366 | 0. 372 | 0. 377 | 0. 382 | 0. 387 | 0. 393 | 0. 400 |
| 0. 40 | 0. 339 | 0. 344 | 0. 348 | 0. 353 | 0. 358 | 0. 364 | 0. 369 | 0. 374 | 0. 380 | 0. 387 | 0. 394 |

**注:** $m$—试洞受压段长度 $L$ 与试洞直径 $D$ 之比;

$L$—试洞受压段长度,包括加压段之间的间距,m;

$D$—试洞直径,m。

表 2-6 1 m 试段中间断面变形修正系数

| $\mu$ | $m=L/D$ | | | | | | | | | | |
|---|---|---|---|---|---|---|---|---|---|---|---|
| | 0. 333 | 0. 345 | 0. 357 | 0. 370 | 0. 385 | 0. 400 | 0. 417 | 0. 434 | 0. 454 | 0. 476 | 0. 500 |
| | $\phi_1$ | | | | | | | | | | |
| 0. 20 | 0. 550 | 0. 560 | 0. 568 | 0. 578 | 0. 589 | 0. 600 | 0. 610 | 0. 620 | 0. 632 | 0. 646 | 0. 660 |
| 0. 25 | 0. 537 | 0. 545 | 0. 554 | 0. 564 | 0. 575 | 0. 586 | 0. 596 | 0. 606 | 0. 618 | 0. 632 | 0. 646 |
| 0. 30 | 0. 522 | 0. 531 | 0. 540 | 0. 550 | 0. 561 | 0. 572 | 0. 583 | 0. 593 | 0. 606 | 0. 619 | 0. 634 |
| 0. 35 | 0. 507 | 0. 516 | 0. 525 | 0. 535 | 0. 546 | 0. 557 | 0. 567 | 0. 577 | 0. 583 | 0. 601 | 0. 615 |
| 0. 40 | 0. 491 | 0. 500 | 0. 509 | 0. 519 | 0. 530 | 0. 540 | 0. 551 | 0. 561 | 0. 573 | 0. 586 | 0. 600 |

表 2-7 2 m 试段中间断面变形修正系数

| $\mu$ | $m=L/D$ | | | | | | | | | | |
|---|---|---|---|---|---|---|---|---|---|---|---|
| | 0. 670 | 0. 690 | 0. 715 | 0. 740 | 0. 770 | 0. 800 | 0. 834 | 0. 870 | 0. 910 | 0. 953 | 1. 000 |
| | $\phi_1$ | | | | | | | | | | |
| 0. 20 | 0. 730 | 0. 740 | 0. 755 | 0. 760 | 0. 770 | 0. 780 | 0. 790 | 0. 800 | 0. 810 | 0. 820 | 0. 830 |
| 0. 25 | 0. 720 | 0. 730 | 0. 740 | 0. 750 | 0. 760 | 0. 770 | 0. 780 | 0. 790 | 0. 800 | 0. 810 | 0. 825 |
| 0. 30 | 0. 710 | 0. 720 | 0. 730 | 0. 740 | 0. 750 | 0. 757 | 0. 765 | 0. 775 | 0. 790 | 0. 800 | 0. 812 |
| 0. 35 | 0. 700 | 0. 710 | 0. 715 | 0. 720 | 0. 730 | 0. 740 | 0. 750 | 0. 760 | 0. 780 | 0. 790 | 0. 800 |
| 0. 40 | 0. 680 | 0. 690 | 0. 700 | 0. 705 | 0. 710 | 0. 714 | 0. 725 | 0. 745 | 0. 760 | 0. 773 | 0. 786 |

表 2-8 4 m 试段中间断面变形修正系数

| $\mu$ | $m=L/D$ | | | | | | | | | | |
|---|---|---|---|---|---|---|---|---|---|---|---|
| | 1. 33 | 1. 38 | 1. 43 | 1. 48 | 1. 54 | 1. 60 | 1. 67 | 1. 74 | 1. 82 | 1. 91 | 2. 00 |
| | $\phi_1$ | | | | | | | | | | |
| 0. 20 | 0. 885 | 0. 890 | 0. 897 | 0. 902 | 0. 909 | 0. 914 | 0. 920 | 0. 925 | 0. 931 | 0. 938 | 0. 943 |
| 0. 25 | 0. 878 | 0. 884 | 0. 890 | 0. 895 | 0. 903 | 0. 910 | 0. 916 | 0. 921 | 0. 927 | 0. 934 | 0. 940 |
| 0. 30 | 0. 870 | 0. 877 | 0. 883 | 0. 888 | 0. 894 | 0. 900 | 0. 908 | 0. 915 | 0. 921 | 0. 927 | 0. 934 |
| 0. 35 | 0. 865 | 0. 872 | 0. 878 | 0. 883 | 0. 889 | 0. 895 | 0. 903 | 0. 909 | 0. 916 | 0. 923 | 0. 930 |
| 0. 40 | 0. 850 | 0. 858 | 0. 865 | 0. 872 | 0. 878 | 0. 886 | 0. 894 | 0. 901 | 0. 907 | 0. 914 | 0. 923 |

表 2-9　2 m 试段(间距 20 cm)间距变形修正系数 $\phi_2$

| $\mu$ | $n_1$ | $n_2$($m$=1.1 时) | $\phi_2=n_1/n_2$ |
|---|---|---|---|
| 0.20 | 0.703 4 | 1.020 1 | 0.690 |
| 0.25 | 0.733 2 | 1.051 8 | 0.697 |
| 0.30 | 0.762 2 | 1.081 4 | 0.705 |
| 0.35 | 0.791 6 | 1.108 4 | 0.715 |
| 0.40 | 0.818 2 | 1.132 7 | 0.722 |

表 2-10　4 m 试段(3 个间距段共 60 cm)间距变形修正系数 $\phi_2$

| $\mu$ | $n_0$ | $n_3=n_0+n_1$ | $n_4$($m$=2.3 时) | $\phi_2=n_3/n_4$ |
|---|---|---|---|---|
| 0.20 | 0.090 0 | 0.793 4 | 1.147 5 | 0.691 |
| 0.25 | 0.098 8 | 0.832 0 | 1.191 1 | 0.690 |
| 0.30 | 0.108 4 | 0.870 6 | 1.233 8 | 0.706 |
| 0.35 | 0.119 0 | 0.910 6 | 1.275 2 | 0.714 |
| 0.40 | 0.130 8 | 0.949 0 | 1.375 2 | 0.690 |

注：$n_0$—相距 0.2 m 的 4 个 1 m 长加压段，仅两端加压时，中间断面的变形系数值；

$n_1$—相距 0.2 m 的 2 个 1 m 长加压段同时加压时，中间断面的变形系数值；

$n_2$—2.2 m 长加压段加压时，中间断面的变形系数值；

$n_3$—相距 0.2 m 的 4 个 1 m 长加压段，4 个加压段同时加压时，中间断面的变形系数值；

$n_4$—4.6 m 长加压段加压时，中间断面的变形系数值。

## 五、解释说明

(1)隧洞液压枕径向加压法试验原理依据的是弹性理论中文克尔假定。在工程实际应用中，为方便使用和利于比较，引入了单位抗力系数 $K_0$ 的概念。

(2)在浇筑顶部混凝土时，要求与围岩接触密实。在有条件的情况下，可采用灌浆回填。

# 任务十六　岩体强度试验——混凝土与岩体接触面直剪试验

## 一、试验基本要求

(1)混凝土与岩体接触面直剪试验可采用平推法或斜推法，适用于各级岩体。

(2)试体布置及加工尺寸应符合下列规定：①每组试体数量不宜少于 5 个。②同一组试验岩体的岩性应基本相同，基岩面下部不得有贯通裂隙通过。③试验推力方向宜与工程的受力方向一致。试验剪切面宜为矩形,最小边长不应小于 50 cm。④加工的基岩面尺寸应大于剪切面尺寸 10~15 cm,各试体间距不宜小于 1 倍最小边长。⑤基岩面起伏差应为推力方向边长的 1%~2%,同一组试验基岩面起伏差宜一致。⑥试体的推力部位应留有安装千斤顶的足够空间,平推法应开挖千斤顶槽。剪切面周围的岩体应大致凿平,浮渣应清除干净。

(3)地质描述应对基岩面裂隙产状、长度、分布情况进行详细描述。

## 二、试验仪器

主要仪器和设备应包括:液压千斤顶或液压枕、液压泵及管路、压力表、钢垫板、滚轴排、传力柱及传力块、斜垫板、测量支架、测量表架、位移测表。

## 三、试验步骤

### (一)混凝土试体制备

(1)浇筑混凝土前应将基岩表面冲洗干净。混凝土试体高度宜大于推力方向边长的 2/3。

(2)按工程设计采用的混凝土配合比浇筑试体。混凝土可直接浇筑在基岩面上,应保证接触面以上 5 cm 范围内混凝土振捣密实。

(3)制备混凝土试体的同时,在试体预定部位埋设测量位移的标点。

(4)在浇筑混凝土的同时,应制备一定数量的混凝土试件,试验前定期测定其抗压强度。

(5)平推法推力面应与剪切面垂直,斜推法的推力中心线与剪切面夹角宜为(15±2)°。混凝土试体顶面应平行剪切面。

(6)对混凝土试体和试件进行养护,养护时间不宜少于 28 d。

(7)试体可在天然含水状态下剪切。需要时,可在人工浸水条件下剪切。

(8)载荷的反力部位应有足够的强度,反力部位岩体表面应大致凿平。

(9)安装载荷系统时,宜先安装法向再安装剪切向。法向载荷与剪切向载荷的合力作用点应位于剪切面中心(见图 2-14、图 2-15)。

### (二)法向载荷系统安装

(1)在试体顶部铺设一层水泥砂浆,放上钢垫板,垫板应平行预定剪切面。

(2)在垫板上依次安放滚轴排、垫板、千斤顶(或液压枕)、垫板、传力柱、顶部垫板。

(3)在顶部垫板和岩面之间浇筑混凝土或砂浆,或安装反力装置。

(4)整个法向载荷系统的所有部件应保持在加载方向的同一轴线上,垂直预定剪切面。

(5)法向载荷系统应具有足够的强度和刚度。当剪切面为倾斜或载荷系统超过一定高度时,应对法向载荷系统进行支撑。

(6)安装完毕后,启动千斤顶,施加接触压力使整个法向载荷系统接触紧密。千斤顶活塞应预留足够的行程。

(7)在露天场地或无法利用洞室顶板作为反力支撑时,可采用地锚或压重法作为反力装置。

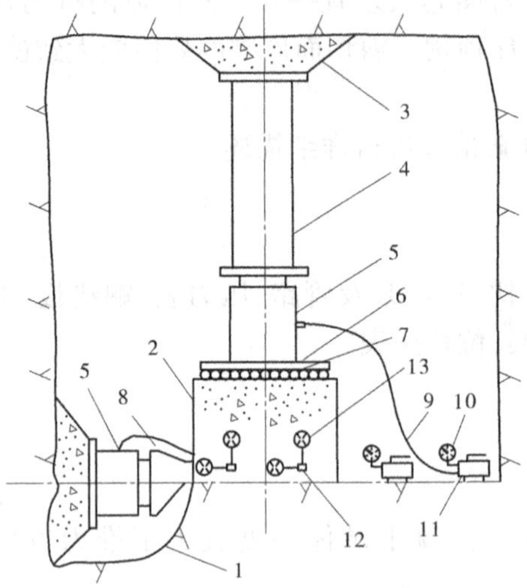


1—岩体;2—混凝土试体;3—砂浆;4—传力柱;
5—液压千斤顶;6—钢垫板;7—滚轴排;
8—传力箱;9—液压管路;10—压力表;
11—液压泵;12—测量标点;13—位移测表。

**图 2-14 平推法混凝土与岩体接触面直剪试验安装示意图**

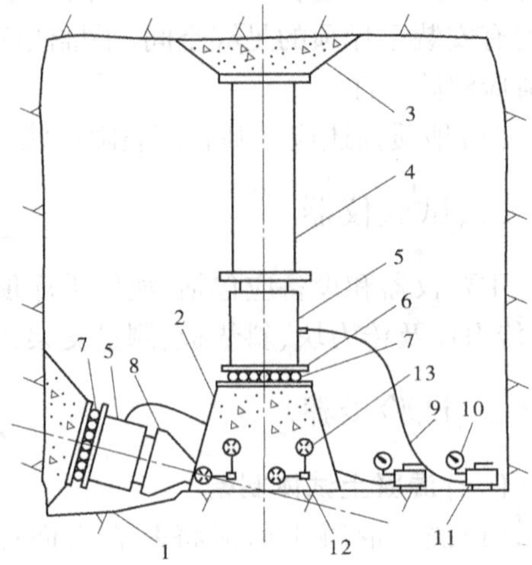


1—岩体;2—混凝土试体;3—浆砂;4—传力柱;
5—液压千斤顶;6—钢垫板;7—滚轴排;
8—传力箱;9—液压管路;10—压力表;
11—液压泵;12—测量标点;13—位移测表。

**图 2-15 斜推法混凝土与岩体接触面直剪试验安装示意图**

**(三)剪切载荷系统安装**

(1)在试体剪切载荷受力面用水泥浆粘贴一块条形垫板,垫板底部与剪切面之间应预留约 1 cm 间隙。

(2)在条形垫板后依次安放传力块、千斤顶、垫板。斜推法还应加装滚轴排。在垫板和反力座之间浇筑混凝土或砂浆。

(3)当混凝土试体推力面与剪切面垂直且采用斜推法时,在垫板后依次安装斜垫块、千斤顶、垫板。

(4)安装剪切载荷系统时,千斤顶应严格定位。平推法推力中心线应平行预定剪切面,且与剪切面的距离不应大于剪切方向试体边长的 5%;斜推法推力中心线应通过剪切面中心。

**(四)测量系统安装**

(1)测量支架应具有足够的刚度,支架的支点应在基岩变形影响范围以外。

(2)在支架上依次安装测量表架和测表。在试体两侧的对称部位分别安装测量切向和法向绝对位移的测表,每侧法向、切向位移测表均不得少于 2 支。根据需要可布置测量试体与基岩面之间相对位移的测表。

(3)应根据混凝土试件抗压强度试验结果确认混凝土强度达到设计要求后,进行试验。同一组试体的混凝土抗压强度应基本一致。

**(五)试验加载**

(1)施加的最大法向载荷最大值宜为工程压力的1.2倍。

(2)根据千斤顶(或液压枕)的率定曲线和试体剪切面面积,计算施加的载荷和对应的压力表读数。

(3)检查各测表的初始工作状态,测读初始读数。

(4)各试体施加的法向载荷宜按等差级数分别施加,分级数不宜少于5级。

(5)法向载荷施加采用时间控制,加载后立即测读法向位移,5 min后再测读一次,即可施加下一级载荷。加载至预定载荷后,仍按每5 min测读一次,当连续两次法向位移之差不大于0.01 mm时,可开始施加剪切载荷。

(6)剪切载荷按预估的最大值分8~10级施加,当剪切位移增量为前级位移增量的1.5倍时,宜将级差减半。

(7)剪切过程中法向载荷应始终保持定值。采用斜推法时,应同步降低因施加剪切载荷而产生的法向分量的增量,保持法向载荷不变。

(8)剪切载荷施加采用时间控制,每5 min加载一级,加载前后对法向和切向位移测表各测读一次。接近剪断时,应加密测读载荷和位移,峰值前不得少于10组读数。

(9)试体被剪断时,测读剪切载荷峰值。根据需要可继续施加剪切载荷,直到剪切载荷值趋于稳定。

(10)当剪切载荷无法稳定或剪切位移明显增大时,测读剪切载荷峰值。在剪切载荷缓慢退至零的过程中,法向载荷应保持不变,测读试体回弹位移读数。

(11)调整设备与测表,按以上规定沿剪断面进行抗剪试验。剪切载荷可根据抗剪断试验的最后稳定值为最大值进行分级。

(12)当需要测定残余剪切强度时,可在抗剪试验后反复剪切,直到剪切荷载趋于稳定。

(13)试验过程中,对加载设备和测表使用情况、试体发出的响声、混凝土和岩体中出现松动、掉块和裂缝开裂等现象,均应作详细描述和记录。

试验结束后,翻转试体,测量实际剪切面面积。详细记录剪切面的破坏情况,擦痕的分布、方向及长度。应描述岩体和混凝土内局部被剪断的部位和大小、剪切面上碎屑物质的性质和分布。

## 四、试验成果整理

(1)平推法试验应按下列公式计算各法向载荷下的法向应力和剪切应力:

$$\sigma = \frac{P}{A} \tag{2-63}$$

$$\tau = \frac{Q}{A} \tag{2-64}$$

式中 $\sigma$——作用于剪切面上的法向应力,MPa;

$\tau$——作用于剪切面上的剪切应力,MPa;

$P$——作用于剪切面上的总法向载荷,N;

$Q$——作用于剪切面上的总剪切载荷,N;

$A$——剪切面面积,$mm^2$。

(2)斜推法试验应按下列公式计算法向应力和剪切应力:

$$\sigma=\frac{P}{A}+\frac{Q}{A}\sin\alpha \tag{2-65}$$

$$\tau=\frac{Q}{A}\cos\alpha \tag{2-66}$$

式中 $\alpha$——斜向载荷施力方向与剪切面之间的夹角。

(3)绘制各法向应力下的剪切应力 $\tau$ 与剪切位移 $u_s$ 及法向位移 $u_n$ 的关系曲线。根据关系曲线,确定各法向应力下的抗剪断峰值和抗剪峰值。

(4)根据法向应力 $\sigma$ 与其对应的抗剪断峰值及抗剪峰值,采用图解法或最小二乘法绘制剪切应力 $\tau$ 与法向应力 $\sigma$ 的关系曲线,并确定相应的抗剪强度参数。

(5)试验记录应包括工程名称、岩石名称、试体编号、试体位置、试验方法、混凝土强度、剪切面面积、测表布置、法向载荷、剪切载荷、法向位移、剪切位移、试验人员、试验日期。

## 五、解释说明

(1)混凝土与岩体接触面的抗剪强度,是指在外力作用下沿混凝土与岩体接触面所具有的抵抗剪切的能力。通过本试验可以获得混凝土与岩体接触面剪应力与剪切位移的关系特征和抗剪强度参数。

沿接触面剪断试验称为抗剪断试验,剪断以后仍沿剪断面进行直剪的称为抗剪试验,对试体不施加法向载荷的直剪称为抗切试验。

(2)岩体性质和存在条件是复杂的,要求同组试验岩体的性状完全相同难以做到,本条要求同组试验岩体性状基本相同以避免试验结果过于分散。试体基岩面下部若有较大裂隙通过,则抗剪强度可能受该裂隙控制,试验结果反映的是裂隙的强度,而不是本试验要求的混凝土与岩体接触面的强度。

岩体是地质体,裂隙切割破坏了岩体的完整性,试验结果应反映裂隙的存在,即剪切面应包含一定数量的裂隙,故对剪切面规定了允许的最小尺寸。

试体间最小间距的规定是考虑到对一个试体进行直剪试验时,若发生部分沿基岩的破坏而不会影响相邻试体,又能充分利用试验洞段。若试验场地允许或岩体裂隙发育,可适当增大试体间距,这也有利于加载系统和位移测量系统的安装,改善试验条件。

(3)为便于工程设计采用试验成果,制备试体的混凝土应采用工程设计所要求的混凝土配合比和强度等级。从试验角度而言,为尽量少受不可预见因素对试验成果的干扰,在处理混凝土强度和养护时间关系方面,不应有各类添加剂等因素的影响。

在制备混凝土试体时,应注意振捣和养护。所说的砂浆,是指从浇筑试体的混凝土中剔除大骨料后的拌和料,用这种拌和料预先在基岩面上铺垫一层,有利于混凝土与基岩面处接触(胶结)紧密。

(4)安装加载系统时,使法向荷载与剪切荷载的合力作用点位于剪切面中心,是确保试验质量的重要环节。法向荷载中心线垂直剪切面并通过其中心,剪切载荷中心线与法向载荷中心线在剪切面中心相交,可最大限度地改善剪切面上的受力条件,避免产生弯矩,使剪切面上的应力分布比较均匀。

(5)滚轴排安置在千斤顶底部,便于法向加载系统安装,有利于法向加载系统整体稳定。安置在顶部可使试验过程法向载荷中心始终处于剪切面中心,试验时可根据经验选用。

(6)从受力条件考虑,对直剪试验应力要求满足在剪切面上应力均匀分布。平推法试验,最佳受力条件是推力中心线通过剪切面,但这在制备试体和安装时均较困难;推力中心线与剪切面的间距过大,在施加推力时受力面上会产生过大的力矩。试验实践表明,按本条规定对推力中心线与剪切面的间距所作的限制,在安装技术上是可行的,也能满足试验受力条件。

(7)混凝土强度是影响混凝土与岩体接触面的抗剪强度试验结果的重要因素。试验前应对预先制备的混凝土试件进行强度测定,以控制直剪试验的混凝土强度达到设计强度等级。

(8)施加给每个试体的法向载荷宜为最大法向载荷的等分值,这有利于试验成果的整理。最大法向载荷建议定为工程应力的 1.2 倍。

试验采用快剪方法,剪切载荷分级施加,以时间控制。一个试体的最大剪切载荷值,可根据经验预估接触面摩擦系数 $f$、黏聚力 $c$ 和施加于该试体上的最大法向载荷值来确定,也可按已有的试验结果来确定。在施加剪切载荷过程中,当剪切位移明显增大时,宜适当减小剪切载荷级差,增加分级数。

(9)对试验过程中所发生的各种现象应进行详细描述。试验结束后翻转试体准确测量剪切面积,详细描述破坏情况,这些资料有助于对试验结果和破坏机制进行分析。

(10)在确定抗剪强度参数时,根据剪切应力 $\tau$ 与正应力 $\sigma$ 的关系曲线,按库仑表达式用作图法或最小二乘法,确定抗剪强度参数的摩擦系数 $f$ 和黏聚力 $c$ 值。

根据混凝土与岩体接触面直剪试验中剪应力与剪切变形曲线特征,通常可将直剪试验中的剪切变形与破坏概括成脆性破坏型和塑性破坏型,如图 2-16 中的曲线 $A$ 和曲线 $B$。按照剪切过程中,剪切变形曲线所表现的弹性、塑性屈服和剪断破坏状态,可相应确定比例极限点(见图 2-16 中的 1 点、1′点)、屈服极限点(见图 2-16 中 2 点、2′点)、峰值极限点(见图 2-16 中 3 点、3′点),以及残余强度点(见图 2-16 中 4 点)。

从偏于安全的角度出发,工程应用中一般的做法是:对于坚硬脆性岩石,将比例极限作为发生剪切破坏的强度控制点;对于软岩(或弱面),取屈服极限为发生剪切破坏的强度控制点。

峰值极限点(见图 2-16 中 3 点、3 点′)和比例极限点(极限剪应力与剪切变形线弹性阶段的终点,见图 2-16 中的 1 点、1′点)的确定比较容易,而屈服极限点(见图 2-16 中 2 点、2′点)则不容易判断。岩石试验实践中发现,屈服极限点并不是一个唯一的点,而是一个区段。岩体进入屈服阶段后,剪切荷载由粒间联结承担转而由岩石矿物颗粒体的滑移、转动而产生的摩阻力来承担。将屈服点当作一个点来判断,必然带来一定程度的不确定性,在实际应用屈服极限值时应当对此有充分的认识。

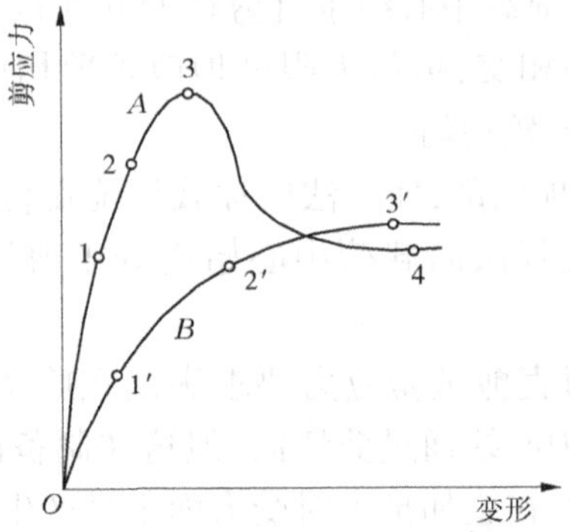


图 2-16　岩体典型剪应力与位移全过程曲线

# 任务十七　岩体强度试验——结构面直剪试验

## 一、试验基本要求

(1)结构面直剪试验可采用平推法或斜推法,适用于岩体中的各类结构面。

(2)试体布置及加工尺寸应符合下列规定:探明岩体中结构面的部位和产状,将结构面作为预定剪切面。每组试体的数量不宜少于 5 个,同一组试验结构面性状应基本相同。试验推力方向宜与工程岩体的受力方向一致。在岩体的预定部位加工试体,试体宜加工成方形。剪切面宜为矩形,边长不应小于 50 cm,结构面以上试体高度不宜小于试体边长的 2/3。试体间距宜大于试体边长。

(3)试体制备应符合下列规定:①试体的推力部位应留有安装千斤顶的足够空间,平推法应开挖千斤顶槽,斜推法的推力中心线与剪切面夹角宜为(15±2)°。②当结构面上侧岩体为Ⅰ级、Ⅱ级或完整性好的Ⅲ级岩体时,制备试体可不浇筑保护套,但试体各面应修凿平整,顶面宜平行预定剪切面。③对可能出现破裂或松动的岩体,应浇筑钢筋混凝土保护套或套钢模,对混凝土或水泥砂浆应进行养护,保护套应具有足够的强度和刚度,顶面应平行预定剪切面。保护套底部应预留 2 cm 的剪切缝。④对结构面倾斜的试体或有夹泥层的试体,加工时应采取保护措施,避免结构面产生位移和试体下滑。⑤反力部位的岩体应能承受足够的反力,在浇筑混凝土反力座或安装反力装置的岩体表面应大致凿平。⑥试体可在天然含水状态下剪切,需要时,可在人工浸水条件下剪切。⑦当有特殊需要时,应预留保护层,采取保护措施,并施加一定的法向应力后再行制样,避免因应力释放扰动岩体结构面。

(4)地质描述应对结构面的产状、成因、类型、连续性、起伏差、充填物厚度、矿物成分、泥化软化程度、结构面两侧岩石名称、面壁强度进行详细描述。需要时,测定充填物的物理性质和黏土矿物成分。

## 二、试验仪器

主要仪器和设备应包括下列各项:液压千斤顶或液压枕、液压泵及管路、压力表、钢垫板、滚轴排、传力柱及传力块、斜垫板、测量支架、测量表架、位移测表。

## 三、试验步骤

(1)应先安装法向的载荷系统后、安装剪切向的载荷系统。法向载荷与剪切载荷的合力作用点应通过剪切面中心,且位于剪切缝或结构面厚度 1/2 处。用于施加法向载荷和剪切载荷的千斤顶的容量,宜按试验所需载荷和行程选用。

(2)法向载荷系统安装应符合下列规定:①在试体顶部铺设一层水泥浆,放上钢垫板,垫板应平行预定剪切面。②待水泥浆凝固后,在垫板上依次安放滚轴排、垫板、千斤顶(或液压枕)、垫板、传力柱及顶部垫板。③在顶部垫板和岩面之间浇筑混凝土或安装反力装置。④整个法向载荷系统所有部件应保持在加载方向的同一轴线上,并垂直预定剪切面。⑤法向载荷系统应具有足够的强度和刚度。当剪切面倾斜或载荷系统超过一定高度时,应对法向载荷系统进行支撑。⑥安装完毕后,启动千斤顶施加接触压力使整个法向载荷系统接触紧密。千斤顶活塞应预留足够的行程。

(3)剪切载荷系统安装应符合下列规定:①在试体受推力作用面上,用水泥浆粘贴一块垫板,垫板底部与剪切面之间应留有约 1 cm 间隙,垫板应垂直预定剪切面。②在垫板后依次安装传力块(平推法)或斜垫板(斜推法)、千斤顶、垫板。在垫板和反力座之间浇筑混凝土。③平推法推力中心线应平行剪切面,且与剪切面距离不应大于剪切方向试体边长的 5%,斜推法推力中心线应通过剪切面中心。

(4)测量系统安装应符合下列规定:①测量支架应具有足够的刚度,支架的支点应在基岩变形影响范围以外。②在支架上依次安装测量表架和位移测表。在试体的对称部位,分别安装测量切向和法向绝对位移的测表,每侧法向、切向位移测表均不宜少于 2 支。③根据需要可布置测量试体与基岩面之间相对位移的测表。

(5)试验加载应符合下列规定:①剪切面上的最大法向应力不宜小于工程应力。当剪切面有软弱充填物时,最大法向应力应以不挤出充填物为限。②根据千斤顶(或液压枕)的率定曲线和试体剪切面积,计算施加载荷与压力表读数。③检查各测表的工作状态,读取初始读数。④对每个试体分别施加不同的法向载荷,其值为最大法向载荷的等差值。⑤对每个试体,法向载荷宜分 3~5 级施加,每隔 5 min 施加一级,并测读法向位移。在最后一级法向载荷作用下,法向位移应相对稳定后,再施加剪切载荷。⑥法向位移稳定标准:对硬性结构面,每隔 5 min 测读一次,连续两次读数之差不超过 0.01 mm;对软弱结构面,每隔 10 min 测读一次,连续两次读数之差不超过 0.03 mm。⑦剪切载荷按预估的最大值等分 8~12 级施加,当剪切位移增量为前级位移增量的 1.5 倍时,宜将级差减半。峰值前不得少于 10 组读数。⑧剪切过程中法向载荷应始终保持定值,采用斜推法时,应同步降低因施加剪切载荷而产生的法向分量的增量,保持法向载荷不变。⑨剪切载荷施加应采用时间控制。对无充填或充填硅质、铁质、钙质的结构面,每隔 5 min 加载一级;对充填软弱物质结构面,可根据剪切位移的大小,每隔 10 min 或 15 min 加载一级。加载前后均应测读各位移测表。⑩试体被剪断时,测读剪切载荷峰值。根据需要可继续施加剪切载荷,直至剪切位移达到 1.5 cm。⑪将剪切载荷缓慢退至零的过程中,法向载荷应保持定值,测读试体回弹位移读数。⑫根据需要,调整设备和位移测表,按以上规定进行抗剪试验,剪切载荷可按抗剪断试验的最后稳定值为最大值进行分级。

(6)试验结束后,翻转试体,测量实际剪切面面积,详细描述剪切面的破坏情况、擦痕的分布、方向和长度、结构面性质与充填物厚度、测定剪切面的起伏差,绘制沿剪切方向剪断面起伏差变化的曲线。

## 四、试验成果整理

试验成果整理应符合混凝土与岩体接触面直剪试验成果整理的相关规定。

## 五、解释说明

(1)结构面是指岩体内已开裂的和易开裂的面,如层面、软弱夹层、节理、裂隙、片理、断层等。按结构面胶结(或充填)物质的性质,通常又分为硬性结构面和软弱结构面。硅质、铁质、钙质等物质胶结的或无充填的硬质岩中的结构面称为硬性结构面;泥质、岩屑等充填或结构面被软化、泥化的称软弱结构面。

(2)结构面是岩体的弱面,常控制工程岩体的稳定,在评价和核算工程岩体稳定性时,结构面抗剪强度参数是重要的岩体力学参数。

(3)影响结构面抗剪强度的因素是多方面的,如结构面充填物的性质、厚度、含水状态、两侧壁岩石粗糙程度和坚硬程度等。它们的存在条件有一定的随机性,要求同组试验结构面性状完全相同是困难的,只能要求基本相同。

(4)当需要对试体浇筑钢筋混凝土保护套时,保护套应与基岩完全脱离,立模时在模板下部沿试体四周铺设厚度与预定剪切缝宽度相同的木条,待混凝土初凝后再去掉。

(5)结构面性状差且倾角较大时,在制备试体时应防止试体滑移。

(6)对于具有膨胀性软弱结构面,在制备试体时,应采取限制膨胀的措施。为避免试体浸水膨胀,应先施加法向荷载,再向下切割制备试体。

(7)若充填物被挤出,就改变了软弱结构面的性状。在确定最大法向载荷时,对软弱结构面应以不破坏充填物结构(不被挤出)为限。

(8)对硬性结构面和软弱结构面,在施加方向荷载时的位移稳定标准和剪切时间载荷的时间控制均应区别对待。在快剪条件下,硬性结构面抗剪强度基本上不受稳定时间长短的影响;软弱结构面受力后变形大,变形完成较慢,法向和剪切载荷均应缓慢施加。

# 任务十八　岩体强度试验——岩体直剪试验

## 一、试验基本要求

(1)岩体直剪试验可采用平推法或斜推法,适用于各级岩体。

(2)试体布置应符合:每组试体数量不宜少于 5 个。同一组试验岩体的岩性应基本相同,基岩面下部不得有贯通裂隙通过。试验推力方向宜与工程的受力方向一致。试验剪切面宜为矩形,最小边长不应小于 50 cm。加工的基岩面尺寸应大于剪切面尺寸 10~15 cm,各试体间距不宜小于 1 倍最小边长。基岩面起伏差应为推力方向边长的 1%~2%,同一组试验基岩面起伏差宜一致。试体的推力部位应留有安装千斤顶的足够空间,平推法应开挖千斤顶槽。剪切面周围的岩体应大致凿平,浮渣应清除干净。

(3)试体制备应符合下列规定:①平推法推力方向宜与工程剪切方向一致。斜推法的推力中心线与剪切面夹角宜为(15±2)°。试体剪切面宜加工成矩形,边长不应小于 50 cm,高度不宜小于最小边长的 2/3。试体间距应大于最小边长的 1.5 倍,周围岩面宜修凿平整。对裂隙发育、易被压坏的岩体,需浇筑钢筋混凝土保护套或套钢模。保护套应具有足够的强度和刚度。保护套底部与基岩之间应预留 2 cm 剪切缝(见图 2-17)。当有特殊需要时,应预留保护层,采取保护措施,并施加一定的法向应力后再制样,避免因应力释放扰动岩体。试体或保护套顶面应平行预定剪切面。②应对结构面的类型、产状、延伸性、密度、充填物性质、与受力方向的关系、试验段岩体完整程度、风化程度、地下水情况进行详细描述,提出试验段地质素描图、试体展示图。

## 二、试验仪器

主要仪器和设备应包括下列各项:液压千斤顶或液压枕、液压泵及管路、压力表、钢垫板、滚轴排、传力柱及传力块、斜垫板、测量支架、测量表架、位移测表。

## 三、试验步骤

(1)应先安装法向的载荷系统,后安装剪切向的载荷系统。法向载荷与剪切载荷的合力作用点应通过预定剪切面中心。

(2)法向载荷系统和剪切向载荷系统安装应符合混凝土与岩体接触面直剪试验的相关规定。

(3)测量系统安装应符合混凝土与岩体接触面直剪试验的相关规定。

(4)试验加载应符合混凝土与岩体接触面直剪试验的相关规定。

(5)试验结束后,翻转试体,测量实际剪切面面积。详细描述剪切面破坏情况、擦痕分布、方向及长度、剪切面上碎屑物质的性质、分布、各类结构面的充填及连通情况。对剪切面进行地质素描,测定剪切面的起伏差,绘制起伏差沿剪切方向高差的变化曲线。

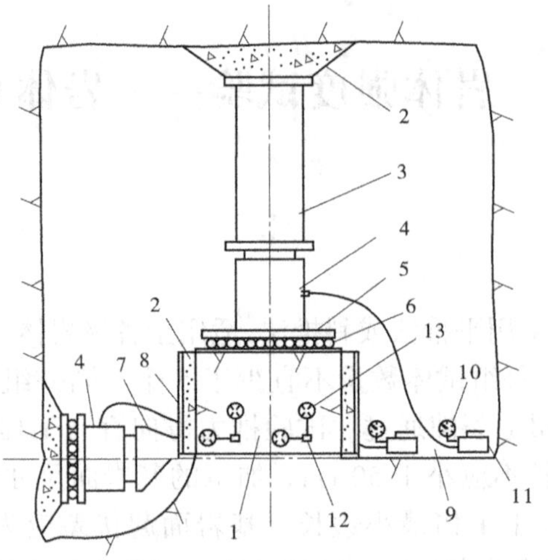


1—试体;2—浆砂;3—传力柱;4—液压千斤顶;5—钢垫板;6—滚轴排;7—传力箱;
8—钢模;9—液压管路;10—压力表;11—液压泵;12—测量标点;13—位移测表。

**图 2-17 岩体直剪试验示意图**

## 四、试验成果整理

试验成果整理应符合混凝土与岩体接触面直剪试验成果整理的相关规定。

## 五、解释说明

在外力作用下,岩体中的实际破坏面取决于应力分布状态,破坏面可能在结构面上,也可能通过结构面之间的岩体本身发生,即“岩桥”问题。在进行工程岩体稳定性核算时,不仅需要结构面抗剪强度参数,也需要通过岩体直剪试验获取岩体本身抗剪强度参数。

# 任务十九 岩体强度试验——岩体三轴压缩试验

岩体三轴压缩试验可采用等侧向压力试验法或不等侧向压力试验法,适用于能制成规则试体的各级岩体。

## 一、试验基本要求

### (一)试体布置和试体制备

(1)试体采用断面为正方形的柱体,边长不宜小于 30 cm,高度应为边长的 2~2.5 倍。

(2)每组试体不宜少于 5 个,同一组试体的岩性应相同。

(3)试体加工时应采取保护措施,减小对岩体的扰动。

(4)试体侧面应垂直底面,顶面应平行底面。

(5)试体表面应修凿平整,需要时可用水泥砂浆抹平。

(6)试体加载的反力部位应具有足够的强度。

**(二)地质描述**

应对试体的裂隙分布、宽度、产状进行详细描述,并绘制试体展示图。

## 二、试验仪器

主要仪器和设备应包括下列各项:液压千斤顶或液压枕、液压泵和管路、压力表、钢垫板、传力柱、传力架(箱)、侧向反力框架、测量支架、测量表架、电子位移测表或千分表、数据采集装置。

## 三、试验步骤

(1)载荷系统安装时,应先安装侧向载荷系统,再安装轴向载荷系统。侧向载荷和轴向载荷均应垂直于受力面。

(2)侧向载荷系统安装应符合下列规定:①试体侧面安放垫板,垫板与试体侧面之间须放置两层中间夹黄油的塑料薄膜作减摩层。采用千斤顶加载时,宜采用反力座[见图 2-18(a)]。减摩层及垫板后依次安装传力架、千斤顶垫板、传力柱、垫板,在垫板与反力座之间浇筑混凝土或砂浆。千斤顶应呈轴对称布置。安装多个千斤顶时,相对两个面上的千斤顶应并联加载。千斤顶活塞伸出量应不小于 2 cm 的行程。②采用液压枕加载时,宜采用反力框架[见图 2-18(b)],反力框架应具有足够的强度。减摩层及垫板后依次安装液压枕、垫板、反力框架。相对两个面上的液压枕应采用并联加载。安装完毕,启动千斤顶或液压枕施加接触压力,使整个侧向载荷系统接触紧密。

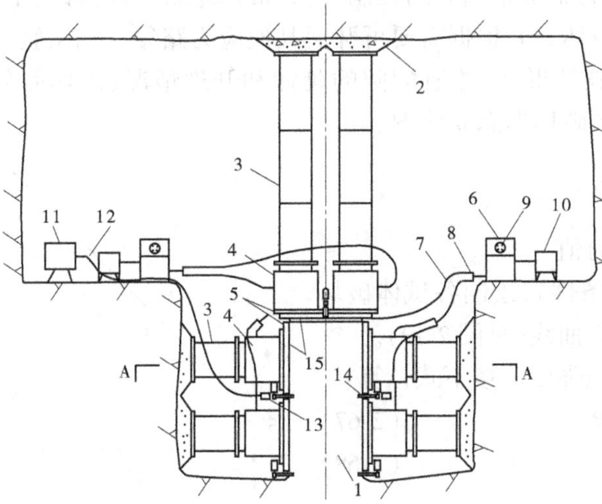


(a)立视图

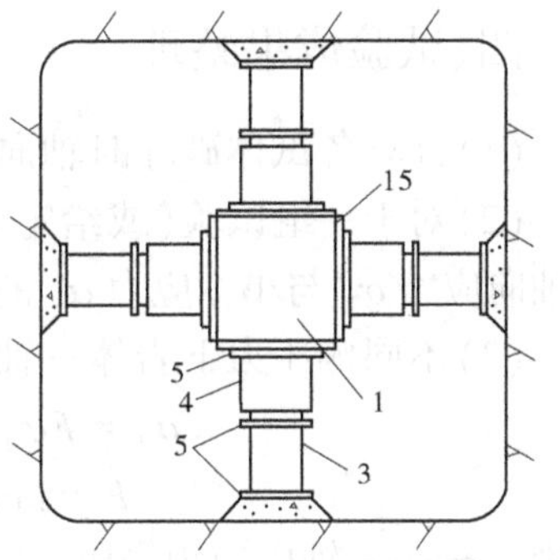


(b)A—A水平剖面图

1—试体;2—水泥砂浆;3—传力柱;4—液压千斤顶;5—钢板;6—稳压装置;7—液压管;8—液压管接头;9—压力表;10—油泵;11—数据采集装置;12—数据线;13—位移测表;14—位移测量标点;15—减摩层。

**图 2-18 三轴试验安装示意图(采用液压千斤顶加载侧压)**

(3)轴向载荷加压系统安装应符合下列规定：轴向载荷宜采用千斤顶施加，载荷中心线应通过试体中心。试体顶面与垫板之间应放置两层中间夹黄油的塑料薄膜作减摩层。减摩层及垫板上依次安装传力架、千斤顶、垫板、传力柱、垫板，在顶部垫板与反力座之间浇筑混凝土或砂浆。安装多个千斤顶时，千斤顶应并联加载。安装完毕，启动千斤顶施加接触压力。轴向载荷系统应具有足够的强度和刚度。

(4)测量系统安装应符合下列规定：测量支架的支点应设置在基岩变形影响范围以外，支架应具有足够的刚度。在顶面中心、4个侧面中心、底面4侧边中点布置变形测点；全部测点均应布置轴向变形测表；4个侧面中心应布置侧向变形测表；对电子位移测表，应连接测量数据采集装置。

(5)试验步骤及稳定标准应符合下列规定：①根据千斤顶(或液压枕)的率定曲线和试体面积，计算施加的载荷和压力表读数。②检查各测表的工作状态，读取初始读数。③等侧向压力试验时，对每个试体分别施加不同的侧向压力($\sigma_2=\sigma_3$)，其值为最大侧向压力的等差值。最大侧向压力应根据工程设计要求确定。侧向和轴向压力应同步施加至预定的侧向压力值 $\sigma_1=\sigma_2=\sigma_3$，稳定 5 min 后测读变形，然后单独继续施加轴向压力。④不等侧向压力试验时，可依据工程岩体应力变化特点，先确定中间主应力，再确定小主应力量值及其级差。最大、最小和中间主应力应先同步施加至预定的小主应力值 $\sigma_3=\sigma_2=\sigma_1$，稳定 5 min 后测读变形，然后稳定小主应力 $\sigma_3$，同步施加大主应力 $\sigma_1$ 和中间主应力 $\sigma_2$ 至预定的中间主应力值 $\sigma_2=\sigma_1$，稳定 5 min 后测读变形，最后稳定 $\sigma_2$、$\sigma_3$，继续施加轴向压力。⑤轴向压力采用逐级连续加载，按预估最大轴向压力等分 8~12 级施加，当变形明显增大时应减小级差。需要时可采用逐级一次循环加载。⑥轴向压力施加过程中，侧向压力应始终保持不变。⑦轴向压力施加采用时间控制，每 5 min 施加一级，每级压力施加前后各测读一次变形，直至试体破坏。⑧根据需要可开展其他应力路径三轴试验。

(6)试验结束后应描述试体的破坏形式，原有裂隙的延伸和开裂情况、破坏面分布、产状，擦痕的分布、方向和长度，绘制破坏形态立体图。

## 四、试验成果整理

(1)计算各试体破坏时轴向应力值。

(2)对于一组试验(或给定 $\sigma_2$ 条件)，绘制各试体破坏时轴向应力 $\sigma_1$ 与小主应力 $\sigma_3$ 的关系曲线(见图2-19)。

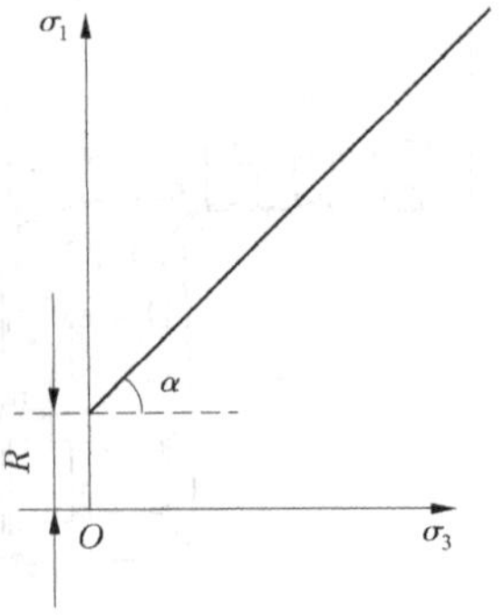


**图2-19 轴向应力 $\sigma_1$ 与小主应力 $\sigma_3$ 的关系曲线**

(3)不同侧压力下岩体三轴抗压强度应按下式计算：

$$\sigma_1 = F\sigma_3 + R \tag{2-67}$$

$$F = \tan\alpha \tag{2-68}$$

式中 $\sigma_1$——轴向应力，MPa；

$\sigma_3$——小主应力，MPa；

$F$——$\sigma_1$-$\sigma_3$ 关系曲线的斜率；

$R$——$\sigma_1$-$\sigma_3$ 关系曲线在纵坐标轴上的截距，MPa；

$\alpha$——$\sigma_1$-$\sigma_3$ 关系曲线与 $\sigma_3$ 轴的夹角，(°)。

(4)三向应力状态岩体抗剪强度参数应按下列公式计算：

$$f = \frac{F - 1}{2\sqrt{F}} \tag{2-69}$$

$$C = \frac{R}{2\sqrt{F}} \tag{2-70}$$

式中　$f$——摩擦系数；

$C$——黏聚力，MPa。

(5)三向应力状态岩体抗剪强度参数也可根据各试体破坏时轴向应力 $\sigma_1$ 和对应侧向应力 $\sigma_3$，在剪应力 $\tau$ 与正应力 $\sigma$ 的坐标系中绘制莫尔应力圆簇，按莫尔-库仑强度理论确定。

(6)试验记录应包括工程名称、岩石名称、试体编号、试体位置、试验方法、试体尺寸、破坏形态、变形测表布置、侧向载荷、轴向载荷、侧向变形、轴向变形、试验人员、试验日期。

## 五、解释说明

(1)建筑物地基和地下洞室围岩一般处于三向应力状态，三向应力状态下的试验成果更符合工程岩体实际。现场岩体三轴强度试验可采用在等侧压($\sigma_2=\sigma_3$)或不等侧压($\sigma_2\neq\sigma_3$)应力状态下测定岩体强度。

(2)作为地质体的岩体，试验结果应反映裂隙的存在，规定试体最小周边尺寸，是为了使试体包含一定数量的裂隙。若在原位进行试验，制备试体可在开挖支洞时预留岩柱或采用抬高平洞底板，在底板上凿制试体。若加载设备容量足够大，适当加大试体尺寸是合适的。若利用平洞内专门浇筑的试验平台进行试验，则试体不宜过大，一般试体尺寸为30 cm×30 cm～35 cm×35 cm，以便于搬运和安装。

(3)试体高宽比的要求，实质上是解决端部力学效应使试体应力分布均匀。本条要求试体高度不小于2倍横向边长，可基本消除试体底部约束影响。

(4)先安装侧向加载设备并施加接触压力，随后安装轴向加载设备，可避免试体破损，这对裂隙发育的试体尤其重要。

(5)传力垫板与试体侧面(和顶部)之间存在的摩擦力，使得试体内应力分布复杂，应采取措施尽量减小这种摩擦力。

(6)侧向千斤顶安装时应注意对称布置，以保证试体受力均匀，不产生致使试体发生偏转的力矩。侧向千斤顶安装时，其活塞伸出量应不小于2 cm，以保证试体受轴向载荷时便于横向膨胀变形。

(7)在试验过程中，试体轴向发生较大的压缩变形，活塞千斤顶在工作时能很好地适应这种变形和破坏。根据预计试验破坏极限选用容量相适应的千斤顶，以满足试验精度。试体较大、强度较高时，可采用多个容量相等的千斤顶并联同步施加轴向载荷。多个千斤顶应对称排列，合力通过试体中心，不得产生偏心受压。

(8)等侧压三轴试验时，同一组中各个试件应采用不同的侧向压力。开始采用静水压力加载方法，对侧向和轴向载荷缓慢、同步地加至预定的侧向载荷值($\sigma_1=\sigma_2=\sigma_3$)，然后保持侧向压力不变，继续施加轴向载荷，直至试体破坏。对某一个试体而言，试体破坏时的轴向载荷即为该侧向压力下的抗压强度。

(9)实际工程岩体多处于三向不等压状态。如边坡和地下洞室开挖，平行坡面走向或平行洞轴线方向的应力往往变化不明显,平行坡面倾向或沿洞室环向的应力往往明显增加,垂直坡面方向或沿洞径向的应力往往明显减小。不等侧压三轴试验时,同一组中各个试件可采用同样的中间主应力,给定不同小主应力值,通过施加轴向应力获得岩体三轴破坏时的大主应力。

(10)岩体三轴抗剪强度参数的确定,给出了两种成果的整理方法,便于比较分析,一般情况下建议采用公式计算方法。

# 任务二十　岩体强度试验——岩体荷载试验

岩体载荷试验应采用刚性承压板加载方法,适用于Ⅲ级及以下岩体。

## 一、试验基本要求

试点制备应符合下列规定:

(1)试点受力方向宜与工程岩体实际受力方向一致。

(2)承压面积不应小于 500 $cm^2$。

(3)试点边缘至洞壁或底板和顶板的距离应大于承压板直径或边长的 1.5 倍,至洞口或掌子面的距离应大于承压板直径或边长的 2 倍,至临空面的距离应大于承压板直径或边长的 6 倍,试点间距应大于承压板直径或边长的 3 倍。

(4)试点表面以下 3 倍承压板直径或边长范围内的岩性宜相同。试点表层受扰动的岩体应清除干净。

(5)承压面应加凿平整,并用砂轮打磨,起伏差应小于承压板直径或边长的 1%。承压面以外 1.5 倍承压板直径范围内岩体表面应平整,无松动块石。

## 二、试验仪器

主要仪器和设备应包括液压千斤顶、液压枕、测力枕、液压泵、液压管路、压力表、稳压装置、刚性承压板、滚轴排、钢垫板、传力箱、传力柱、楔形垫块、反力装置、测量支架、位移测表、测量表架、钻孔多点位移计、测量标点、钻机及辅助设备。刚性承压板宜为圆形。

## 三、试验步骤

(1)载荷系统安装应符合刚性承压板法岩体变形试验加压系统与传力系统安装的相关要求。

(2)测量系统安装除应符合刚性承压板法岩体变形试验测量系统安装的要求外,还应在板外沿径向对称布置变形测表,每侧宜布置 2 支。

(3)试验加载应符合下列规定:①试验宜采用千斤顶加载。根据千斤顶的率定曲线和承压面积,计算施加的载荷值与压力表读数。②检查各测表的工作状态,观测稳定初始读数,每隔 10 min 测读一次,连续 3 次读数不变,开始加压。③载荷的级差应由大到小递减，先预估极限载荷 $P_{max}$，载荷小于 $0.50P_{max}$ 时，级差为 $0.1P_{max}$；载荷为 $(0.50\sim0.75)P_{max}$ 时，级差为 $0.05P_{max}$；载荷大于 $0.75P_{max}$ 时，级差为 $0.025P_{max}$。④当载荷与变形关系曲线不再呈直线或承压板周围岩面出现裂缝时，应减小载荷级差，最小级差可取 0.01～0.02 MPa。⑤试验采用逐级连续加载，直至试点破坏。⑥加载应采用变形控制。每级载荷施加后立即读数，以后每隔 10 min 读数一次，当各测表相邻两次读数之差与同级载荷下第一次读数和前一级载荷下最后一次读数差之比小于 5%时，可施加下一级载荷。⑦可在承压板上测表读数稳定后，测读承压板外测表一次。⑧加载结束后分 3～5 级缓慢卸载，每级卸载后应测读一次变形。卸载完成后，每隔 10 min 测读测表一次，持续 1 h。

(4)当出现下列情况之一时，可终止加载：①某级压力下，承压板上和板外测表的读数不停地变化，且在一定时间间隔内，这种变化有不断增大的趋势，可认为岩体已破坏。②压力表读数显示载荷加不上或勉强加上但很快降下来，可认为岩体已破坏。承压板周围岩面发生明显隆起或径向裂缝持续发展，可认为岩体已破坏。③设备出力不够，岩体未能达到破坏，但载荷已经达到工程设计压力的 3 倍。

(5)试验结束后，应描述裂缝发生及发展情况、裂缝产状及性质、承压板周围岩面隆起程度、位置及范围，必要时应切槽检查。

## 四、试验成果整理

(1)压力应按式(2-71)计算：

$$p=\frac{F}{A} \tag{2-71}$$

式中 $p$——作用于试点上的单位压力，MPa；

$F$——作用于试点上的法向载荷，N；

$A$——试点承压面积，$mm^2$。

(2)根据测表读数计算各级压力下承压板上和板外岩体变形。

(3)绘制压力 $p$ 与变形 $W$ 的关系曲线，确定各特征点的压力。

(4)试验记录应包括工程名称、岩石名称、试点编号、试点位置、试验方法、承压面积、测表布置、载荷、变形、试验前后地质素描图、试验人员、试验日期。

## 五、解释说明

(1)本试验是在法向荷载作用下，测定岩体在半无限边界条件下所能承受的极限载荷。很好或好的岩体，强度及变形模量高，一般不存在由于承载能力不够而引起工程岩体的稳定问题，载荷试验适用于Ⅲ级以下(含Ⅲ级)的岩体。

(2)《水利水电工程地质勘察规范(2022 年版)》(GB 50487—2008)中给出了坝基岩体工程地质分类，《工程岩体分级标准》(GB/T 50218—2014)中提出了岩体基本质量分级，明确各级岩体的基本规定，在试验中可供参考。

(3)规定试验最小承压面积，主要是考虑到加载设备容量不够大的条件下，能保证岩体发生破坏。若加载设备容量较大，岩体又较软弱破碎，可适当增加承压面积。

(4)承压板和测量系统的刚度应予以足够重视。承压板的刚度与板的大小、厚度及岩体性质有关。承压板应具有足够的刚度，以避免在加载试验过程中承压板发生翘曲和变形。承压板可采用整体式、叠加式或加肋式。

(5)岩体载荷试验应确定的各特征点分别是比例极限点、屈服极限点和极限载荷点。与极限载荷点对应的压力为极限承载力，是本试验所要测定的最重要的岩体强度参数，表征被测岩体所能承受的最大承载能力。屈服极限点在压力与变形关系曲线上往往不易判断，这时就需要借助于其他试验资料。根据板外测表，加载开始板外岩面下沉，随着载荷增加，板外岩面由下沉转为上抬，此转折点对应于关系曲线上的屈服极限点。由于板外各测表所测变形的转折点发生时间常不一致，此时通常根据较晚发生的转折点来判断。破坏极限点可根据承压板周围岩面出现第一条径向裂缝来判断。

(6)试验加载过程中，当出现可终止加载的情况之一时，均表明岩体已破坏。此时，单位面积的载荷值即为岩体极限承载力。

(7)根据经验，岩体的极限承载力一般要比工程设计压力高出很多。从工程安全角度以及试验技术的发展，试验过程中，因设备出力不够，但岩体仍未能达到破坏，试验载荷修订为达到工程设计压力的3倍，这与一般岩体工程基础承载安全系数取值相当。

# 任务二十一　岩体应力测试——孔径变形法测试

孔径变形法测试可采用四分向钢环式变形计法和压磁应力计法，适用于完整和较完整岩体。

## 一、试验基本要求

### (一)测点布置

(1)测段内及测段附近岩性应均一完整。每一测段内宜布置2~3个测点，各测点应尽量靠近，避开断层、裂隙等不良地质构造。

(2)在测试岩体初始应力时，测试深度应大于洞室断面最大尺寸的2倍。

(3)当测量岩体中某一点的三向应力状态时，宜布置交会于该空间点两两正交的三个钻孔，其中一个钻孔应为铅直钻孔。

### (二)地质描述

地质描述应符合：钻孔钻进过程中的情况，岩石名称、结构及主要矿物成分，结构面的类型、产状、宽度、充填物性质，测点区的地应力现象。

## 二、试验仪器

主要仪器和设备应包括下列各项：

(1)钻机及其附属设备。

(2)大小口径金刚石钻头。

(3)磨平钻头及导向钻头。

(4)四分向钢环式变形计及应变仪(或压磁应力计及读数仪)。

(5)围压率定器。

(6)安装设备。

## 三、试验步骤

**(一)测试准备**

(1)布置钻孔,安装钻机,按预定方位进行钻进。

(2)钻进至预定深度,取出岩芯。磨平孔底,用导向钻头钻深4~5 cm的导向孔。

(3)钻中心测试孔,孔深约50 cm,要求与大孔同轴,两孔孔轴偏差不应大于2 mm。取出中心测试孔岩心并冲洗钻孔。

(4)观测岩心并进行描述,当岩芯不满足试验要求时,应重复以上操作。

(5)安装前应对四分向钢环式钻孔变形计或压磁应力计进行率定。

**(二)四分向钢环式变形计安装**

(1)将变形计中各组钢环的引出线按顺序连接在应变仪的接线箱上,并预调平衡。

(2)接上定向器,与变形计一起用安装杆缓慢送入中心测试孔内,同时监视应变仪,读数压缩值宜控制在2 000 $\mu\varepsilon$ 。

(3)用铁锤轻击安装杆端部,使变形计锥体与中心测试孔孔口紧密接触。记录安装定向方向。

**(三)压磁应力计安装**

(1)对铅直向中心测试孔,应先将应力计定向底座送入孔底定向,再将应力计送至孔底,将尾部插入底座定向凹槽内,对应力计施加预压力。

(2)对水平向中心测试孔,采用钻杆将应力计和水平定向器送至孔底定向固定,并施加预压力。

(3)预压力的大小宜为应力计最大读数范围的1/3~2/3,并保持该预压力不变。

(4)记录安装定向方向。

**(四)四分向钢环式变形计法的测试及稳定标准**

(1)将应变计导线从钻具中引出,接上二次仪表,向钻孔内冲水不少于30 min后,每隔5 min读数一次,连续3次相邻读数差不超过5 $\mu\varepsilon$ 时,取最后一次读数作为稳定读数,并记为初始值。

(2)每钻进2 cm,停钻不停机读数两次。

(3)测点到孔底的最终解除深度不应小于解除孔孔径的1.5倍。

**(五)压磁应力计法的测试及稳定标准**

(1)将应力计导线从钻具中引出接上二次仪表,向钻孔内冲水不少于30 min后,每隔5 min读数一次,连续3次相邻读数差不超过3个时,取最后一次读数作为稳定读数,并记为初始值。

(2)每钻进2 cm,停钻不停机读数两次。

(3)测点到孔底的最终解除深度不应小于解除孔孔径的1.5倍。

**(六)围压试验**

(1)现场测试结束后,将解除后带有应变计的岩心放入围压器中,在现场进行围压试验。

(2)岩芯围压试验宜采用逐级一次循环试验。逐级一次循环法加压过程中,每级压力下每隔 5 min 读数一次,相邻两次读数差不大于 5 με 时,取最后一次读数作为稳定读数。

(3)绘制压力 $p$ 与应变 $\varepsilon$ 的关系曲线,计算岩石弹性模量和泊松比。

## 四、试验成果整理

### (一)四分向钢环式钻孔变形计法测试成果整理

(1)绘制解除深度 $h$ 与各钢环应变 $\varepsilon_i$ 的关系曲线。

(2)根据 $h-\varepsilon_i$ 关系曲线,参照地质条件和试验情况,确定最终稳定读数 $\varepsilon_{ni}$。

(3)绘制各元件率定的千分表读数 $S_i$ 与电阻应变仪读数 $\varepsilon_i$ 的关系曲线。各元件率定系数应按式(2-72)计算:

$$K_i = \frac{\varepsilon_i}{S_i} \tag{2-72}$$

式中 $K_i$——元件 $i$ 的率定系数,$mm^{-1}$;

$\varepsilon_i$——各元件的应变值;

$S_i$——千分表读数,mm。

(4)钻孔径向变形应按式(2-73)计算:

$$\Delta d = \frac{\varepsilon_{ni} - \varepsilon_{0i}}{K_i} \tag{2-73}$$

式中 $\Delta d$——钻孔径向变形,mm;

$i$——测试元件的序号;

$\varepsilon_{0i}$——元件 $i$ 的初始应变值;

$\varepsilon_{ni}$——元件 $i$ 的最终稳定应变值。

(5)岩体应力参数计算应符合附录 B 的规定。

### (二)压磁应力计法测试成果整理

(1)绘制解除深度 $h$ 与应力计各元件读数差 $\Delta u$ 的解除全过程关系曲线,确定最终稳定值。

(2)绘制应力计各元件率定曲线,各元件率定系数应按式(2-74)计算:

$$K = \frac{S_w}{\Delta u} \tag{2-74}$$

式中 $K$——元件率定系数;

$S_w$——围压器压力,MPa;

$\Delta u$——仪器读数差。

(3)记录应力值 $S_{ij}$ 应按式(2-75)计算:

$$S_{ij} = K_i \cdot \Delta u \tag{2-75}$$

式中 $S_{ij}$——对于空间问题为 $S_{ij}$,对于平面问题为 $S'$、$S''$和 $S'''$。

(4)平面应力计算。当符合平面问题假设且压磁应力计各元件互成 60°布置时,平面应力按式(2-76)计算:

$$\sigma_{1,2}=\frac{1}{3}(S'+S''+S''')\pm\frac{2}{3}\sqrt{(S'-S'')^2+(S''-S''')^2+(S'''-S')^2} \tag{2-76}$$

$$\tan 2\theta=\frac{\sqrt{3}(S''-S''')}{2S'-S''-S'''} \tag{2-77}$$

式中　$\sigma_1$、$\sigma_2$——最大主应力、最小主应力，MPa；

$S'$、$S''$、$S'''$——3 个测试方向的记录应力，MPa；

$\theta$——当$\frac{S''-S'''}{2S'-S''-S'''}<0$时，为最大主应力 $\sigma_1$ 与记录应力 $S'$的夹角；当$\frac{S''-S'''}{2S'-S''-S'''}>0$时，为最小主应力 $\sigma_2$ 与记录应力 $S'$的夹角。

(5)空间应力计算。根据 3 个不同方向的钻孔测试所取得的各个应力值 $S_{ij}$，空间应力分量 $\sigma_x$、$\sigma_y$、$\sigma_z$、$\tau_{xy}$、$\tau_{yz}$、$\tau_{zx}$ 应按式(2-78)计算：

$$S_{ij}=\frac{1}{3}(A_{ij}\sigma_x+B_{ij}\sigma_y+C_{ij}\sigma_z+D_{ij}\tau_{xy}+E_{ij}\tau_{yz}+F_{ij}\tau_{zx}) \tag{2-78}$$

$$\begin{cases}A_{ij}=a_{ij}l_{i1}^2+b_{ij}l_{i2}^2+c_{ij}l_{i3}^2+d_{ij}l_{ij}l_{i3}\\B_{ij}=a_{ij}m_{i1}^2+b_{ij}m_{i2}^2+c_{ij}m_{i3}^2+d_{ij}m_{ij}m_{i3}\\C_{ij}=a_{ij}n_{i1}^2+b_{ij}n_{i2}^2+c_{ij}n_{i3}^2+d_{ij}n_{ij}n_{i3}\\D_{ij}=2(a_{ij}l_{i1}m_{i1}+b_{ij}l_{i2}n_{i2}+c_{ij}l_{i3}n_{i3})+d_{ij}(l_{i1}m_{i3}+l_{i3}m_{i1})\\E_{ij}=2(a_{ij}m_{i1}n_{i1}+b_{ij}m_{i2}n_{i2}+c_{ij}m_{i3}n_{i3})+d_{ij}(m_{i1}n_{i3}+m_{i3}n_{i1})\\F_{ij}=2(a_{ij}n_{i1}l_{i1}+b_{ij}n_{i2}l_{i2}+c_{ij}n_{i3}l_{i3})+d_{ij}(n_{i1}l_{i3}+n_{i3}l_{i1})\end{cases} \tag{2-79}$$

$$\begin{cases}a_{ij}=1+2\cos 2\theta_{ij}\\b_{ij}=-\mu\\c_{ij}=1-2\cos 2\theta_{ij}\\d_{ij}=4\sin 2\theta_{ij}\end{cases} \tag{2-80}$$

式中　$i$——钻孔序号；

$j$——测试方向序号；

$\theta$——钻孔内某点测试方向与钻孔坐标系 $\varepsilon_{ij}$ 的夹角；

$l_{i1}$、$m_{i1}$、$n_{i1}$、$l_{i2}$、$m_{i2}$、$n_{i2}$、$l_{i3}$，$m_{i3}$、$n_{i3}$——相应测点钻孔坐标系各轴对大地坐标系的方向余弦。

### (三)测试记录

测试记录应包括工程名称、岩石名称、测点编号、测点位置、试验方法、地质描述、测试深度、测量元件的率定系数、相应于各解除深度的测量元件的读数、灵敏系数、系统绝缘值、冲水时间、测量元件的布置方向、钻孔轴向方位角与倾角、围压试验资料、测试过程中发生的异常现象、测试人员、测试日期。

## 五、解释说明

(1)孔径变形法测试包括四分向钢环式钻孔变形计测试和压磁应力计测试两种方法。它是在钻孔预定孔深处安放四分向钢环式钻孔变形计或压磁应力计，然后套钻解除，测量解除前后的变形或应变差值,按弹性理论建立的孔径变化与应力之间的关系式,计算出岩体中钻孔横截面上的平面应力状态。

(2)当需要通过孔径变形法测试获得岩体的空间应力状态时,可采用三孔交会测试方法,采用两两正交的三个钻孔,其中一个钻孔宜为铅直钻孔。

(3)孔径变形计。四分向钢环式钻孔变形计是孔径变形测试的一种元件。孔径变形的测量元件,可以归纳为电阻片、钢弦、电感元件三类。目前,国内以电阻片作为测量元件应用较为广泛,它是在元件内部安装四个预先粘贴好电阻片的弹性钢环,当触头受力后钢环变形,通过电阻应变仪测量钢环的应变,根据率定曲线换算成钻孔直径的变化。这种元件具有防水性好、适应性强、操作简便、能测量解除应变的全过程、能重复使用等优点。缺点是在单孔内只能测求平面应力,若需测量岩体三向应力时,则必须布置交会于某点的三个钻孔。

(4)孔径变形计灵敏度计算。用同样的元件在不同的岩石和不同的应力状态下测量岩体应力的灵敏度是不一样的。假定在 $E=50$ GPa 的岩石上,处于平面应力状态下,$\sigma_1=\sigma_2$,以应力变化为 0.1 MPa、钻孔直径为 $\phi36$ mm 时其直径变化作为灵敏度设计的根据。计算公式如下:

$$\Delta d=\frac{2\sigma D}{E}=\frac{2\times0.1\times36}{50\times10^3}=1.44\times10^{-4}(\mathrm{mm}) \tag{2-81}$$

如果岩体弹性模量低,在设计时可以适当降低灵敏度。

(5)孔径变形计的应变钢环设计。用电阻片法测量钻孔直径变化,必须通过传感器将位移量变化值转换为电量变化值。常用的应变钢环有圆形环、C 形环及非环式的悬臂梁三种。

(6)压磁应力计。压磁应力计由三个互成 60°的元件组成。元件是根据压磁原理设计的,其感应部位是一个铁镍合金心轴的自感线圈。如果沿着心轴施加的压力发生变化,则心轴的磁导率和自感线圈的电感量(阻抗、电压降)也随之改变,即测量元件产生的信号反映了元件承受压力的大小。

(7)绘制解除深度 $h$ 与释放应变 $u$ 的解除全过程关系曲线(见图 2-20),曲线一般可划分为Ⅰ、Ⅱ、Ⅲ、Ⅳ四个区。在计算应变时,应采用稳定应变值($\Delta u$)。如果Ⅲ、Ⅳ阶段不明显,$\Delta u$ 可根据具体情况分析确定。

# 任务二十二　岩体应力测试——水压致裂法测试

水压致裂法测试适用于完整和较完整岩体。

## 一、试验基本要求

### (一)钻孔测试段布置

(1)在测试段上下 1.5 m 范围内,岩性应均一完整。

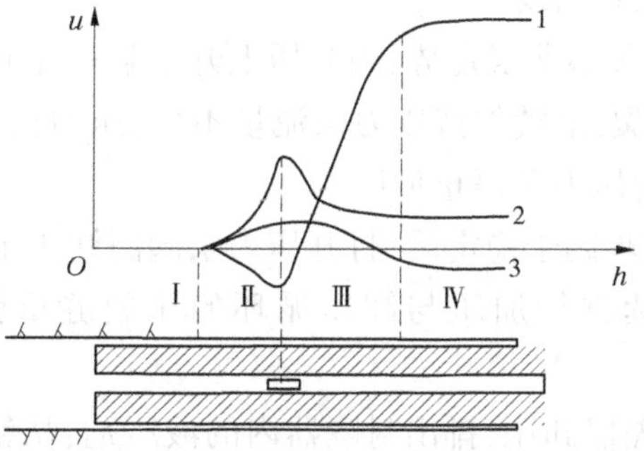


Ⅰ—无应力影响区,解除时无变化;Ⅱ—应力集中区,由于施钻引起的应力集中;
Ⅲ—应力释放区,随着解除过程应力的变化;Ⅳ—应变稳定区,应变值随解除深度加深逐渐趋于稳定。

**图 2-20 解除深度与释放应变的解除全过程关系曲线**

(2)测点处岩体的渗透系数宜小于 1 Lu[1 Lu=1 L/(min·m·MPa)]。

(3)当测量岩体中某一点的三向应力状态时,宜布置交会于该空间点、两两正交的三个钻孔,其中一个钻孔应为铅直钻孔。

**(二)地质描述**

(1)钻孔钻进过程中的情况。

(2)岩石名称、结构及主要矿物成分。

(3)结构面的类型、产状、宽度、充填物性质。

(4)测点区的地应力现象,还应描述测试段岩体的渗透性。

## 二、试验仪器

主要仪器和设备应包括下列各项:钻机及附属设备、橡胶封隔器(与钻孔孔径匹配)及高压软管、压力传感器和流量传感器、数据采集仪或函数记录仪、高压大流量电动压力泵、印模器或钻孔电视录像设备。

## 三、试验步骤

**(一)测试准备**

(1)根据钻孔地质资料或钻孔录像资料选择测段。

(2)清洗钻孔。

(3)率定压力传感器与流量传感器,并进行封隔器预压试验。

(4)对加压管路进行高压密封试验,试验压力不应小于 20 MPa。

(5)检查定向设备。

**(二)测试过程**

(1)串接两个橡胶封隔器,用安装工具放至选定的压裂段,加压至预定的座封压力,使封隔器膨胀座封于孔壁上。

(2)对压裂段注水加压,打开数据采集仪或函数记录仪连续记录压力 $p$ 与时间 $t$ 关系

曲线和流量 $Q$ 与时间 $t$ 关系曲线。

(3)观察压力与时间关系曲线走势，当泵压上升至某一峰值压力 $p_b$ 时，压力突然下降或曲线出现拐点，岩壁破裂；继续保持压力泵流量不变，压力持续下降或保持某一稳定压力，压裂缝扩展，即可关闭压力泵停止加压。

(4)当曲线下拐并逐步趋于稳定后，打开压力泵阀门卸压至零。

(5)按以上操作连续进行加压与卸压循环的压裂缝重张试验，循环次数不应少于3次。

(6)测试完毕后，封隔器卸压，排出封隔器内的液压剂，从钻孔中移动封隔器，按上述步骤(1)～(5)进行下一测试段的测试，直至全孔测试完成后，从钻孔中取出封隔器。

(7)用定向印模器或钻孔录像仪记录压裂缝方向。当使用定向印模器记录压裂缝时，应选择破裂压力明显的压裂段。

**(三)三孔交会钻孔的水压致裂法地应力测量步骤**

应根据钻孔地质资料或钻孔录像资料依次对三个钻孔进行以下操作：选择测段→清洗钻孔→率定压力传感器与流量传感器，并进行封隔器预压试验→对加压管路进行高压密封试验，试验压力不应小于20 MPa→检查定向设备→进行测试。

## 四、试验成果整理

(1)根据实测压裂过程曲线，确定压裂过程中各特征压力参数，即各测段的破裂压力 $P_b$、瞬时关闭压力 $P_s$、重张压力 $P_r$。

(2)根据印模或钻孔录像资料，绘制压裂缝形态，确定压裂缝方位。

(3)当钻孔为铅直方向，且压裂缝方向平行于钻孔轴线时，压裂缝方向即为钻孔横截面上最大水平主应力 $S_H$ 方向。最大水平主应力 $S_H$ 和最小水平主应力 $S_h$ 应按式(2-82)～式(2-84)计算：

$$S_h = p_s \tag{2-82}$$

$$S_H = 3S_h - p_b - p_0 + \sigma_t \tag{2-83}$$

或

$$S_H = 3S_h - p_r - p_0 \tag{2-84}$$

式中 $S_H$、$S_h$——钻孔横截面上的最大水平主应力、最小水平主应力，MPa；

$p_b$——岩体破裂压力，MPa；

$p_0$——岩体孔隙压力，MPa；

$\sigma_t$——岩体抗拉强度，MPa；

$p_s$——瞬时关闭压力，MPa；

$p_r$——岩体重张压力，MPa。

(4)当压力传感器安置在地面时，实测的应力还需叠加静水压力 $P_h$。

(5)采用多向交会钻孔时，岩体空间应力参数计算应符合附录B的规定。

(6)测试记录应包括工程名称、岩石名称、钻孔编号与位置及其方向、测段编号与深度、试验方法、地质描述、压力表率定资料、压力传感器与流量传感器率定资料、破裂压力、瞬时关闭压力、重张压力、测试过程中发生的异常现象、测试人员、测试日期。

## 五、解释说明

（1）水压致裂法测试是采用两个长约 1 m 串接起来可膨胀的橡胶封隔器阻塞钻孔，形成一密闭的压裂段（长约 1 m），对压裂段加压直至孔壁岩石产生张拉破裂。本测试方法假定岩石是均匀和各向同性的线弹性体，且岩体中有一个主应力方向与钻孔轴线平行，根据岩体破裂压力等压力参数及破裂缝方向，按弹性理论公式计算钻孔横断面的主应力及其方向。

（2）本方法测量地应力对岩体做了下列假定：岩石是均匀和各向同性的线弹性体；当岩石为多孔介质时，注入的流体依据达西（Darcy）定律在岩石孔隙中流动；岩体应力场三个主应力中有一个主应力方向与钻孔轴线平行。

（3）由于水压致裂法需对测试孔压裂段加压直至破裂，故要求测试段串联起来的封隔器加上压裂段共约 3 m 长的岩体透水性小，根据计算公式的假定及目前工程实例统计，岩体渗透系数应小于 1 Lu。

（4）水利水电工程地下洞室勘察设计中，已广泛采用三孔交会水压致裂法确定测区的空间应力参数。

（5）裂隙岩体的渗透性通常由钻孔柱状图来反映，包括岩性、裂隙密度、岩芯获取率、RQD 及岩体渗透系数。

（6）水压致裂法可利用原有符合封隔器尺寸的钻孔（宜为金刚石钻孔）。在利用原有成孔时间较长的勘探钻孔时，应利用钻机进行扫孔清洗。

（7）对测试的要求：①座封压力的确定。原则上座封压力应大于橡胶封隔器的扩张压力，小于测试岩体破裂缝的重张压力，宜在现场通过试验或用同类岩体测试的经验确定。②由于水压致裂过程较短（2~4 min），压裂曲线（压力与时间关系）变化很快，试验时应采用自动记录显示仪或流量及压力传感器采集仪，连续记录和绘制压裂曲线，以便实时控制，判断压裂过程特征点。③记录破裂缝。破裂缝的记录通常采用两种方法，一种方法是采用定向印模器，即利用扩张印模胶筒外层的生橡胶和能自动定向的定向器来记录破裂缝的形状及方位；另一种方法是采用井下电视记录破裂缝。印模器的加压时间通常为 3~4 h，也可根据生橡胶的性能现场试验确定。印模器的加压量值原则上应大于破裂缝的重张压力，小于破裂压力。

（8）根据实测压裂过程曲线（见图 2-21）确定压裂特征参数，具体步骤如下：①利用两个串联的可膨胀橡胶封隔器（中间为花管或高压软管）加压座封于孔壁上，形成压裂段。②向压裂段注水加压，使其孔壁承受着逐渐增强的液压作用。③当泵压上升到某一临界值 $p_b$（岩体破裂压力）时，由于岩石破裂导致泵压值急剧下降，而流量值急剧上升。④关闭压力泵，泵压开始趋向稳定时，此段压裂过程曲线的拐点即为瞬时关闭压力 $p_s$。⑤当泵压趋向稳定时，打开压力泵阀卸压，压裂段液压作用被解除后破裂缝完全闭合，泵压降为零。⑥重张，连续多次（宜为 3~4 次）加压循环（此时压力与时间关系曲线上的最高点即

为重张压力 $p_r$)，以便取得合理的压裂参数以及正确地判断岩石破裂和破裂延伸的过程。

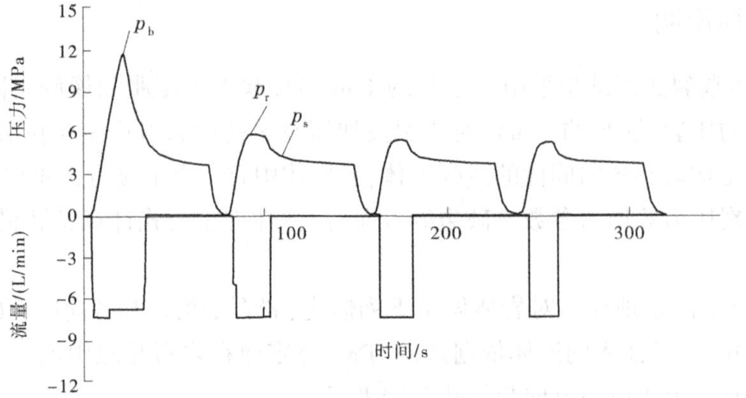


图 2-21　水压致裂压力-时间过程曲线

# 任务二十三　岩石声波测试——岩块声波测试

【知识储备】

声波测试是以声波在岩石中的传播特性与岩石的物理力学参数相关性为基础，通过测定声波在岩体中的传播特性参数，为评价工程岩体力学性质提供依据。其在工程中应用广泛，主要有围岩工程地质分类；测定洞室围岩松动圈的范围；测定岩石、岩体的物理力学参数($v_p$、$v_s$、$E_d$、$G_d$)；划分岩性，确定岩石的风化程度、裂隙发育情况，从而了解岩体结构特征；大坝基础灌浆效果测定；建基面基岩质量评价和验收；爆破开挖影响范围检测；断层和岩溶等地质缺陷探查等。

声波探测是弹性波探测技术中的一种，其理论基础是固体介质中弹性波的传播理论，是利用频率为数千赫兹到 20 kHz 的声频弹性波在岩体中的传播速度、振幅和频率等声学参数的变化；探测时，发射点和接收点根据探测项目的需要，可选在岩体表面，也可选在一个或两个钻孔中。

## 一、岩体(岩样)表面测试

### (一)计算方法

在岩体的某一点激发(发射)声波，在另一点进行接收，测出声波自发射点到达接收点的间隔时间，已知发射和接收两点间的距离，按式(2-85)、式(2-86)计算波速：

$$v_p = \frac{l}{t_p} \tag{2-85}$$

$$v_s = \frac{l}{t_s} \tag{2-86}$$

式中　$v_p$、$v_s$——纵波、横波的速度,m/s;

$t_p$、$t_s$——纵波、横波的传播时间,s;

$l$——发射点到接收点的间距,m。

**(二)测试方法**

(1)平透法:适用于长距离岩体表面测试,采用锤击或换能器发射。

(2)对穿法:适用于洞室、巷道及岩样测试。

(3)横波法:通过改变锤击方式产生剪切波,在岩体表面接收。

**(三)换能器与被测介质的耦合**

为使换能器很好地与岩体耦合,当进行纵波测试时,可用黄油或凡士林耦合;当进行横波测试时,一般用多层极薄的铝箔或银箔耦合。

## 二、孔中测试

(1)测试方法:有单孔声波测试和跨孔声波测试两种。单孔声波测试是发射和接收在同一孔中进行。跨孔声波测试是发射和接收分别在两个钻孔中进行,两孔的孔径和深度应大致相同。两孔间距根据仪器性能、地层岩性和岩石完整性等因素确定。

(2)换能器与被测介质的耦合:当在钻孔中探测时,可向钻孔中注水,用水或井液做耦合剂。

**【任务实施】**

岩块声波测试可分为纵波速度测试或横波速度测试,适用于能制成规则试件的各类岩石。

## 一、试验基本要求

(1)试件制备应符合下列规定:标准试件可用钻孔岩心或坑探槽中采取的岩块加工制成,试件直径宜为48~54 mm,且应大于岩石最大颗粒粒径的10倍。试件高度与直径之比为2.0~2.5。试件在采取、运输和制备过程中应避免扰动。

(2)试件描述应包括岩石名称、颜色、矿物成分和风化程度;试件中的层理、裂隙及其与测试方向间的关系;含水状态;试件尺寸。

## 二、试验仪器

**(一)试验所需要的仪器设备**

(1)钻石机、锯石机、磨石机。

(2)岩石声波参数测试仪。

(3)纵、横波换能器。

(4)游标卡尺。

(5)标准玻璃棒。

(6)带加力装置的测试架。

**(二)岩石声波参数测试仪主要技术要求**

(1)发射脉冲电压不应小于250 V。

(2)接收放大器的频带宽宜为 50 kHz～1 MHz,总增益应大于 80 dB,并分档连续可调。

(3)计时器的最小读数为 0.1 μs,量程不应小于 10 000 μs。

**(三)换能器的选择**

(1)换能器频带范围宜为实际工作频率的 2～3 倍。

(2)换能器频率应根据试件直径与试件材料性质在 50 kHz～1 MHz 选用,并应满足式(2-87)的要求:

$$f_p \geqslant \frac{2v_p}{D} \tag{2-87}$$

式中 $f_p$——换能器的发射频率,Hz;

$v_p$——岩块纵的波速度,m/s;

$D$——试件直径,m。

## 三、试验步骤

(1)测试前应测定声波在不同长度的标准玻璃棒中的传播时间,绘制时距曲线,确定仪器系统的零延时。

(2)测定纵波速度时,应采用纵波换能器,并用凡士林或黄油作耦合剂;测定横波速度时,应采用横波换能器,并用铝箔或铜箔作耦合材料。

(3)采用直达波法(直透法)时,应将换能器布置在试件的两个端面上,换能器的中心在试件的轴线上。采用折射波法(平透法)时,应将换能器布置在试件同一侧,并用游标卡尺测量发射换能器与试件接触面的中心点到接收换能器与试件接触面的中心点之间的距离。

(4)非受力状态下,测试时应将试件置于测试架上,对发射和接收换能器施加约 50 kPa 的压力,测读纵波或横波在试件中的传播时间。

(5)根据需要,可进行受力状态下的声波测试,宜与单轴压缩变形试验同时进行。测试时应采用承压式声波换能器,测定试件受力方向纵波或横波在试件中的传播时间。

(6)更换换能器时,应按相关规定测定仪器系统的零延时。

(7)距离测量应准确至 0.1 mm,时间测量应准确至 0.1 μs。

## 四、测试成果整理

(1)岩块纵波速度和横波速度应按式(2-88)、式(2-89)计算:

$$v_p = \frac{l}{t_p - t_0} \tag{2-88}$$

$$v_s = \frac{l}{t_s - t_0} \tag{2-89}$$

式中 $v_p$——纵波速度,m/s;

$v_s$——横波速度,m/s;

$l$——发射与接收换能器中心点间的距离,m;

$t_p$——纵波在试件中的传播时间,s;

$t_s$——横波在试件中的传播时间,s;

$t_0$——仪器系统的零延时,s。

(2)岩块动弹性参数应按式(2-90)~式(2-95)计算:

$$\mu_d = \frac{\left(\frac{v_p}{v_s}\right)^2 - 2}{2\left[\left(\frac{v_p}{v_s}\right)^2 - 1\right]} \tag{2-90}$$

$$E_d = \rho v_p^2 \frac{(1+\mu_d)(1-2\mu_d)}{1-\mu_d} \times 10^{-3} \tag{2-91}$$

$$G_d = 2\rho v_s^2(1+\mu_d) \times 10^{-3} \tag{2-92}$$

$$G_d = \rho v_s^2 \times 10^{-3} \tag{2-93}$$

$$\lambda_d = \rho(v_p^2 - 2v_s^2) \times 10^{-3} \tag{2-94}$$

$$K_d = \rho\left(\frac{3v_p^2 - 4v_s^2}{3}\right) \times 10^{-3} \tag{2-95}$$

式中　$\mu_d$——动泊松比;

$E_d$——动弹性模量,MPa;

$G_d$——动剪切模量,MPa;

$\lambda_d$——动拉梅系数,MPa;

$K_d$——动体积模量,MPa;

$\rho$——试件的密度,g/cm$^3$。

(3)在整理同组试件测试成果时,应给出每一试件的测值。

(4)计算值取3位有效数字。

# 任务二十四　岩石声波测试——岩体声波测试

岩体声波测试可分为表面声波测试、单孔声波测试或孔间穿透声波测试,适用于各类岩体。

## 一、试验基本要求

### (一)测区布置

(1)测区应布置在具有代表性的工程岩体部位。

(2)测线布置宜平行或垂直于主要结构面或主要受力方向。

(3)测点宜布置在岩石较均匀、表面较平整的部位。

(4)采用换能器激发震源时,震源与接收点的距离不应大于3 m;采用锤击震源时,震源与接收点的距离宜为3~10 m;采用电火花震源时,震源与接收点的距离宜为10~30 m。

(5)单孔声波测试发射换能器与接收换能器的距离宜为0.3 m或0.5 m,测试点距宜为0.2 m。

(6)孔间穿透声波测试的两钻孔轴线宜在同一平面内且相互平行,测试点距宜为0.2~1.0 m。

**(二)地质描述**

(1)测区岩石名称、结构及主要矿物成分。

(2)结构面产状、宽度、充填物性状、延伸方向及其与测线的相互关系。

(3)测区地质展示图及剖面图。

(4)钻孔柱状图。

## 二、试验仪器

(1)岩石声波参数测定仪、地震仪等信号记录仪。

(2)声波激发装置。

(3)增压式柱状换能器。

(4)一发双收换能器。

(5)弯曲式接收换能器。

(6)夹心式发射换能器。

(7)供水及止水设备。

(8)干孔换能器。

(9)换能器扶位器。

(10)标准玻璃棒。

(11)钢卷尺、测绳。

(12)绞车。

## 三、试验步骤

**(一)岩体表面声波测试准备**

(1)测点应进行编号,测点表面应修凿平整。

(2)测量震源与换能器中心的距离应准确至0.01 m。

(3)纵波换能器与岩体应采用清水、黄油、凡士林或石膏材料进行耦合。横波换能器与岩体应采用铝箔或铜箔进行耦合。

**(二)钻孔内岩体声波测试准备**

(1)测孔应进行编号。

(2)钻孔应冲洗干净,孔内应注满清水。

(3)单孔声波测试时,应采用一发双收换能器,并安装扶位器。

(4)孔间穿透声波测试时,换能器应安装扶位器,测量两孔口中心点的距离、钻孔的倾角和方位角,距离测量应准确至0.01 m,角度测量应准确至0.1°,计算不同深度处两测点间的距离。

(5)对上倾的测孔或不能储水的钻孔,应采取有效的供水、止水措施。

(6)对软岩应采用干孔换能器。

(7)测试前,可利用浅水池模拟现场测试,将换能器按间距从小至大平行移动,逐点测记初至波到达时间,绘制时距曲线,确定仪器与换能器系统零延时。

**(三)测试及稳定标准**

(1)设定采集参数,观察显示屏上的波形,波形稳定后,调整时标至纵波或横波初至位置,测读声波传播时间,对智能化仪器可利用自动关门装置测读声波传播时间,准确至0.1 μs。

(2)每一测点应读数3次,3次读数相对误差不应大于3%,测点的读数应取3次读数的平均值。

(3)横波的初至时间可按下列方法判别:

①横波传播时间等于或大于纵波传播时间的1.7倍。

②横波频率小于纵波频率。

③横波振幅明显大于纵波振幅。

④采用锤击震源,正向和反向锤击,横波相位改变180°;采用换能器震源,调整发射电压极性,横波相位改变180°。

⑤利用横波换能器测定横波的传播时间。

## 四、试验成果整理

(1)表面声波测试和单孔声波测试时,岩体速度应按式(2-96)、式(2-97)计算:

$$v_p = \frac{l}{t_{p2} - t_{p1}} \tag{2-96}$$

$$v_s = \frac{l}{t_{s2} - t_{s1}} \tag{2-97}$$

式中 $v_p$——纵波速度,m/s;

$v_s$——横波速度,m/s;

$l$——两接收换能器中心点的距离,m;

$t_{p2}$、$t_{p1}$——第1、第2接收换能器纵波初至时间,s;

$t_{s2}$、$t_{s1}$——第1、第2接收换能器横波初至时间,s。

(2)孔间穿透声波测试时,岩体波速应按式(2-98)、式(2-99)计算:

$$v_p = \frac{l}{t_p - t_0} \tag{2-98}$$

$$v_s = \frac{l}{t_s - t_0} \tag{2-99}$$

式中 $v_p$——纵波速度,m/s;

$v_s$——横波速度,m/s;

$l$——震源与接收换能器的距离,m;

$t_p$——纵波从震源传播到接收换能器的时间,s;

$t_s$——横波从震源传播到接收换能器的时间,s;

$t_0$——仪器系统的零延时,s。

(3)对各向同性或近似各向同性的岩体,应按式(2-90)~式(2-95)计算岩体的动弹性参数。

(4)对层状岩体,垂直层面测量单一岩层时,若纵波波长大于或等于层厚的2~5倍,动弹性模量应按式(2-100)计算:

$$E_d = \rho v_p^2 (1 - \mu_d^2) \times 10^{-3} \tag{2-100}$$

式中 $E_d$——岩体动弹性模量,MPa。

(5)岩体完整性系数应按式(2-101)计算:

$$K_v = \left(\frac{v_{pm}}{v_{pr}}\right)^2 \tag{2-101}$$

式中 $K_v$——岩体完整性系数;

$v_{pm}$——岩体的纵波速度,m/s;

$v_{pr}$——岩块的纵波速度,m/s。

## 五、解释说明

### (一)波形识别

岩块声波速度测试一般采用脉冲超声波法,能否正确测读声波到达时间,将直接影响到测量精度,测试工作中应予特别重视。纵波最先到达,较易识别,但纵波往往能量较小,如信号放大倍数选择不当,容易引起掉波现象,造成纵波波速测读不准。而横波是后续波,受到纵波余振及其他因素的干扰,往往难以准确识别初至波到达时间,给时间测读带来困难和误差。采用切变振动和扭转振动模式的专用横波换能器,是测读横波的一种有效方法。

### (二)测试设备的选择和使用

在小尺寸的岩块试样上进行声波测试时,如要模拟无限介质的条件,则必须配备能满足测量精度的超声仪与其配套的换能器,因此只要满足规程中要求的测试整机或组合配套设备,均可用来进行岩块试样的测试。

测试仪器的使用应视具体情况而定,如同步触发脉冲的重复频率应选择适当。既要保证通过试样的超声波信号不受余振的影响,又要使荧光屏上有足够的亮度。一般同步触发以50 Hz为宜,适当调整激发脉冲电压和脉冲宽度,可使发射换能器输出的功率最大。另外,还要合理调节扫描延时和选择放大器增益,使荧光屏上的波形清晰可见,便于准确判读。

换能器是声波测试中的关键设备,发射换能器将脉冲发射系统输出的电脉冲信号转换成声信号辐射给岩石试样,接收换能器使岩石试样传播来的声信号转换成电信号,送入放大器。换能器的种类很多,用于岩石试样的通常用压电陶瓷晶片做成的压电换能器,专用横波换能器分为切变振动型、扭转振动型、横波转换型等。

利用扭转振动型换能器测试简便可靠,并有以下优点:测得的波速值就是岩块试样横波波速值,无频散现象,测得的波速值与使用的声波频率无关,测量精度高。

接收换能器应具有灵敏度高、频带宽而平坦、指向性好及有较大的动态范围等特点。发射换能器应使用机械品质系数 $Q$ 值高、额定功率大、电声转换效率高、指向性好及非线性失真小的换能器。换能器应有各种不同频率的规格，以满足不同要求的测试。

声波在试样中传播时，其波动方程是很复杂的，一般情况下已不符合平面场的理论。若想符合平面场理论，必须提高声波的发射频率，使岩样边界对波速的影响降到可以忽略不计的程度，理论上要求 $D \geqslant \lambda$。对于室内岩样，一般 $D$ 为 5 cm，若 $D>10\lambda$，即 $\lambda<0.5$ cm。当 $v_p = 5\ 000$ m/s 时，那么 $\lambda = v_p/f$，则 $f = 1$ MHz，一般情况下难以达到。试验研究表明，只要 $D \geqslant (2\sim3)\lambda$，就可以按平面理论计算岩样波速，所测波速可认为是岩样的真正波速。测试中如果还达不到 $D \geqslant (2\sim3)\lambda$，特别是当 $\lambda$ 接近 $D$ 时，岩样的边界将对声波的传播产生制导，出现制导波。制导波的波速不等于纯纵波和纯横波的速度，它比岩块的波速低。

**(三)纵波、横波测试**

岩块试样的声波测试，当采用直达波法测试时，发射换能器与接收换能器应安放在试样的两个端面的中心轴上，端面间的轴线长度即为测距，换能器作用面与中心线的偏差不应大于 2°。与平透法相比，直达波法所接收到的信号能量强，因而波幅大，初至波清晰易识别，测试精度高。

在横波测试中，目前普遍采用切变振动模式横波换能器。横波在纵波之后，振幅比纵波大，但初至点受到它前面波的干扰，往往难以识别。在使用切变振动模式换能器测横波时，若将发射换能器或接收换能器转动 180°，横波的初至点相位随之变化 180°，这样通过前后两次对比可较准确地判读横波的初至时间。另外，必须注意接收与发射换能器切变振动方向要一致，否则接收横波的灵敏度也将大大降低。

**(四)耦合问题**

岩块声波测试要求耦合介质有很好的传导超声波能力，并且耦合剂的声阻抗接近被测岩石声阻抗，目前纵波测试一般用黄油、凡士林等作耦合材料，横波测试则利用铝箔或银箔耦合，可以得到较好效果。

# 模块三

# 土工合成材料试验

岩土工程

【模块导读】

## 一、土工合成材料的发展历程

### (一)发展简史

土工合成材料是以高分子聚合物原材料(如塑料、化纤、合成橡胶等)为基础制成的用于岩土工程的各种类型的产品。

土工合成材料早期的产品比较单一,主要有由原材料制成纤维,而后再加工成透水片材的土工织物(俗称土工布)、经过吹塑或压延工艺而成的基本不透水片材的土工膜以及部分组合产品,故以往称这类材料为土工织物、土工膜和相关产品。随着工程建设需要和制造技术的发展,产品种类不断扩展,产生了土工织物、土工膜、土工特种材料和土工复合材料,土工网、玻纤网、土工垫等类型,即使如此累赘的名称也难以涵盖众多产品内容,1994 年在新加坡召开的第五届国际土工合成材料学术会议上,正式确定这类材料的名称为“土工合成材料”。

土工合成材料从国外兴起。大约从 20 世纪 30 年代,聚氯乙烯(PVC)土工膜已被用于游泳池防渗;美国垦务局 1953 年开始将聚乙烯(PE)膜用于渠道防渗;苏联也较早地在渠系上铺设低密度聚乙烯(LDPE)膜;1992 年,意大利为处理 1964 年建成的高 174 m 的 AlpeGera 混凝土坝的渗漏问题,在坝面上游铺设了厚度为 2.2 mm 的 PVC 膜。1958 年,美国佛罗里达州在海岸块石护坡下展铺土工织物作反滤护垫,迄今被认为是近代土工织物应用的发端。特别值得一提的是,荷兰 1952~1953 年遭遇特大风暴,造成重大生命财产损失,灾后启动著名的三角洲工程,据统计,该项目动用了早期的土工织物达 1 000 $m^2$,大大推动了土工织物的发展。继后的 1968 年,荷兰又开发研制成由双层土工织物缝制成的、用于护岸的混凝土模袋。

土工合成材料的应用领域广为拓展。1968 年,法国罗纳普朗克(Rhone-Poulene)公司首创无纺土工织物,可替代传统的砂砾料用作反滤层;20 世纪 80 年代初,英国 Mercer 发明的以聚合物制成的土工格栅成为土的加筋材料;20 世纪 70 年代末,瑞典的 Kjellman 研制了塑料排水带,替代砂井用于软基排水固结。以有纺织物制成的土工管袋,可以容纳疏浚泥沙、淤泥等物脱水固结,形成的连续大体积条带土管袋,既可以作为岸边的防冲障墙,也可以建成河工丁坝、顺坝,乃至围垦造地,或兴建人工岛。20 世纪 80 年代后期,荷兰、德国、法国、美国和日本相继以高强有纺土工织物在开底船上制成大体积土工包,有的单个体积达到 2 000~3 000 $m^3$,容纳废弃物、疏浚土料等(土工包或坝前预制)。土工包封闭后,靠 GPS 定位系统运到指定水域开启船底投放,修成水下稳定平台防波堤,或控制海底侵蚀和建造潜坝结构等。为改善生态、保护环境,以热黏性树脂为原材料制成的各种三维土工网垫,可用于坡面植草。土工合成材料膨润土垫 GCL 也研制成功,用于垃圾场防渗,推广至渠道、水池和人工湖景区的水工防渗。

土工合成材料的应用解决了岩土工程的三大主要问题:土体稳定、变形和渗流。土工合成材料包括以下功能:

(1)反滤功能。

(2)排水功能。

(3)隔离功能(例如,铁道地基与轨下道砟间铺放土工织物即可避免道砟碎石压入地基或地基细土粒被吸入道砟,延长路基使用年限)。

(4)加筋功能(广泛被用于兴建陡坡、加固软地基和建造加筋土挡墙等)。

(5)防渗功能。

(6)防护功能(例如,江河湖海堤坝的防浪防冲、道路的防裂、岸坡及挡墙的防冻胀)。

(7)包容功能(利用该材料制成大容积包、管袋和小包、箱笼等,容纳散粒料筑造堤坝,围垦造地等)。

**(二)我国土工合成材料技术的进程与现状**

1. 发展进程

土工合成材料技术在我国的进展分为自发应用、技术引进、组织建立、步入标准化四个阶段。

1)自发应用时期

早在20世纪60年代,山东打渔张灌区、河南人民胜利渠已经采用塑料薄膜作渠道防渗,后推广用于蓄水池、水库等水工建筑物防漏;1965年辽宁桓仁水电站用沥青聚氯乙烯膜为混凝土支墩坝上游面止裂防漏;1976年江苏长江岸边的嘶马以扁丝土工织物结合混凝土块压重,制成软体沉排防治江岸冲塌;同一时期江都西闸,也以类似软体排解决了地面防冲问题。这一时期的特点是个别工程应用土工合成材料,既无一定规格的产品,也无定型的设计方法,纯属按既往岩土工程经验,群众性自发应用。

2)技术引进时期

改革开放为国内外技术交流创造了机遇。20世纪80年代初,中国铁道科学研究院首先接受了美国杜邦公司赠送的20 000 $m^2$ 的纺黏无纺土工织物,试用于治理铁道长期存在的翻浆冒泥病害,成功率达90%以上,这算是我国采用正规土工合成材料的开端。在进口产品启发下,由我国纺织院校倡导,开始了迄今用途最广的针刺无纺织物的试生产。虽然当时已有美、奥、法等国的厂商常驻我国,但进口货价昂贵,加之外汇困难,大大促进了国产产品的发展壮大。

20世纪80年代初,由日本引进了塑料排水带。天津一航局科研所、华东水利学院和天津航务局合作仿制了国产排水带。首先在塘沽新港东突堤应用达48万 $m^2$ 的面积替代了袋装砂井。后来又发展了真空预压法,至1988年,采用量已超过1 000万 $m^2$。

同一时期引进了土工模袋,首用于江苏泰州船闸引航道,由无锡毛纺织染厂将其国产化。1988年,浙江海宁钱塘江口强涌潮区在水流流速为8.3 m/s的情况下也用其作为海塘护岸。后来在该产品的基础上发展了铰链式模袋,可容许一定移动而适应地基变形。

1983年,我国又引进了加筋技术和加筋土工格栅。到20世纪90年代中期,我国自行研究出国产化产品。

20世纪80年代初,我国还引进了低压排水、输水塑料管材,有地面软管和地埋式硬管,在我国北方水源紧缺地区得到迅速推广。

在此期间,受国外技术和产品的启发,材料的制造、测试和应用研究以及设计有较大的进展。先后研制成测试材料物理性、力学性、水力学性和耐久性诸方面的设备,并制定出相关的测试规程(尽管规格相当不统一)。在产品方面,除少数特殊材料外,大多已满足国内需要,研究成针刺无纺织物的加工工序和规格优选、PP 和编织物的防老化、防静电和防滑移,研制成材料的黏结剂等。研究了织物的孔径测定、反滤准则、路基翻浆冒泥机制与防治、织物切断土中毛细作用的探讨、道路的防裂、土工膜治理膨胀土、离心机试验研究和以有限元方法分析土体加筋等。在技术教育方面,多所重点高校开始培养土工合成材料硕士、博士研究生,开设该技术课程。从 1984 年底,不定期出版内部刊物《土工合成材料科技通讯》,截至 2019 年,已发行 182 期。1986 年在天津召开了首届“全国土工合成材料学术会议”,有多位国内外专家列席。以后该会议每四年举行一次,截至 2022 年,已召开过 10 次。

3)组织建立时期

1984 年底,在时任河北省水利厅副厅长、水利专家刘宗耀同志的倡导和岩土界著名教授黄文熙、卢肇钧院士等的支持下,成立了“土工织物技术情报网”。之后,又在水利学会和水力发电学会下建立了相应的三级学组和二级专业委员会。由于土工合成材料技术有跨行业性质,故经过多年申请,于 1995 年正式成立全国性的中国土工合成材料工程协会,由水利部领导。

另外,早在 1986 年,我国即有三位代表参加了由国际土工合成材料学会(IGS)主办的、在维也纳召开的第三届国际土工合成材料学术会议。通过申请,IGS 于 1990 年正式接纳我国为该组织的第 6 个国家会员国,建立了国际学会中国委员会(CCIGS),负责国际沟通和技术交流。

在这一时期,土工合成材料的新产品的应用领域继续扩大,如引进土工管袋,用于环保围堤;以土工袋取代草包用于防汛抢险;以土工膜作浅层(如小于 15 m)直防渗幕代替混凝土防渗墙;以土工织物及玻纤网防止道路开裂;用泡沫塑料板材 EPS 治理冻胀;借土工格室在沙漠地区固沙筑路,铺软式排水管改善软基,以及推广土工植被网改善环境与生态等,都取得了有效成果。

4)步入标准化时期

1998 年是个不平凡的年份,当年广大军民战胜了历史上的特大洪水。时任国家总理的朱镕基同志在视察抗洪斗争中,目睹该材料在防汛抢险中发挥了显著作用,故在汛后多次书面指示中,要求在修复水毁堤坝工程中优先考虑使用该材料与技术,并制定相应标准将产品价格压低下来。由水利部率先编制了土工合成材料应用技术规范,结束了我国土工合成材料无标准的状态。国家标准和铁路、公路、水运的行业技术标准随之发布;产品标准和材料测试标准紧随其后发布。1998 年年底,土工合成材料及技术步入规范化时期。

2. 现状概述

迄今涉及该领域的基本情况如下所述。

1)中国土工合成材料工程协会

中国土工合成材料工程协会(简称协会)属国家一级协会,是具有独立法人资格的社会组织。协会共设置土工合成材料加筋、防渗与排水、测试、环境土工等 4 个专业委员会,以及专家委员会与工作委员会。协会主要由产品原料企业、产品制造企业、仪器设备制造企业,高等学校,各行业设计院及科研机构,工程技术服务机构等近 300 家会员单位组成。

协会每四年召开一届会员代表大会暨全国土工合成材料学术会议,截至目前共召开了九届全国土工合成材料学术会议、五届加筋土学术研讨会、四届防渗排水学术研讨会、七届全国测试技术研讨会、三届全国环境岩土工程与土工合成材料学术研讨会等学术会议,组织或参与了十余项相关国家及行业规范标准的编制工作。

2)相关技术标准

目前,已形成比较完整的土工合成材料应用标准体系。现行的主要相关技术标准包括《土工合成材料应用技术规范》(GB/T 50290—2014)、《土工合成材料测试规程》(SL 235—2012)等。

## 二、土工合成材料原材料及产品概述

### (一)产品原材料

原材料高分子聚合物是由一种或几种低分子化合物通过化学聚合反应,以共价键相互结合而生成的高分子化合物,它们的相对分子质量一般都大于5 000。聚合物与化学成分相同的低分子化合物相比,它们的强度、弹性和塑性好,有较佳的工程特性。不过,聚合物产品的性能不仅与其化学成分有关,而且受分子量、支化、交联、结晶、取向、添加剂和加工工艺的重要影响,故生产过程还要根据工程需要合理安排。常见的原材料聚合物见表3-1。

表3-1 常见的原材料聚合物

| 聚合物名称 | 代号 | 聚合物名称 | 代号 |
|---|---|---|---|
| 聚丙烯 | Pe | 聚酯 | PET |
| 聚乙烯 | PE | 聚酰胺 | PA |
| 高密度聚乙烯 | HDPE | 氯化聚乙烯 | CPE |
| 聚氯乙烯 | PVC | 聚苯乙烯 | EPS |

### (二)产品分类

土工合成材料发展至今,品种已不胜枚举,有学者曾做过粗略统计,指出其产品已达600种以上。《土工合成材料应用技术规范》(GB 50290—2014)建议,所有产品可归纳为四大类,如图3-1所示。

### (三)产品概述

土工织物为透水性材料。按制造方法不同,分为机织土工织物、针织土工织物和非织造土工织物。机织和针织产品合称为织造型土工织物,国外称为有纺织物;非织造型织物亦称无纺织物。国内用量最大的为扁丝(裂膜丝)织造型土工织物,约占土工织物总量的50%;短纤针刺无纺织物居第二位,占30%~35%;纺黏型无纺织物约占10%;长丝机织和针织土工织物数量较少。

- 土工合成材料
  - 土工织物
    - 机织土工织物
      - 长丝机织土工织物
      - 短纤纱机织土工织物
      - 裂膜丝机织土工织物
      - 单丝机织土工织物
      - 交织机织土工织物
    - 针织土工织物
      - 长丝针织土工织物
      - 短纤纱针织土工织物
      - 裂膜纱针织土工织物
    - 非织造土工织物
      - 短纤非织造土工织物
      - 长丝非织造土工织物
  - 土工膜
    - 聚乙烯（PE）土工膜
      - 低密度聚乙烯(LDPE)土工膜
      - 中密度聚乙烯(MDPE)土工膜
      - 高密度聚乙烯(HDPE)土工膜
      - 乙烯-酸乙烯共聚物(EVA)土工膜
    - 聚氯乙烯（PVC）土工膜
      - 单层聚氯乙烯(PVC)土工膜
      - 双层聚氯乙烯(PVC)土工膜
    - 氯化聚乙烯（CPE）土工膜
  - 土工复合材料
    - 复合土工膜
      - 一布一膜复合土工膜
      - 二布一膜复合土工膜
      - 三布二膜复合土工膜及其他
    - 复合土工织物
      - 非织造/机织复合土工织物
      - 非织造/针织复合土工织物
      - 非织造/加筋复合土工织物
    - 复合土工带、管、板等
      - 复合排水带
      - 复合排水管
      - 复合排水板
  - 土工特种材料
    - 土工网
    - 土工格栅
    - 土工格室
    - 土工带
    - 土工模袋
    - 土工管袋
    - 土工包
    - 土工网垫
    - 土工织物膨润土垫(GCL)
    - 泡沫塑料板块等(EPS)

**图 3-1　工合成材料的种类**

土工膜是一种由聚合物或沥青制成的相对不透水的薄片。所用原材料大多为聚乙烯和聚氯乙烯。为了保护其不受破坏,提高其与土之间的摩擦系数以及便于排走通过膜片的渗水(膜本身有缺陷微孔,或焊接、黏结不密等),常在其一侧或两侧复合土工织物而形成一布一膜、二布一膜,乃至三布二膜的复合土工膜。

土工复合材料是由两种或两种以上的单一材料结合成的产品。上述复合土工膜即为一例。此外,尚有土工织物与土工织物、土工织物与土工带、土工管和土工板材的各种复合制品。通过材料复合,可以制成满足工程需要的各种产品。为此,土工复合材料的创新和发展最为活跃。例如,以无纺织物作为滤膜的各类排水材(塑料排水带、滤水管、软式排水管、速排龙等);最新开发的无纺织物与经编格栅复合成的既能加筋又能排水的加筋土工织物;用于防堵的细丝无纺织物和旨在加强的粗丝无纺织物复合成的双层织物等。土工特种材料是为工程特定需要而开发的形形色色的产品,名目繁多。例如,用于土加筋的土工格栅、用于排水的土工网、利用其侧向约束作用以固定散粒土的土工格室、以织物代替模板用于护坡的土工模袋、由热塑性材料制成的用于防冲和美化景观的三维结构网,以及主要用于垃圾场防渗的土工织物膨胀土垫(GCL)等。

1. 基本功能

土工织物、土工膜、土工复合材料和土工特种材料的每一类产品都具有一种或多种物理性能和力学性能。归纳起来,它们的基本功能有以下七种。

1) 反滤功能

反滤功能指材料让液体(水流)顺畅通过的同时,不允许骨架土颗粒随水流流失的作用。此种功能是保持土体结构稳定性的关键要求。图 3-2 是利用无纺土工织物建造土坝黏土斜墙土工织物反滤层的示意图。

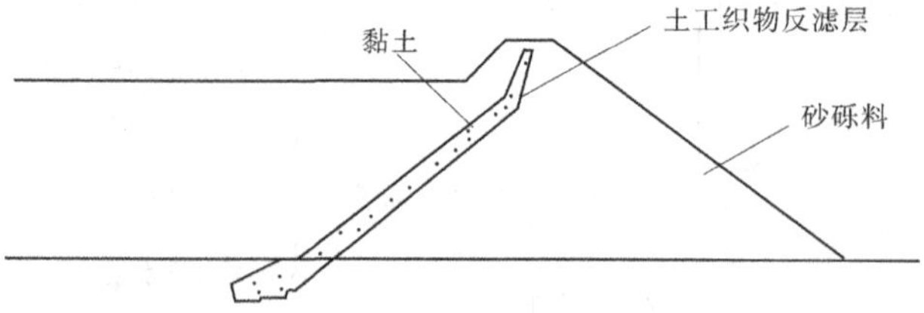


**图 3-2　土坝黏土斜墙土工织物反滤层**

2) 排水功能

排水功能指材料让水流沿其平面方向排走的能力。它可作为传统排水材料砂砾料的替代料。无纺土工织物和复合排水材料有此功能。图 3-3 是挡土墙背部利用无纺土工织物或复合排水材料排除地下水的示意图。

3) 隔离功能

隔离功能指将两种不同的材料分隔使其不混合的功能,例如,将铁路轨道下道砟碎石和地基细粒土隔开。用于隔离的材料常为土工织物或土工膜。通过隔离可保持介质和结构的完整性和稳定性。图 3-4 是软土地基有无隔离层的比较示意图。

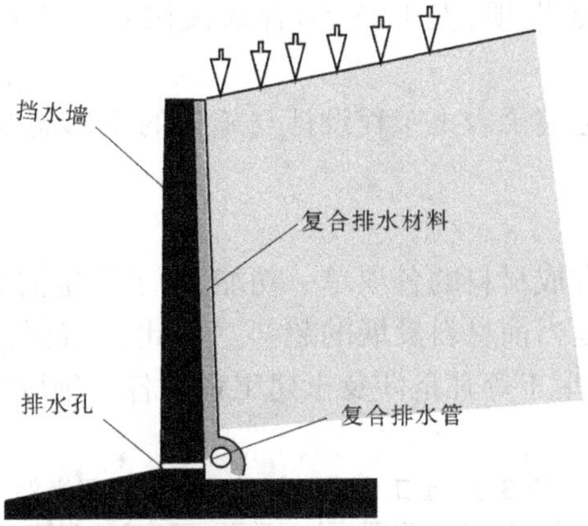


**图 3-3　挡土墙背部的土工合成材料排水**

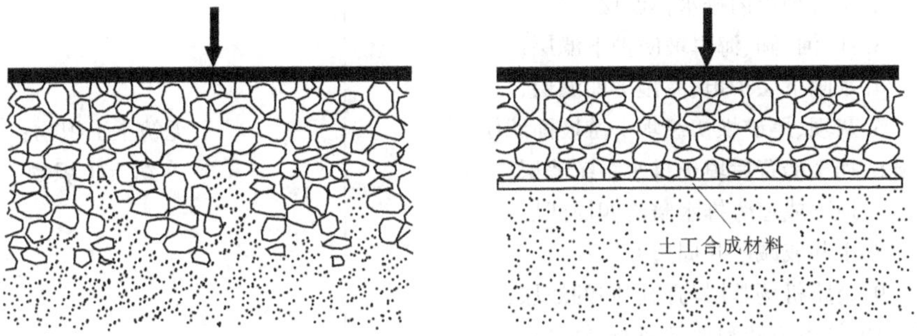


(a)无隔离层　　(b)有隔离层

**图 3-4　软土地基有无隔离层的比较**

4)加筋功能

加筋功能指将材料按要求置于土内,依靠材料与周围土之间的界面摩阻力限制土体侧向移动,以增加土体承载力的作用。常用的加筋材料有土工格栅、土工织物和土工加筋带等。加筋主要用于软土地基加固、建造陡坡和加筋土挡墙等。

5)防护功能

防护功能指利用合成材料防护岩土体免受环境影响导致破坏的作用。例如,在堤坝临水岸坡铺上用土工织物抵抗水流冲刷;将材料铺于道路防止路面反射裂缝;也用于土体防冻和景观绿化等。

常用的防护材料有土工织物、土工模袋、土工网和三维植被网垫等。

6)防渗功能

防渗功能指利用材料阻隔液(水)体或防止其流失的作用。常用的防渗材料有土工膜、复合土工膜和土工合成材料膨润土垫(常称 GCL)等。

7)包容功能

包容功能指以高强土工织物缝制成袋、长管袋或大体积包裹体,内填土体或废料,或以土工网等扎成的箱笼,内充石块等功能。这类产品有土工袋、土工管袋、土工包和土工箱笼等。利用它们可以建堤坝、人工岛,结合疏浚围垦土堤岸边防护以及处理废料垃圾等。

以上七种功能几乎适应了岩土工程设计与施工的全部需要,因此土工合成材料的工程应用领域十分广阔。

2. 工程应用举例

上节列举的是土工合成材料的各项单一功能,为了特定需要,可以制造出满足多功能的产品,即复合材料,这是当前材料发展的趋势。为此,它们在水利、电力、铁道、交通、海港、矿山、建筑、环保乃至军工等凡是涉及土建工程的各个领域内皆有用武之地,表 3-2 是部分举例,可供参考。

**表 3-2 土工合成材料的功能和应用举例**

| 功能 | 应用举例 | 主要产品 |
|---|---|---|
| 反滤 | 1. 土石坝防渗斜墙和心墙过渡层;<br>2. 土石坝堤内排水体滤层;<br>3. 江、河、湖、海岸坡防护下滤层;<br>4. 水闸下层护坦、海漫下面滤层;<br>5. 灰坝、尾矿坝初级坝上游坡面滤层;<br>6. 挡土墙背后填土排水系统滤层;<br>7. 地下或道旁排水暗沟四周滤层;<br>8. 水井或减压井周边滤层;<br>9. 公路机场基层与面层间的滤层;<br>10. 铁道道砟和地基间的隔离层 | 无纺土工织物;<br>有纺土工织物 |
| 排水 | 1. 土坝内部的垂直排水和水平排水;<br>2. 防渗土工膜后排水层;<br>3. 土体中的排水层;<br>4. 处理软土地基采用的塑料排水带;<br>5. 挡墙后填土排水层;<br>6. 地下洞室和交通隧道的周壁排水;<br>7. 球场运动场地基排水;<br>8. 地基中切断毛细水防盐碱化和防冻胀隔层 | 无纺土工织物(较厚的);<br>塑料排水带(外包无纺土工织物);<br>软式排水管(外包无纺土工织物);<br>各种复合排水材料(大多与无纺土工织物复合) |
| 隔离 | 1. 分隔土石坝中不同材料的隔层;<br>2. 裂隙岩基或砂砾石地基筑堤坝时的地面隔层;<br>3. 铁道道砟和地面隔层;<br>4. 公路、机场停车场地基和面层间的隔层;<br>5. 石笼、砂袋和土袋与软基间隔层;<br>6. 人工填土堆石等材料堆场和地基间隔层;<br>7. 水中抛石底部隔层;<br>8. 临时和无铺面道路碎石层下垫层 | 土工织物;<br>土工膜(包括织物涂塑膜) |

续表 3-2

| 功能 | 应用举例 | 主要产品 |
|---|---|---|
| 加筋 | 1. 软基上筑堤时的地基加固；<br>2. 填土坡和开挖坡的边坡加筋；<br>3. 加筋挡土墙；<br>4. 建造陡坡；<br>5. 建造加筋土桥台墩台；<br>6. 防止柔性路面产生反射裂缝；<br>7. 提高路肩填土压实度；<br>8. 防止路堤和桥台处的跳台；<br>9. 沙漠地带筑路固沙 | 有纺土工织物、无纺土工织物；<br>土工加筋带；<br>土工格栅(包括各种经编格栅)；<br>土工网；<br>土工隔室(包括塑料片材和高强织物隔室) |
| 防护 | 1. 江、河、湖、海岸坡防护；<br>2. 保护坡面防止冲刷；<br>3. 防止表面水入渗；<br>4. 防止土体冻胀；<br>5. 防止地下工程施工对邻近建筑物的影响；<br>6. 防止机器基础振动波；<br>7. 防止垃圾场淋滤液及有毒气体污染环境 | 土工织物；<br>土工模袋(土工织物制成)；<br>土工管、袋(土工织物制成)；<br>三维植物网垫；<br>聚苯乙烯板材；<br>土工膜；<br>GCL |
| 防渗 | 1. 土石坝防渗斜墙和心墙；<br>2. 水库库区防渗；<br>3. 地基垂直防渗墙；<br>4. 地基水平防渗铺盖；<br>5. 水池渠道防渗；<br>6. 碾压混凝土坝上游面防渗；<br>7. 输水管道防渗；<br>8. 地下室防渗、建筑物防渗；<br>9. 屋面防漏；<br>10. 垃圾坑防淋滤液渗入地下水 | 土工膜；<br>土工织物涂塑土工膜；<br>GCL；<br>复合土工膜 |
| 包容 | 1. 建丁坝、顺坝；<br>2. 建防波堤；<br>3. 建堤造地；<br>4. 防治崩岸；<br>5. 建人工岛；<br>6. 建水下平台；<br>7. 环保疏浚；<br>8. 深海投放垃圾 | 有纺织物；<br>无纺织物；<br>土工膜；<br>土工网；<br>土工格栅；<br>涂塑金属丝箱笼 |

**注**：GCL 为土工合成材料膨润土垫，大多数由两层土工织物间夹膨润土制成。

## 三、土工合成材料试验测试概述

### (一)测试目的和内容

通过测试获取反映工程性能的定量指标,以将土工合成材料正确应用于工程结构。其性能指标有两方面的用途:其一是根据工程需要,对照指标来优选适用产品;其二是将测试指标通过规定的处理作为计算指标应用于工程设计。

土工合成材料性能指标就其反映的性状可以分为两类:一类是单纯表明材料本身的特性,例如:材料的比重、产品的厚度等,它们可作为选料的依据,可称为基本指标,生产厂家应该直接提供。另一类是材料产品在应用中与周围土体相互作用的反映,例如:摩擦系数是材料与周围介质接触面间共同工作的表现;再如土工织物的淤堵特性也取决于周围土体与材料孔径分布间的配合关系。这一类指标可称为功能指标,它们需要以选用材料结合工程实际土料,在模拟材料预期工况条件下测定,产品厂家无法提供,只能由设计单位自己测试,或根据合理途径来确定。

土工合成材料种类甚多,反映它们的力学性能的指标不一,要求进行不同项目的测试,但归纳起来,一般的测试项目可分为四大类:物理性指标、力学性指标、水力学性指标和耐久性指标。土工合成材料性能的主要测试项目见表 3-3。有专门要求的应额外设计相应的测试方法。

表 3-3　土工合成材料性能的主要测试项目

| 测试项目 | | 测试方法 | 说明 |
|---|---|---|---|
| 物理性 | 土工织物厚度/mm | 测厚仪测 2 kPa 压力下厚度 | 尚应测定不同法向压力时的厚度 |
| | 土工膜厚度/mm | 厚度测量仪,施加压力 0.5~1.0 N | |
| | 单位面积重量/($g/m^2$) | 称重法 | |
| | 等效孔径 $O_{95}$/mm | 干筛法 | 它表示织物试样的表观最大孔径 |
| 力学性 | 拉伸强度/(kN/m) | 试验机 | |
| | 握持强力/N | 试验机 | 夹具钳口窄于样条宽 |
| | 撕裂强力/N | 梯形撕裂法,试验机 | 土工织物边缘有裂口处抵抗继续撕裂能力 |
| | 刺破强力/N | 平头刚性顶杆顶破 | 模拟织物遇坚棱石块等的抗破坏能力 |
| | 胀破强度/kPa | 胀破仪,施液压 | 模拟织物受基土反力时抗胀破的能力 |
| | 界面摩擦系数 | 直剪摩擦仪 | 确定材料与土或其他材料的界面抗剪强度 |
| | 拉拔摩擦系数 | 拉拔试验箱,加法向压力拉拔 | 确定材料从土中拔出时的抗力 |

续表 3-3

| 测试项目 | | 测试方法 | 说明 |
| --- | --- | --- | --- |
| 力学性 | 顶破强力/N | 顶压杆或圆球顶杆顶破，试验机 | 圆柱(CBR)顶破及圆球顶破 |
| | 落锥穿透孔径/mm | 落锥仪 | 落锥从试样面之上 500 mm 高度处自由落下穿透试样的孔洞大小 |
| | 剥离强度/(kN/m) | 试验机 | |
| | 塑料排水带(板)拉伸试验/(kN/条) | 试验机 | |
| | 塑料排水带(板)芯压屈强度/MPa | 试验机 | |
| | 土工膜拉伸强度/MPa | 试验机 | 哑铃形试样 |
| | 扁平耐压力/(kN/m) | 试验机 | 软式透水管径向压缩某应变时所能产生的抵抗力 |
| | 管材环刚度/(kN/m) | 试验机 | |
| 水力学性 | 垂直渗透系数 $k_v$/(cm/s) | 垂直渗透试验仪，测垂直于试样的渗透系数 | |
| | 平面渗透系数 $k_h$/(cm/s) | 水平渗透试验仪，测沿试样平面的渗透系数 | |
| | 梯度比 GR | 梯度比渗透仪 | |
| | 土工合成材料膨润土垫(GCL)渗透试验 | 柔壁渗透仪 | |
| | 塑料排水带(板)通水量试验/($cm^3$/s) | 立式或卧室通水量测试仪 | |
| | 土工膜耐静水压力/MPa | 耐静水压力仪 | 模拟土工膜及土工复合品受水压力的作用 |
| 耐久性 | 荧光紫外灯老化 | 人工老化箱照射试样 | 估计材料受荧光紫外灯照射一定时间后的性能改变 |
| | 氙弧灯老化 | 人工老化箱照射试样 | 估计材料受氙弧灯照射一定时间后的性能改变 |
| | 其他特殊试验(抗酸碱、抗高低温等) | 根据需要专门设计试验方法 | 估计不同环境条件下材料性能改变 |

注：具体测试方法可参考《土工合成材料测试规程》(SL/T 235—2012)。

### (二)测试方法和标准

土工合成材料的性能测试目前还没有公认的标准方法，现有的一些方法大多移植于其他专业已建立的技术标准，例如：岩土工程、纺织工业及高分子化学工程等。国外为了发展该国土工合成材料专业，相关单位制定了相应标准。国际上著名的标准有：美国ASTM 标准（美国材料与试验学会）、GRI 标准（土工合成材料研究院）、FHWA 标准（美国联邦公路局）、德国 DIN 标准（德国标准化研究所）以及国际 ISO 标准（国际标准化组织）等。大体上说，除少数项目外，上述的各种标准方法相当接近，只是在试样尺寸、变形速率等方面略有差异而已。

我国不同系统也先后制定了测试标准，水利部于 2012 年颁布了水利行业标准《土工合成材料测试规程》（SL 235—2012）。该标准是由南京水利科学研究院主编，邀请了 10 家单位参考 ASTM、ISO、DIN 和 FWHA 等标准编写而成的，本书介绍的各项试验方法均以该标准为依据。

### (三)取样和试样制备

用作试验的试样从厂家送交的产品中按 5%的数量抽检，不得少于 1 件，并且样品沿其径向的长度应不小于 1 m，其面积应不少于 2 $m^2$；试样剪取距样品边缘应不少于 100 mm，从样品中裁剪试样应具有代表性，不同试样应避免位于同一纵向和横向位置上，即采用梯形取样法，如果不可避免（如卷装，幅宽较窄），应在测试报告中注明情况。裁切试样时尚应注意以下事项：

(1)裁样前应有计划，对织物可先剪成尺寸较要求稍大的块片，再修成精确尺寸。

(2)剪成的试样应予编号，有特殊情况应做记录。

由于土工合成材料产品均匀性较差，同一批产品甚至同一样品的不同部位，性能指标都会有差异。为了尽量减少测试结果再受外界其他因素影响，要求将试样先在规定的标准状态下静置 24 h：温度为(20±2)℃，相对湿度为(60±10)%和 1 个标准大气压。如确认材料不受环境影响，可免去上述调湿处理。试验记录中应标明试验时的温度和湿度。

仪表使用时应检查是否工作正常，并进行零点调整、量程范围选择。量程范围选择宜使试样最大测试值在满量程的 10%~90%。

### (四)试验成果整理

为得到更有代表性的材料性能指标值，许多试验要求多个试样的平行测定，然后求出其统计值（如单位面积质量测定，要求不少于 10 块试样的平行试验详见上述测试规程）。平行试验成果的统计指标按以下公式计算。

1. 算术平均值

如果某试验平行进行，取得了 $N$ 个数据，其中第 $i$ 个试样的测试值为 $X_i$，则该试验成果的平均值为：

$$\overline{X} = \frac{\sum_{i=1}^{n} X_i}{N} \tag{3-1}$$

2. 标准差($\sigma$)和变异系数($C_v$)

为了评价算术平均值的可靠性,需要计算出标准差(均方差)$\sigma$ 和变异系数 $C_v$。

$$\sigma = \pm \sqrt{\frac{\sum_{i=1}^{n}(X_i - \overline{X})^2}{n-1}} \tag{3-2}$$

$$C_v = \frac{\sigma}{\overline{X}} \times 100\% \tag{3-3}$$

一般要求参加统计的数据不少于6个,如发现数据中有偏离平均值较大的数值,应认真进行分析,若是因为试验错误造成,应予删除,并补做试验;若系材料不均匀所致,应予以保留。

3. 变异性(不均匀性)评价

可借变异系数 $C_v$ 对材料性状的不均匀性作初步评价(见表3-4)。

**表3-4　材料的不均匀性评价**

| 变异系数 $C_v$ | $C_v<0.1$ | $0.1 \leq C_v<0.2$ | $0.2 \leq C_v<0.3$ | $0.3 \leq C_v \leq 0.4$ | $C_v>0.4$ |
|---|---|---|---|---|---|
| 变异性(不均性) | 很低 | 低 | 中等 | 高 | 很高 |

### (五)测试指标、合格指标和容许指标

对于测试指标、合格指标和容许指标应严加区分,它们的含义可简述如下。

1. 测试指标

测试指标是通过以下各项试验测定,并经上述统计后所得的指标,应该为厂家提供的质检指标,或由业主单位测得的功能性指标以及由质检单位抽检确认的指标。

2. 合格指标

合格指标是指送检样品,经具有检测资质单位通过法定标准的试验方法得到的测试指标,即符合规定要求的那些指标,规定要求由设计单位或颁布的有关规范规定。

3. 容许指标

材料实际应用于工程,在施工过程中和在长期工作中会受到某些外界因素的影响或材料本身时间效应作用,其性能将有所改变,如材料的拉伸强度下降、土工织物的渗透性减小等。故将材料测试指标用于设计时,需要考虑上述影响而对该指标作合理折减,折减后的指标值称容许指标。用于折减的系数大于1,类似于常规的安全系数,可称材料安全系数(以区别于传统工程设计中的工程安全系数)。另外,材料的安全系数常按不同影响因素给出,故又常称为折减系数或分项系数。上述诸系数应依照材料实际工作情况测定,不过按此行事常费时费事,而且费用昂贵,故现有资料分别给出了它们一般的可能变化范围,可以据实合理选用。

1)容许强度

加筋材料(土工格栅等)的容许强度 $T_a$ 应根据其实测抗拉强度 $T$,通过式(3-4)计算确定:

$$T_a = \frac{T}{RF_{CR} \cdot RF_{iD} \cdot RF_D} = \frac{T}{RF} \tag{3-4}$$

式中 $RF_{CR}$——考虑材料蠕变影响的折减系数；

$RF_{iD}$——考虑材料在施工过程中受损伤的强度折减系数；

$RF_D$——考虑材料长期老化的强度折减系数；

RF——综合强度折减系数。

式(3-4)用于各种加筋材料，式中各系数的具体数值可按加筋材料的原材料、产品类别和填土情况等从《水利水电工程土工合成材料应用技术规范》中合理选用。规范中规定 RF 值宜为 2.5~5.0。

2）容许渗透性指标

与上述容许强度的修正类似，土工织物用于渗流问题时，也要对其渗流测试指标作不同影响因素的修正，例如，对试验得到的测试指标导水率 $\Psi_{ult}$（类似于渗透系数），用于设计时，其容许指标 $\Psi_a$ 应由式(3-5)确定

$$\Psi_a = \left(\frac{1}{FS_{SCB} \cdot FS_{in} \cdot FS_{CR} \cdot FS_{CC} \cdot FS_{BC}}\right)\psi_{ult} \tag{3-5}$$

式中 $FS_{SCB}$——考虑织物被土粒淤堵的折减系数；

$FS_{CR}$——考虑蠕变织物孔径减小的折减系数；

$FS_{in}$——考虑周边材料挤入织物开孔的折减系数；

$FS_{CC}$——考虑化学淤堵的折减系数；

$FS_{BC}$——考虑生物淤堵的折减系数。

式中的各项折减系数从前述规范中合理选用。

注意：上述的折减系数均应由设计部门根据工程情况确定。

**（六）几个专用单位**

表示测试指标结果的基本物理量涉及时间、长度和质量三方面的单位，对于土工合成材料，其中的时间仍以秒计量，但涉及长度和质量，却有本专业的特定表示方法，举例说明如下所述。

1. 材料厚度

土工膜和土工织物厚度一般以密尔（mil）计量，1 mil = 0.001 in = 0.025 mm，例如，20 mil 的土工膜厚 0.5 mm。

2. 纤维直径

纤维直径或其纤度常以旦尼尔（denier，简称旦）或特克斯（tex，简称特）表示，它们的定义为：长度 9 000 m 的纤维重量为 1 g 时，其纤度 $\lambda_f$ = 1 旦，故 9 000 m 长纤维的克重数即为其旦数；长度 1 000 m 的纤维重量为 1 g 时，其纤度 = 1 特。由此可见：

$$1\ 旦 = \frac{1}{9}\ 特 = 0.111\ 特 \tag{3-6}$$

纤维长度为 $L$(m)、重量为 $g$(g)时，纤维的 $\lambda_f$(denier)可按下式计算：

$$\lambda_f = \frac{g}{L} \times 9\ 000 \tag{3-7}$$

若已知纤维材料密度 $G_f$(g/m³)和纤度 $\lambda_f$(denier),则不难求得其直径 $d_f$(μm):

$$d_f = 11.894\sqrt{\frac{\lambda_f}{G_f}} \tag{3-8}$$

3. 强度和模量

通常材料的抗拉强度指单位横截面面积所能承受的拉应力,以 $kN/m^2$ 或 $kg/cm^2$ 等表示,但土工织物等厚度很薄,而且在受拉力时厚度将变化,难以测准,故在本行业中,涉及它们的抗拉强度 $T$ 时,大多指材料单位宽度能够承受的拉力,单位采用 kN/m 或 N/cm。

与其相应,材料的抗拉模量单位也以 kN/m 或 N/cm 等计量。

**【证书技能要求】**

岩土工程质量检测(土工合成材料)职业技能等级分为三个等级:初级、中级、高级,三个级别依次递进,高级别涵盖低级别职业技能要求,具体要求见表 3-5。

**表 3-5　水利工程质量检测(岩土工程方向)职业技能等级要求**

| 检测领域 | 检测项目 | 检测成果 | 职业技能要求 | 初级 | 中级 | 高级 |
|---|---|---|---|---|---|---|
| 土工合成材料 | 单位面积质量检测 | $G$ | 1. 能够熟练掌握各种土工合成材料产品的试样制备方法 | √ | √ | √ |
| | | | 2. 能够明晰样品状态调节的环境指标 | √ | √ | √ |
| | | | 3. 能够熟练操作单位面积质量检测的各项步骤 | √ | √ | √ |
| | | | 4. 能够准确计算单位面积质量 | √ | √ | √ |
| | | | 5. 能够编写检测报告 | | √ | √ |
| | | | 6. 具备对检测报告进行校核的能力 | | | √ |
| | 厚度检测 | $\delta$ | 1. 能够熟练掌握各种土工合成材料试样的制备方法 | √ | √ | √ |
| | | | 2. 能够明晰样品状态调节的环境指标 | √ | √ | √ |
| | | | 3. 能够熟练掌握厚度的测定方法 | √ | √ | √ |
| | | | 4. 能够编写检测报告 | | √ | √ |
| | | | 5. 具备对检测报告进行校核的能力 | | | √ |
| | 拉伸强度、伸长率检测 | $T$ | 1. 能够正确熟练操作仪器设备 | √ | √ | √ |
| | | | 2. 能够熟练掌握拉伸强度、伸长率测定方法 | √ | √ | √ |
| | | | 3. 能够清楚区分宽条法、窄条法 | √ | √ | √ |
| | | | 4. 能够编写检测报告 | | √ | √ |
| | | | 5. 具备对检测报告进行校核的能力 | √ | √ | √ |

续表 3-5

| 检测领域 | 检测项目 | 检测成果 | 职业技能要求 | 初级 | 中级 | 高级 |
|---|---|---|---|---|---|---|
| 土工合成材料 | 撕裂强力检测 | $T_t$ | 1. 能够正确熟练操作仪器设备 | √ | √ | √ |
| | | | 2. 能够熟练掌握梯形撕裂强力样品的制备方法 | √ | √ | √ |
| | | | 3. 能够熟练掌握撕裂强力的测定方法 | √ | √ | |
| | | | 4. 能够编写检测报告 | | √ | √ |
| | | | 5. 具备对检测报告进行校核的能力 | | | √ |
| | 圆柱顶破强力检测 | $T_c$ | 1. 能够正确熟练操作仪器设备 | √ | √ | √ |
| | | | 2. 能够正确选择夹具、顶杆 | √ | √ | √ |
| | | | 3. 能够熟练掌握圆柱顶破强力的测定方法 | √ | √ | √ |
| | | | 4. 能够编写检测报告 | | √ | √ |
| | | | 5. 具备对检测报告进行校核的能力 | | | √ |
| | 落锥穿透孔径检测 | — | 1. 能够正确熟练操作仪器设备 | √ | √ | √ |
| | | | 2. 能够熟练掌握落锥穿透孔径的测定方法 | √ | √ | √ |
| | | | 3. 能够按规定计算落锥穿透孔径平均值、标准差、变异系数 | √ | √ | √ |
| | | | 4. 能够编写检测报告 | | √ | √ |
| | | | 5. 具备对检测报告进行校核的能力 | | | √ |
| | 等效孔径检测 | $O_{95}$ | 1. 能够准确掌握等效孔径的概念 | √ | √ | √ |
| | | | 2. 能够明晰等效孔径 $O_{95}$、$O_{90}$ 的含义 | √ | √ | √ |
| | | | 3. 能够熟练掌握等效孔径的检测方法 | √ | √ | √ |
| | | | 4. 能够编写检测报告 | | √ | √ |
| | | | 5. 具备对检测报告进行校核的能力 | | | √ |
| | 垂直渗透系数检测 | $k_{vT}$ | 1. 能够按要求正确制备试样 | √ | √ | √ |
| | | | 2. 能够熟练掌握垂直渗透系数的检测方法 | √ | √ | √ |
| | | | 3. 能够正确计算垂直渗透系数 | √ | √ | √ |
| | | | 4. 能够编写检测报告 | | √ | √ |
| | | | 5. 具备对检测报告进行校核的能力 | | | √ |

续表 3-5

| 检测领域 | 检测项目 | 检测成果 | 职业技能要求 | 初级 | 中级 | 高级 |
| --- | --- | --- | --- | --- | --- | --- |
| 土工合成材料 | 耐静水压力检测 | — | 1. 能够准确熟练操作仪器设备 | √ | √ | √ |
| | | | 2. 能够熟练掌握土工膜耐静水压测定方法 | √ | √ | √ |
| | | | 3. 能够编写检测报告 | | √ | √ |
| | | | 4. 具备对检测报告进行校核的能力 | | | √ |
| | 老化特性检测 | $K$ | 1. 能够准确熟练操作仪器设备 | √ | √ | √ |
| | | | 2. 能够熟练掌握土工合成材料老化特性检测方法 | √ | √ | √ |
| | | | 3. 能够编写检测报告 | | √ | √ |
| | | | 4. 具备对检测报告进行校核的能力 | | | √ |
| | 刺破强力检测 | $T_p$ | 1. 能够准确熟练操作仪器设备 | √ | √ | √ |
| | | | 2. 能够正确选择夹具、顶杆 | √ | √ | √ |
| | | | 3. 能够熟练掌握刺破强力的测定方法 | √ | √ | √ |
| | | | 4. 能够编写检测报告 | | √ | √ |
| | | | 5. 具备对检测报告进行校核的能力 | | | √ |
| | 剥离强度检测 | $T_b$ | 1. 能够准确熟练操作仪器设备 | √ | √ | √ |
| | | | 2. 能够熟练掌握剥离强度的测定方法 | √ | √ | √ |
| | | | 3. 能够编写检测报告 | | √ | √ |
| | | | 4. 具备对检测报告进行校核的能力 | | | √ |

(1)土工合成材料检测(初级)。

具有基本的专业理论知识,具有土工合成材料 6 项指标:单位面积质量、厚度、拉伸强度、伸长率、撕裂强力、圆柱顶破强力的检测能力。具有熟练操作仪器设备的能力、对检测数据计算的能力。

(2)土工合成材料检测(中级)。

具有一定的专业理论知识,具有土工合成材料 11 项指标:单位面积质量、厚度、拉伸强度、伸长率、撕裂强力、圆柱顶破强力、落锥穿透孔径、等效孔径、垂直渗透系数、耐静水压力、老化特性的检测能力。具有熟练操作仪器设备的能力、对检测数据计算甄别的能力、编写检测报告的能力。

(3)土工合成材料检测(高级)。

具有较强的专业理论知识,具有土工合成材料 13 项指标:单位面积质量、厚度、拉伸强度、伸长率、撕裂强力、圆柱顶破强力、落锥穿透孔径、等效孔径、垂直渗透系数、耐静水压力、老化特性、刺破强力、剥离强度的检测能力。具有正确熟练操作仪器设备的能力、对常规检测仪器设备校准的能力、对检测数据计算甄别的能力、编写检测报告的能力、对报告进行校核的能力。

# 任务一　物理性质指标测试

本书介绍的各项试验方法主要依据水利部发布的《土工合成材料测试规程》(SL 235—2012)。对每项试验简要阐明项目名称、试验目的、试验原理和计算、试验方法及需要补充的内容等,详细的操作步骤请参考试验规程。

## 一、厚度($\delta$)

土工合成材料的厚度检测分两种:一是蓬松状的无纺织物,二是柔软片状的土工膜。二者都需要在具体的压力下,特定的时间进行读数。

### (一)土工织物的厚度

土工织物的厚度指其顶面至底面间的垂直距离,常以 mm 表示。量测厚度用土工布厚度测定仪,如图 3-5 所示。实物见图 3-6。无纺织物呈蓬松状,测厚时试样夹在两个平行刚性平面之间,并施加 2 kPa、20 kPa、200 kPa 的压力,读数时间为加压后 30 s。

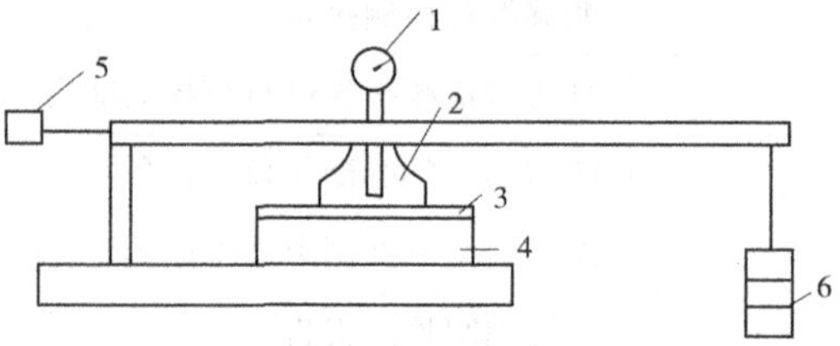


1—百分表;2—压块;3—试样;4—基准板;5—平衡锤;6—砝码。

**图 3-5　土工布厚度测定仪**

**图 3-6　土工布厚度测定仪实物**

无纺土工织物用在工程中将受到不同的法向压力,厚度减薄,其渗透性也随之减少,为此,尚要求测定不同的力(常取 2~200 kPa)下厚度随之变化的压缩曲线,即厚度-压力关系曲线,如图 3-7 所示。

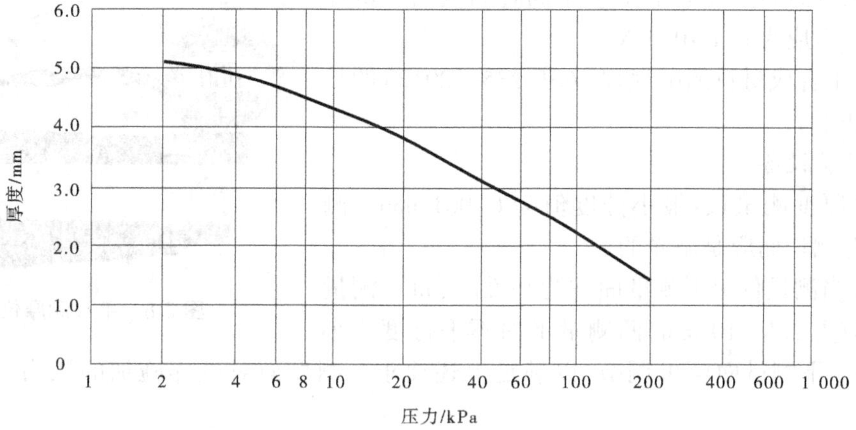


**图 3-7　无纺土工织物的厚度-压力关系曲线**

根据材料厚度可以计算其单位面积重量，而厚度又直接与产品的抗拉强度有关，无纺土工织物的厚度还涉及其水平渗透性。

1. 试验设备

(1)基准板：面积应大于 2 倍的压块面积。

(2)压块：圆形，表面光滑平整，底面积为 25 $cm^2$。

(3)荷重：使压块上产生 2 kPa、20 kPa、200 kPa 等压力的荷载。

(4)厚度计量表：最小分度值 0.01 mm。

(5)计时器：准确至秒(s)。

2. 试验步骤

1)测定 2 kPa 压力下厚度的操作方法

(1)压块及其上的荷载调整为 5 N。

(2)擦净基准板和压块，压块放在基准板上，调整厚度计量表至零点。

(3)提起压块，将试样自然平放在基准板与压块之间，轻轻放下压块，压力加上后开始计时，达 30 s 时记录厚度计量表读数。提起压块，取出试样。

(4)重复上述步骤(3)，完成其余试样试验。

2)测定 20 kPa 及 200 kPa 压力下厚度的操作方法

(1)根据需要选用不同的荷载，使压力为 20 kPa，测定 20 kPa 压力下的试样厚度。

(2)根据需要选用不同的荷载，使压力为 200 kPa，测定 200 kPa 压力下的试样厚度。

**(二)土工膜的厚度**

土工膜的厚度是指一定压力下没有压花和波纹的土工薄膜、薄片样品的厚度，以 mm 表示。

一般采用平头测厚仪，如图 3-8 所示。读数时间为最后稳定值。

平头测厚仪的两测量面均为平面，每一测量面直径应为 2.5~10 mm，将试样自然平放在两平面之间；试样施加的压力宜为 0.5~10 N。

凸头测厚仪的上测量面为凸面，下测量面为平面，上测量面的曲率半径应为 15~50

mm,下测量面的直径应不小于 5 mm,测量面对试样施加的压力应为 0.1~0.5 N。

《土工合成材料测试规程》(SL 235—2012)的具体规定如下。

1. 试验设备

(1)厚度测量仪:最小分度值为 0.001 mm。测量仪所有测量面应是抛光的。

(2)当测量仪上下测量面均为平面时,每一测量面直径应为 2.5~10 mm,两测量平面不平行度应小于 5 μm。下测量面应可调节,以满足上述要求。测量面对试样施加的压力宜为 0.5~1.0 N。

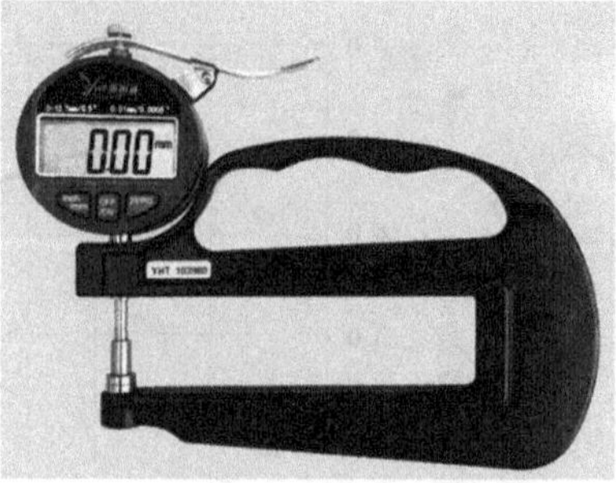
图 3-8 平头测厚仪

(3)当测量仪上测量面为凸面、下测量面为平面时,上测量面的曲率半径应为 15~50 mm,下测量面的直径应不小于 5 mm,测量面对试样施加的压力应为 0.1~0.5 N。

2. 试验步骤

(1)试样表面和仪器各测量部位应保持清洁。测量前应校准测量仪零点,在每组试样测量后应重新检查其零点。

(2)提起测头,将试样自然平放在两测量面之间,平缓放下测头,使试样受到规定压力,待读数稳定后,记录读数。

(3)计算厚度平均值(准确至 0.001 mm)、标准差和变异系数。

## 二、单位面积质量($G$)

单位面积质量指单位面积(1 $m^2$)材料所具有的质量,通常以 $g/m^2$ 表示。

该指标由称量法测定,试样面积规定为 100 $cm^2$。由于部分材料较薄,剪裁尺寸大小及称量精度对检测结果影响较大,要求试样的裁剪和测量应准确至 1 mm。称量精确到 0.01 g。

为使试验成果更有代表性,规范要求进行不少于 10 块相同试样的平行试验,然后求出平均值。

单位面积质量是材料的基本物理性指标,它关系到材料的厚度和强度等各方面性能,也是优选材料时的基本规格之一。

1. 试验基本要求

(1)每组试样数量应不少于 10 个。

(2)试样面积应为 100 $cm^2$,试样的裁剪和测量应准确至 1 mm。

(3)对于土工格栅这类孔径较大的材料,试样尺寸应能代表该种材料的全部结构。可使用较大面积的试样,裁剪时应从肋间对称裁取,按裁剪后试样实际尺寸计算面积,准确至 1 mm。

2. 试验设备

(1)天平:感量 0.01 g,并应满足称量值 1%的精确度要求。

(2)钢尺:最小分度值为 1 mm。

(3)其他:裁刀或剪刀。

3. 试验步骤

(1)确认天平的最大称量满足要求。

(2)试样逐一在天平上称量,读数应准确至 0.01 g;称量小于 1 g 的材料应使用感量更小的天平来称量。

4. 试验成果整理

单位面积质量应按式(3-9)计算:

$$G = \frac{m}{A} \times 10^4 \tag{3-9}$$

式中 $G$——试样单位面积质量,g/m$^2$;

$m$——试样质量,g;

$A$——试样面积,cm$^2$。

计算单位面积质量的平均值、标准差和变异系数。

## 三、等效孔径($O_{95}$)

等效孔径指织物允许 5%的颗粒(以质量计)通过(筛布)的(95%的颗粒不能通过)那个孔径,记为 $O_{95}$,以 mm 表示。

测定织物的等效孔径采用干筛法。将直径略大于筛底的待测织物固定在筛底(见图 3-9),将 50 g 粒组材料投入筛内,放在摇筛机上振摇 10 min,称量通过试样的粒组材料质量,得到该粒组材料的过筛率。依次测定表 3-6 中每一粒组材料的过筛率,绘制平均粒径与过筛率对应的关系曲线,如图 3-10 所示,即可查出过筛率为 5%(筛余率为 95%)所对应的孔径 $O_{95}$。

图 3-9　直径 20 cm 试验筛

粒组材料可选用玻璃珠或球形砂粒,颗粒的粒组范围及平均粒径见表 3-6,平均粒径 $d$ 的计算方法是 $d=\frac{1}{2}(0.063+0.075)=0.069(\mathrm{mm})$。

振筛后,若嵌入织物的颗粒不易清出,为防止筛布被土粒堵塞,织物试样不应重复使用,故每进行下一组粒组材料试验,换用同种试样的新筛布。

表 3-6　标准颗粒的粒组范围及平均粒径　　单位:mm

| 粒组 | 0.063~0.075 | 0.075~0.090 | 0.090~0.106 | 0.106~0.125 | 0.125~0.150 | 0.150~0.180 | 0.180~0.250 | 0.250~0.350 |
|---|---|---|---|---|---|---|---|---|
| 平均粒径 | 0.069 | 0.082 | 0.098 | 0.116 | 0.138 | 0.165 | 0.215 | 0.300 |

等效孔径 $O_{95}$ 是土工织物用作反滤料时选料所依据的主要指标。

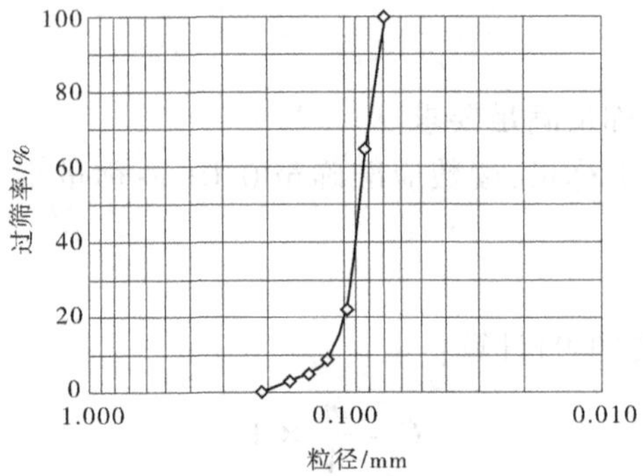


图 3-10　粒径分布曲线

**(一)试验基本要求**

(1)试样直径应大于试验筛。

(2)每组试样数量应不少于 5 个。如果试样为针刺土工织物,振筛后,若嵌入织物的颗粒不易清出,织物试样不应重复使用,这时,试样数为 $5n$($n$ 为选取的粒径级数)。

(3)试样应进行去静电处理,可采用湿毛巾轻擦试样,并晾干。

**(二)试验设备**

(1)试验筛:直径 200 mm。

(2)振筛机:应符合《振筛机校验规程》(SL 411—2007)中的规定。

(3)天平:量称 200 g,感量 0.01 g。

(4)振筛用颗粒材料:通常可选用玻璃珠或球形砂粒。将洗净烘干的颗粒材料用筛析法进行分级制备,按标准试验筛孔径分级宜为:0.063~0.075 mm,0.075~0.090 mm,0.090~0.106 mm,0.106~0.125 mm,0.125~0.150 mm,0.150~0.180 mm,0.180~0.250 mm,0.250~0.350 mm 等。

(5)其他:计时器、细软刷子等。

**(三)试验步骤**

(1)将试样放在筛网上,并固定好。

(2)称量颗粒材料 50 g,均匀撒布在试样表面。

(3)将装好试样的试验筛、接收盘与筛盖夹紧装入振筛机上,开启机器,振筛 10 min。

(4)停机后,称量通过试样的颗粒材料质量。

(5)用另一级颗粒材料在同一块试样上重复第(2)条~第(4)条。测定粒径分布曲线,应取得不少于 3~4 级连续分级颗粒的过筛率,并要求试验点均匀分布。若仅测试等效孔径 $O_{95}$,则有两组的筛余率可在 95%左右。

**(四)试验成果整理**

(1)某级颗粒的过筛率应按式 (3-10)计算:

$$S_i = \frac{M_i}{M_0} \times 100\% \tag{3-10}$$

式中　$S_i$——过筛率(%);

$M_0$——筛析时颗粒投放量,g;

$M_i$——筛析后底盘中颗粒质量（过筛量），g。

（2）计算过筛率平均值、标准差和变异系数。

（3）每一级的颗粒直径应以颗粒的上下限值和过筛率进行线性内插得到。

（4）应以各级颗粒的平均过筛率与相应各级颗粒直径在半对数纸上绘粒径分布曲线。

（5）等效孔径 $O_{95}$ 为分布曲线上过筛率为 5%所对应的粒径值，$O_{90}$ 为分布曲线上过筛率为 10%所对应的粒径值，可直接编程计算。

## 任务二　力学性质指标测试

材料的拉伸强度、梯形撕裂强力、剥离强度等检测，是在拉力机上以两个夹具夹持长条试样两端进行拉伸的检测；材料的顶破强力、刺破强力检测，是片状材料水平固定在拉力机底部的固定夹具上，拉力机活动横梁更换不同形状的顶杆沿竖直方向顶刺试样的检测。顶破强力试验与刺破强力试验材料夹具的内径不同，试验时需要换上相应的夹具。

土工合成材料万能试验机（见图 3-11）为门式框架，顶部固定横梁，下方中央设有夹具插座，可以换接各种型号的夹具，中部移动横梁上部有与之相对应的夹具插座，换接成对的夹具，完成拉伸性质的检测。门架底座中央固定水平向圆盘夹具，夹持片状材料，中部移动横梁下部有与之相对应的夹具插座，换接相应的顶杆，完成顶刺性质类检测。

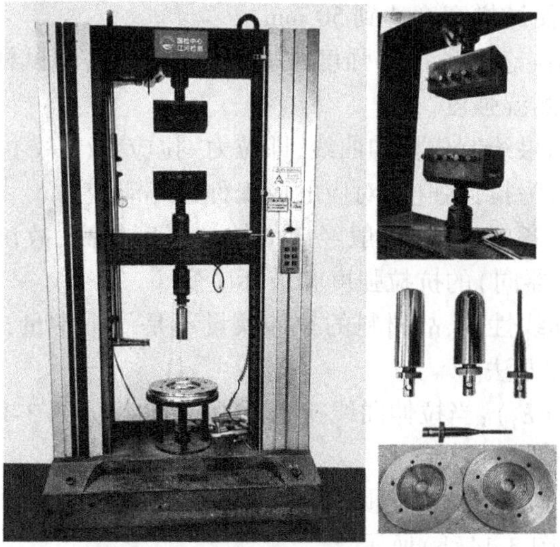

**图 3-11　土工合成材料万能试验机**

落锥试验则是在土工布动态穿孔试验仪（落锥仪）（见图 3-12）上进行。片状材料被水平固定在落锥仪底部的固定夹具上，落锥从 500 mm 高处自由落下，并用量锥测量材料穿孔的尺寸大小。

## 一、拉伸强度($T$)

材料的拉伸强度($T$)指其在拉力机上拉伸时单位宽度(1 m)所能承受的最大拉力,以 kN/m 表示。条样有两种检测方法:窄条法,宽度为 50 mm;宽条法,宽度为 200 mm。

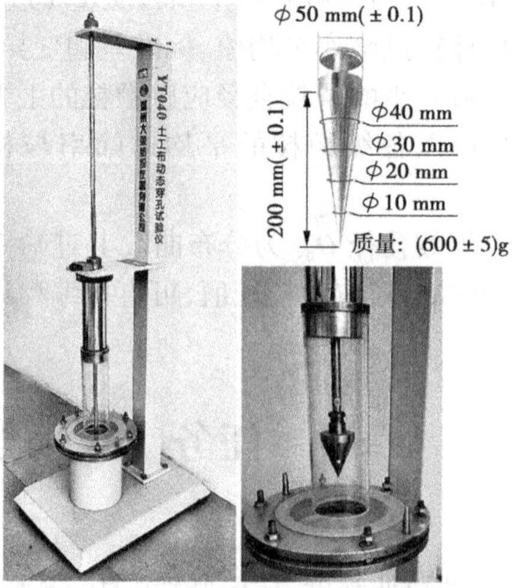


图 3-12　土工布动态穿孔试验仪

检测对夹具的要求是:钳口面应能防止试样在钳口内打滑,并应能防止试样在钳口内被夹损伤。两个夹具的夹持面应在一个平面内。宽条试样有效宽度 200 mm,夹具实际宽度应不小于 210 mm;窄条试样有效宽度 50 mm,夹具实际宽度应不小于 60 mm。

检测对试样尺寸的要求是:

(1)宽条法:裁剪试样宽度 200 mm,长度不小于 200 mm 实际长度视夹具而定,应有足够的长度使试样伸出夹具,试样计量长度为 100 mm。对于有纺土工织物,裁剪试样宽度 210 mm,在两边抽去大约相同数量的边纱,使试样宽度达到 200 mm。

(2)窄条法:裁剪试样宽度 50 mm,长度应不小于 200 mm,且应有足够长度的试样伸出夹具,试样计量长度为 100 mm。对于有纺土工织物,裁剪试样宽度 60 mm,在两边抽去大约相同数量的边纱,使试样宽度达到 50 mm。

(3)如进行干态与湿态两种拉伸强度试验,应裁剪两倍的试样长度,然后一剪为二,一组测干强度,另一组测湿强度。

将条样拉伸试验结果绘制成拉伸曲线,即拉力-拉应变($T$-$\varepsilon$)关系曲线,如图 3-13 所示。曲线峰值点的拉力为拉伸强度,对应的应变称破坏应变。

土工织物有明显的各向异性,一般经向的抗拉强度较高,故试验时应分别测得经向(机器向)与纬向(横机器向)的抗拉强度和破坏应变。

$T$-$\varepsilon$ 曲线一般是非线性的,故材料的拉伸模量不是一个常量,考虑该特点,按拉伸曲线确定模量有以下三种方法。

(1)初始拉伸模量($E_i$):当拉伸曲线初始段为直线时,如图 3-14(a)所示,取初始直线段斜率为初始拉伸模量。

(2)偏移拉伸模量($E_0$):当拉伸曲线初始段坡度很小,继而接近于直线,则取直线段的斜率为偏移模量,如图 3-14(b)所示。

(3)割线拉伸模量($E_s$):当拉伸曲线始终为非线性,则可从原点和曲线上一点连成直线,取该直线的斜率为割线模量,如图 3-14(c)所示。曲线上一点位置的选取按设计要求确定,如果定在应变为 10%处可表示为 $E_{s10}$。

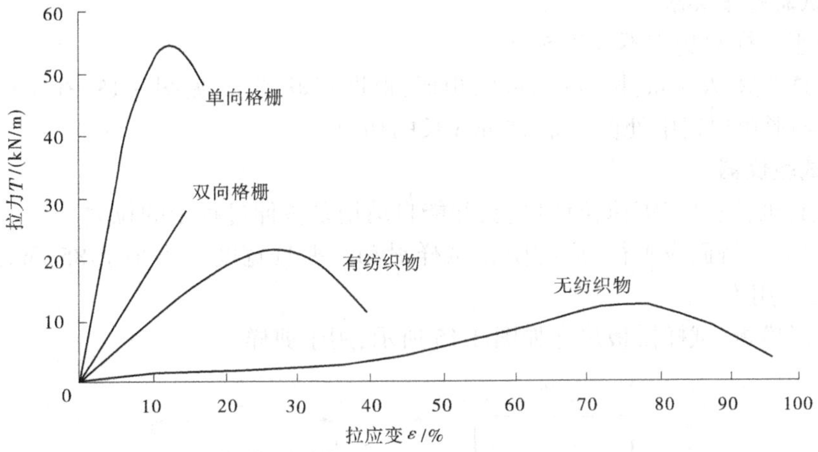


**图 3-13　土工合成材料典型的拉伸试验过程**

土工合成材料用作加筋、隔离或包容等功能时，拉伸强度和拉伸应变是设计中必然涉及的指标；用作反滤或垫层时，也要具有承受施工应力的能力。拉伸强度和应变是材料最基本和最重要的力学性指标。

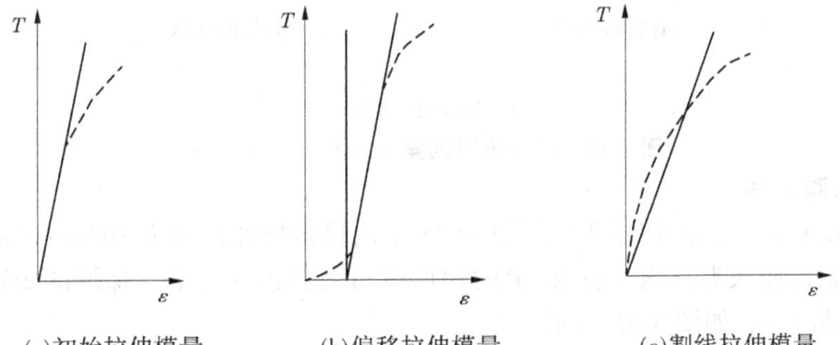


**图 3-14　拉伸模量表示法**

## 二、梯形撕裂强力($T_t$)

材料的梯形撕裂强力反映其已有裂口尚能承受撕拉的能力，以最大撕裂力表示。该试验用于评价现场铺放土工织物等材料时，材料已有切口处抵抗继续撕裂的能力。试验在拉力机上进行，方法与条样法拉伸试验类似。

撕裂强度一般不是设计指标，仅供评价和评比材料之用。

材料的梯形撕裂强力试验要点在试样的制备和试样在拉力机上的夹持。要根据模板尺寸在试样上画两条梯形边作为夹持线，在梯形短边正中处剪一条 15 mm 长的切口。将试样放入夹具内夹持，使试样上的梯形线与夹具边缘齐平。缓缓移动夹具，使梯形的短边平整绷紧，其余部分呈折叠状，即完成试样的夹持。

**(一)试验基本要求**

(1)每组试样数量应不少于5个。

(2)试样为宽76 mm、长200 mm的矩形,根据模板尺寸(见图3-15)在试样上画两条梯形边,在梯形短边正中处剪一条15 mm长的切口。

**(二)试验仪器**

(1)试验机:应具有等速拉伸功能,并能自动记录拉伸过程中的拉力。

(2)夹具:夹持面应平行,应能防止试样滑动。夹具宽度应不小于85 mm,宽度方向垂直于力的作用方向。

(3)梯形模板:试样模板尺寸如图3-15所示,用于剪样。

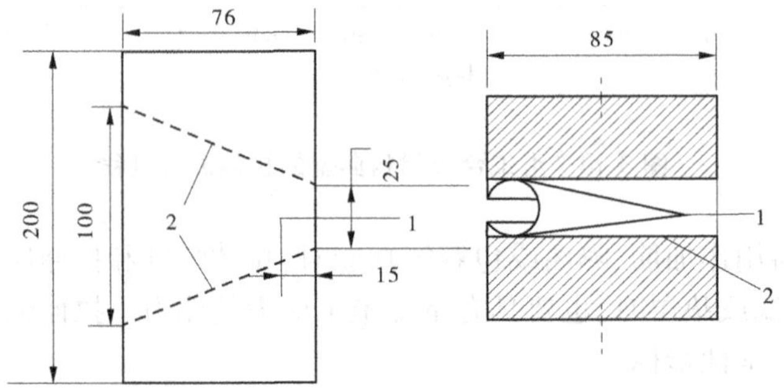


(a)平面形状　　(b)夹持形状

1—切缝;2—夹持线。

**图3-15　梯形撕裂试样示意图**　(单位:mm)

**(三)试验步骤**

(1)将试验机夹具的初始距离调整为25 mm,设定拉伸速率为300 mm/min。

(2)将试样放入夹具内,使试样上的梯形线与夹具边缘齐平。梯形的短边平整绷紧,其余部分呈折叠状,如图3-15所示。

(3)开启试验机,直至试样破坏,并记录最大撕裂力。

(4)重复以上步骤对其余试样进行试验。

## 三、圆柱(CBR)顶破试验

圆柱(CBR)顶破试验是通过模拟试验测定材料抵抗集中法向荷载能力的指标。顶破力单位以N表示。该试验模拟在凹凸不平地基上有尖棱石块顶刺织物或土工膜的情况。

圆柱(CBR)顶破试验示意见图3-16,CBR试验筒借用了土工试验中的加州承载力比(california bearing ratio)试验筒,作为土工织物的支撑体,压杆端部为圆形平面(见图3-17)。

圆柱(CBR)顶破强力仅作为评价材料的指标。

圆柱(CBR)顶破试验的关键为试样的夹持,试样应夹持牢固,试验过程中试样不会发生移动。

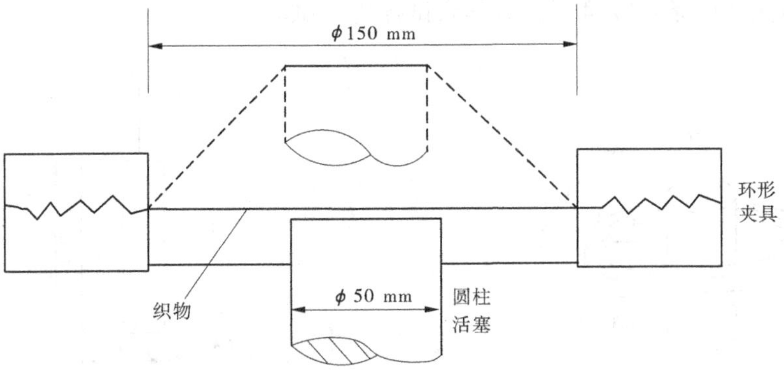


图 3-16　圆柱(CBR)顶破试验

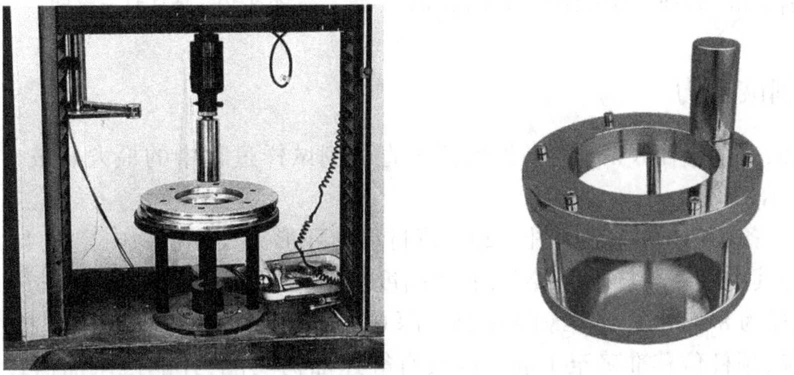

图 3-17　圆柱(CBR)顶破试验夹具及顶杆

**(一)试验基本要求**

(1)每组试样数量应不少于 5 个。

(2)试样尺寸应为 $\phi 210 \sim \phi 300$ mm,根据夹具而定。

**(二)试验仪器**

(1)试验机:荷载指示值或记录值准确至 1%;顶压杆位移准确至 1 mm;应具有等速加荷功能,并应能记录加荷过程中的应力–应变曲线;行程应大于 150 mm。

(2)环形夹具:内径为 150 mm,其中心应在顶压杆的轴线上。底座高度大于顶杆长度,应有足够的支撑力和稳定性。环形夹具如图 3-18 所示。

(3)顶压杆:直径为 50 mm,高度为 100 mm 光滑圆柱体,顶端边缘倒成 2.5 mm 半径的圆弧,顶压杆如图 3-19 所示。

**(三)试验步骤**

(1)将试样放入环形夹具内,使试样在自然状态时拧紧夹具。

(2)将夹具放在试验机上,调整高度,使试样与顶压杆刚好接触。

(3)设定试验机的顶压速率为 50 mm/min,开启试验机,记录顶压过程中顶压力–变形曲线,直至试样完全顶破,记录最大顶压力。对于土工复合材料,在可能出现多峰值的情况下,均应以第一峰值作为试验的顶破强力。

(4)停机,取出已破坏试样,观察和记录顶破情况。

(5)重复第(1)条~第(4)条,对其余试样进行试验。

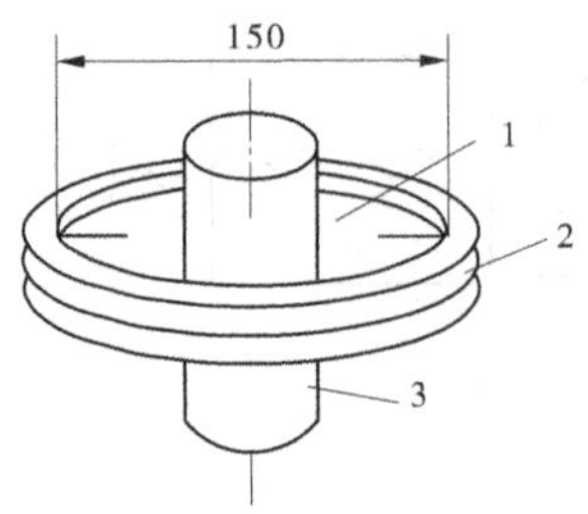


1—试样;2—环形夹具;3—顶压杆。

图 3-18　环形夹具示意图　(单位:m)

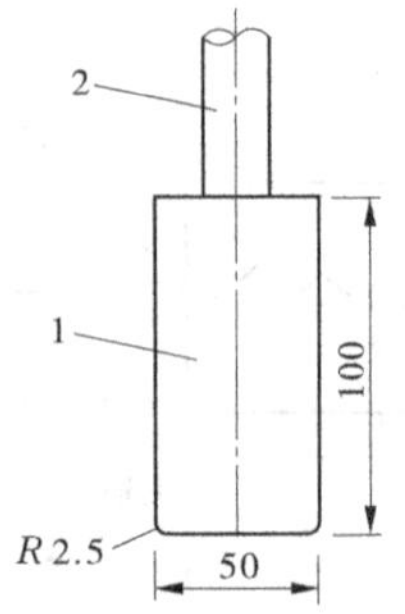


1—顶压杆;2—连接杆。

图 3-19　顶压杆示意图　(单位:m)

## 四、刺破强力

刺破强力在直径 8 mm 的平头顶杆垂直顶刺试样过程中的最大刺破力,刺破强力以单位 N 表示。

试验设备:夹具及顶杆见图 3-20。将材料的环形夹具更换为内径为 45 mm 的环形夹具,应保持其中心在顶杆的轴线上,底座高度大于顶杆长度,有足够的支撑力和稳定性;平头顶杆直径为 8 mm,顶端边缘倒成 45°、深 0. 8 mm 的倒角;试验机荷载指示值或记录值准确至 1%,顶杆位移准确至 1 mm,应具有等速加荷功能,并能记录加荷过程中的应力-应变曲线,行程应大于 100 mm。

每组试样数量应不少于 5 个。试样尺寸视夹具大小而定。

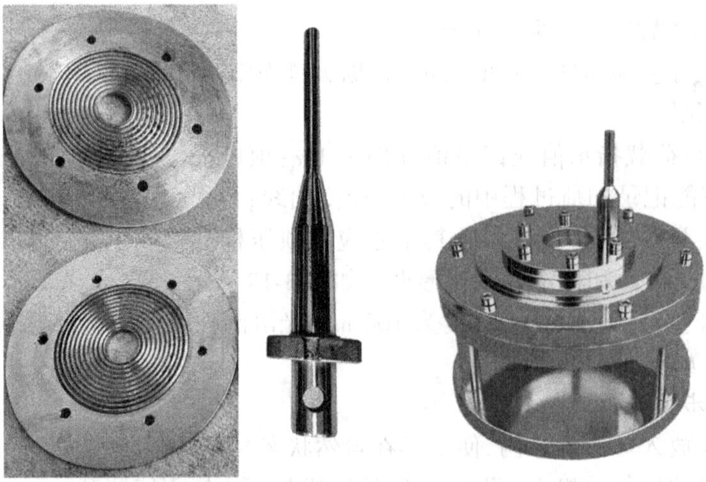

图 3-20　刺破试验夹具及顶杆

### (一)试验基本要求

(1)每组试样数量应不少于 5 个。

(2)试样尺寸应在 100 mm 左右,根据夹具而定。

(3)本模块规定了土工合成材料刺破强力的试验方法。

**(二)试验仪器**

(1)试验机:荷载指示值或记录值准确至1%;顶杆位移准确至1 mm;应具有等速加荷功能,并能记录加荷过程中的应力-应变曲线;行程应大于100 mm。

(2)环形夹具:内径为45 mm,其中心应在顶杆的轴线上底座高度大于顶杆长度,有足够的支撑力和稳定性。

(3)平头顶杆:直径为8 mm,顶端边缘倒呈45°、深0.8 mm的倒角,平头。

**(三)试验步骤**

(1)将试样放入环形夹具内,使试样在自然状态下拧紧夹具,应防止试样在刺破过程中滑动或破损。

(2)将夹具放在试验机上,调整高度,使试样与平头顶杆刚好接触。

(3)设定试验机的刺破速率为300 mm/min,开启试验机,记录试验过程中刺破力-变形曲线,直至试样完全刺破,记录最大刺破力。对于土工复合材料,可能出现多峰值的情况,均应以第一峰值作为试验的刺破强力。

(4)停机,取出已破坏试样,观察和记录刺破情况。

(5)重复第(1)条~第(4)条,对其余试样进行试验。

## 五、落锥试验

落锥试验是落锥从试样面之上500 mm高度处,自由落下穿透试样的孔洞大小,以落锥穿透孔径(mm)表示。在现场工程施工过程中大颗粒或抛石掉落或刺进土工织物等材料而损坏它。

该试验是测试各类土工织物、土工膜及片状土工复合材料抵抗冲击穿透的性能指标,是土工合成材料质量的实用性指标。试验时将仪器(见图3-12)安置好,并调整垂直度;将试样放入环形夹具内使试样在自然状态下夹紧夹具;将安装好试样的夹具安放在仪器上,将落锥安装就位;让其自由落下;取下落锥,在自重下将量锥放入破洞,10 s后测量破洞直径,准确至1 mm。测量值应是在量锥处于垂直位置时的最大可见直径。

夹具的规格参数是:环形夹具内径150 mm。

落锥的规格参数是:落锥质量1 000 g(含导杆),顶角45°,直径50 mm。

量锥的规格参数是:量锥质量600 g,锥高200 mm,直径50 mm,锥面刻度最小读数1 mm。

## 六、剥离强度

剥离强度是指粘贴在一起的材料,从接触面进行单位宽度剥离时所需要的最大力,单位以kN/m表示。它反映材料的黏结强度。

试验机应具有等速拉伸功能,夹具夹持面应平行并能防止试样滑动。

每块试样尺寸长度200 mm,宽度50 mm,每组试样数量不少于5个。

剥离强度试验的关键为剥离试样的制备,应沿层面细心剥离试样,剥离长度不小于100 mm,剥开线顺直且垂直于拉力方向。当剥离偏离层面时,应作为废样,用新试样重新剥离。

**(一)试验基本要求**

(1)适用于膜-膜、布-布、布-膜、布-膜-布等各种形式的复合土工合成材料和土工膜,粘焊型、物理连接型土工格栅及土工格室、三维土工网的接缝。

(2)每组试样数量应不少于 5 个。

(3)试样尺寸长度为 200 mm,宽度为 50 mm。

(4)土工合成材料复合产品的试样剥离长度应不少于 100 mm。

**(二)试验仪器**

(1)试验机:应具有等速拉伸功能。

(2)夹具:夹持面应平行,应能防止试样滑动。

(3)测量设备。

**(三)试验步骤**

(1)将试验机夹具的初始距离调整到 100 mm,设定拉伸速率为 300 mm/min。

(2)将试样放入夹具内,夹紧试样,剥离试样安装如图 3-21 所示。

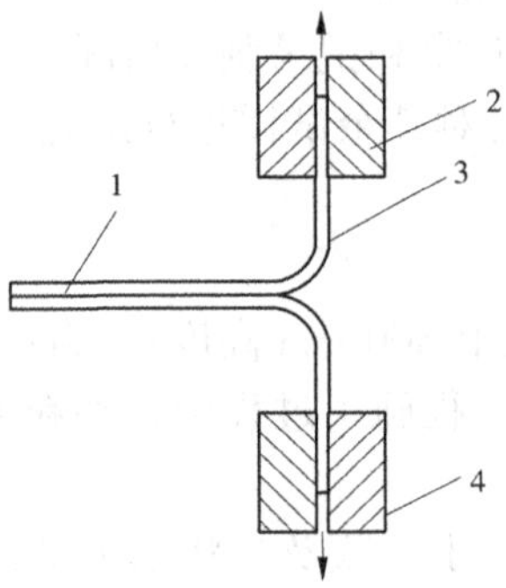


1—试样未剥开部分;2—上夹具;3—试样剥开部分;4—下夹具。

**图 3-21　剥离试样安装示意图**

(3)开启试验机,直至试样完全剥离,记录最大剥离力 $F$。

(4)观察和记录试样的破坏现象,是材料破坏还是被剥开。

(5)重复第(2)条~第(4)条,对其余试样进行试验。

**(四)试验成果整理**

(1)剥离强度应按式(3-11)计算:

$$T_b = \frac{F}{B} \tag{3-11}$$

式中 $T_b$——剥离强度,kN/m;

$F$——最大剥离力,kN;

$B$——试样宽度,m。

(2)计算剥离强度平均值、标准差和变异系数。

# 任务三　水力学性能指标测试

## 一、土工膜渗透试验

土工膜渗透是指压力水垂直作用于土工膜表面而通过土工膜的现象，试验采用垂直渗透试验仪进行。试验原理符合达西(Darcy)定律：

$$v = Ki \tag{3-12}$$

$$i = \frac{\Delta h}{\delta} \tag{3-13}$$

$$Q = vA = KiA \tag{3-14}$$

式中　$v$——在层流状态时，水在均匀透水介质中的流速，cm/s；

$K$——渗透系数，cm/s；

$i$——水力降度；

$A$——与水流方向垂直的过水面积，$cm^2$；

$\Delta h$——上、下游水头差，cm；

$\delta$——被水流通过的织物厚度，cm。

图3-22是普通垂直渗透仪示意图。图中标号2的试样面积为$A$，厚度为$\delta$；标号4的$\Delta h$为上、下游稳定水位差，上、下游水位始终保持不变，故称常水头试验。在试验历时$t$内，从溢水口3流出的水量为$Q$，则由式(3-15)可反算出织物的垂直渗透系数$k_{vT}$为

$$k_{vT} = \frac{Q\delta}{A\Delta ht} \tag{3-15}$$

式中　$T$——试验时的水温，℃；

$Q$——测得的水量，$cm^3$。

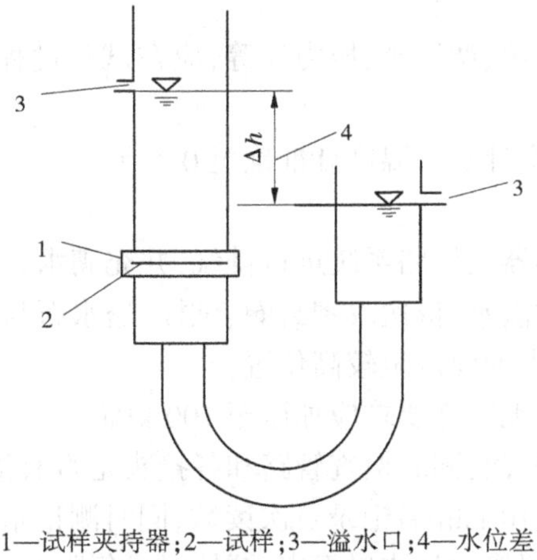


1—试样夹持器；2—试样；3—溢水口；4—水位差。

**图3-22　普通垂直渗透仪**

由于土工膜的渗透系数特别小，约为 $10^{-11}$ cm/s，例如：面积为 100 $cm^2$、厚度为 1 mm 的土工膜，在 10 m 的水头压力下，根据公式换算流量为 $10^{-5}$ mL/s，这么小的流量在试验上测量难度极大，因此制造了《土工合成材料测试规程》(SL 235—2012)所示的土工膜渗透仪，与常规渗透仪相比，第一，土工膜渗透仪利用气液压力转换，极大地提高了土工膜承受的水头压力，增大了流量的级数，降低了测量的难度；第二，在进水管路设置了体变管，可以测量微小变化的水量，也避免了直接测量渗出水量带来的蒸发损失。

**(一)试验基本要求**

(1)适用于具有防水性能的各类土工膜。

(2)每组试样应不少于 3 块，尺寸与试样容器应匹配。

**(二)试验仪器**

(1)渗透试验原理与主要部件如图 3-23 所示。

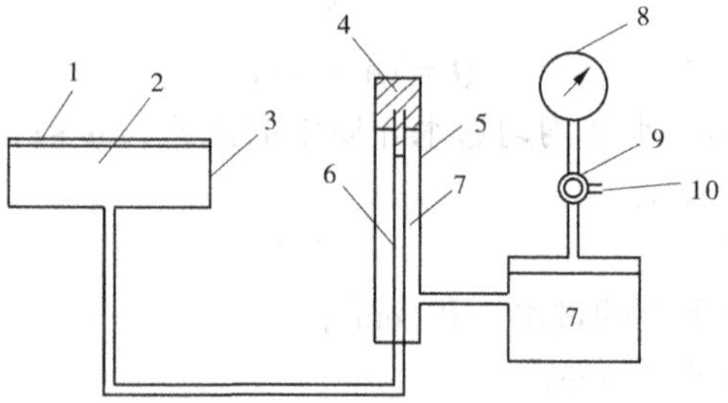


1—透水石与压环；2—试样；3—试样容器；4—油；5—测变管；
6—体变管；7—水；8—压力表；9—调压阀；10—气源。

**图 3-23 渗透试验原理**

(2)试样容器：过水面积应大于 20 $cm^2$，膜一侧承受水压力，另一侧为透水石。

(3)体变管：测量透过试样水量的装置。体变管内的测变管读数应准确至 0.1 cm，可采用更小读数的设备。

(4)管路系统：体变管与试样之间的连接管路系统应充满水，在试验压力下各管路及接头应不渗漏。

(5)恒压系统：包括气源、调压阀、压力表等，应在试验过程中保持恒压。压力表宜准确至满量程的 0.4%。

(6)其他：计时器、温度计等。温度计准确至 0.5 ℃。

**(三)试验步骤**

(1)对体变管、试样容器及管路系统进行排气，并充满水。

(2)打开试样容器，注满水，依次放密封圈、试样、透水石与压环，夹紧试样。

(3)试验前将体变管内油面调至较高位置。

(4)调压阀渐渐加压，无特殊要求应加压至 100 kPa。

(5)加压时注意油水界面，同时检查管路和各接头是否有渗漏。

(6)压力加至规定值，10 min 后记录首次读数，同时测记水温。

(7)读数时间间隔宜视渗水量快慢而定，开始时可每隔 60 min 读数一次；当渗水量逐渐减小后可延长间隔时间。

(8)试验持续时间,可按前后两次间隔时间内渗水量的差小于2%时作为稳定标准,应以后一次间隔时间内渗水量作为测试值。

**(四)试验成果整理**

(1)渗透系数应按式(3-16)计算:

$$k_{m20}=\frac{V\delta}{A\Delta ht} \tag{3-16}$$

式中　$k_{m20}$——试样20 ℃时渗透系数,cm/s;

$V$——渗透水量,$cm^3$;

$\delta$——试样厚度,cm;

$A$——试样过水面积,$cm^2$;

$\Delta h$——上下面水位差(试样上所加的水压力,以水柱高度计),cm;

$t$——通过水量$V$的历时,s。

(2)计算全部试样的渗透系数平均值。

## 二、土工膜耐静水压力试验

土工膜耐静水压力指对试样施加液压扩张直至破坏过程中的最大液压,耐静水压力单位以kPa或MPa表示。

该试验模拟土工膜及土工复合品受水压力的作用。

试验仪器为耐静水压力仪(见图3-24),夹具为内径为30.5 mm的环形夹具,液压系统液体压入速率为100 mL/min。

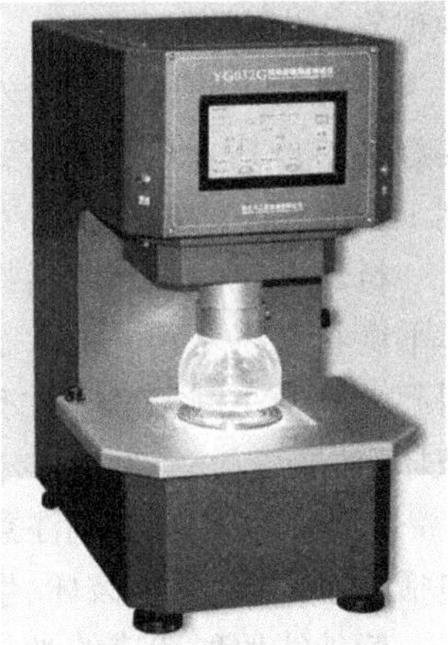

图3-24　耐静水压力仪

每个试样直径不小于55 mm,每组试样数量不少于10个。

耐静水压力试验与胀破试验用的是同一种仪器,所不同的是胀破试验的试样覆盖在下面的薄膜上,胀破试验的试样只承受力的作用,水只是作为一种传递力的物质,胀破强度需要扣除薄膜的强度。耐静水压力试验是水直接作用在试样上,如果试样存在微细孔洞或薄弱点,会加剧试样的破坏,降低耐静水压力结果。

**(一)试验基本要求**

(1)适用于各类防渗用土工膜及土工复合品。

(2)每组试样数量应不少于10个。

(3)每个试样直径应不小于55 mm。

**(二)试验仪器**

(1)耐静水压力仪。

(2)夹具:内径为30.5 mm的环形夹具,试验过程中夹具内的试样不应滑移或被夹坏。

(3)液压系统:应能逐步增大试样下的液压直至试样破坏或试样渗漏,液体压入速率为100 mL/min。

**(三)试验步骤**

(1)试验前应检查仪器各部分是否正常,需要时应用刚性且不渗透材料对耐静水压力仪做综合性能校验,保证仪器不渗漏。

(2)安装试样,用环形夹具将试样夹紧。

(3)设定液体压入速率为 100 mL/min,开启机器,使试样凸起变形,直至试样破坏或试样渗漏时应立即停止加压,并及时记录使试样破坏或试样渗漏时的最大压力。

(4)重复第(2)条、第(3)条,对其余试样进行试验。

## 任务四　耐久性能指标测试

土工合成材料在储运、施工和长期工作期间会因各种原因引起质变,使性能恶化,此种现象称为老化。

材料老化的现象包括外观变色、表面龟裂脆化、丧失光泽、分子量下降等,其中最具重要意义的是其力学性能衰变,如材料的抗拉强度和破坏应变均明显降低,不同程度地影响到工程的正常运行。

材料老化的原因包括物理、化学方面的组合效应。物理老化是材料力图从制造时的非平衡状态恢复到平衡状态所导致,它们不会造成分子价键的破坏。相反,化学老化却会引起大分子主键、分子间交联被剪断和侧基的化学反应,造成材料力学性能变坏,终至破坏。

工程应用中要特别注意化学老化的负面影响。高分子材料的衰变受多种因素作用,包括吸水膨胀、析出破坏、生物破坏、紫外线照射和氧化降解。

紫外线照射造成的光衰变和氧化衰变是土工合成材料老化的最重要元凶。太阳辐射到地球大气层的光是连续光谱,由于大气过滤,达到地表的实际是波长为 290~400 nm 的紫外光,它会引起材料的光氧老化,加上温度造成的热氧老化,它们的总能量明显高于土工合成材料一些化学键的键能。高分子材料具有一定的分子结构,其中某些部分具有弱键,这些弱键就成为化学反应的突破口。以此为起点,引发系列效应,致使材料分子发生变化,相对分子质量下降或引起交联、材料性能变坏,以致无法发挥其预期功能。

防止老化:一是加强材料本身的抗老化能力;二是在使用过程中给予保护。

在材料中掺入添加剂,借其吸收紫外线和遮蔽作用以及它们具有许多自由电子,就可以阻止高分子材料的降解而使其结构稳定。

在使用过程中,对材料进行避光、避氧保护。材料铺设后,尽快覆盖土料、水泥砂浆或薄层混凝土进行保护。

荧光紫外灯老化试验是利用人工方法模拟和强化自然气候中的光、热、氧、湿气等的老化破坏环境因素,特别是光的老化作用,通过拥有荧光紫外光源和水蒸气冷凝装置的试验仪器对土工合成材料进行人工照射老化,让材料在人工试验箱内被照射达规定时间,然后测试材料性能在照射前后变化的一种试验方法,适用于各类土工合成材料。

常以老化系数评价材料的老化特性,即老化前后力学性质的变化程度。

规定材料在老化箱中照射一定时间(如 500 h)后,其力学性能(如抗拉强度、延伸率等)的降低不大于某百分率(如 30%,即强度保持率≥70%)时,采用老化系数 $K$ 来反映:

$$K=\frac{f}{f_0} \tag{3-17}$$

式中　$f$、$f_0$——试样老化前后的性能测试值。

## 一、试验基本要求

(1)取两块 1 $m^2$ 的试验样品,离大样边缘至少整个幅宽的 1/10 距离,一块样品裁取纵向,另一块样品裁取横向。

(2)在每块试验样品上裁取长 200 mm、宽 50 mm 的试样 12 个,其中 6 个用于老化试验,另外 6 个试样用于老化前的原始强度测试;如果同时进行不同时段的试验,则按相应倍数裁剪试样。对每一块试样进行编号,编号标记在非光照区域(每组试样数为 5 个,增加一个备用样)。

(3)老化前后的试样应就近取自相同经丝或纬丝。

(4)土工膜试样应按土工膜试验项目的要求进行准备。

## 二、试验仪器

(1)试验仪器应符合《塑料 实验室光源暴露试验方法 第 3 部分:荧光紫外灯》(GB/T 16422.3—2022)关于试验设备的规定,拥有荧光紫外光源和水蒸气冷凝装置。

(2)老化试验箱光源:本试验方法选用两种类型的荧光紫外灯,UVA-340 和 UVB-313 两种灯管的紫外光相对辐照度见表 3-7。

(3)老化试验箱应配有辐照度控制器。辐照度控制器可以补偿长时间试验使灯管的辐照量下降造成的偏差。

(4)荧光紫外灯老化试验箱应有温控装置,试验箱结构应符合《塑料 实验室光源暴露试验方法 第 3 部分:荧光紫外灯》(GB/T 16422.3—2022)关于试验设备的规定。

(5)在离老化试验箱最大不超过 150 mm 的范围内测得的仪器的周围温度应保持在 18~27 ℃。老化试验箱应放置在离墙面或其他试验设施至少 0.3 m 的距离。应避免与烘箱或其他加热装置放在一起,否则会影响试验结果。

**表 3-7　UVA-340 和 UVB-313 两种灯管的紫外光相对辐照度**

| 波长 $\lambda$/nm | UVA-340 辐照度/% | 日光基准辐照度/% | UVB-313 辐照度/% |
|---|---|---|---|
| $\lambda<290$ | 0~0.01 | | 1.3~5.4 |
| $290\leq\lambda\leq320$ | 5.9~9.3 | 5.8 | 47.8~65.9 |
| $320<\lambda\leq360$ | 60.9~65.5 | 40.0 | 26.9~43.9 |
| $360<\lambda\leq400$ | 26.5~32.8 | 54.2 | 1.7~7.2 |

注:1. 以上数值是将波长 290~400 nm 通带间的光谱辐照度定为 100%。

2. UVA-340 和 UVB-313 两种灯管所发光波主要集中在 300~400 nm 的通带间,发射的可见光有限。

3. 若将基准日光光谱波长 290~800 nm 通带间的紫外光辐照度定为 100%,则 290~400 nm 通带间的紫外光的辐照度为 9.8%,400~800 nm 通带间的可见光的辐照度为 90.2%。

(6)放置老化设备的实验室应通风良好,以便排除试验产生的热量和水汽,并能保证试验所需温度。

(7)试验机:用于老化试验前后的强度试验。

## 三、试验步骤

(1)安放试样到试样架,使试样暴露面朝向光源。安放状态不应使试样受到任何外在应力。试样架上没有试样的地方用黑色抗腐蚀平板填补空处以保证均匀的暴露条件。

(2)按表 3-8 设置循环试验规定,开启老化试验箱。

表 3-8 循环试验规定

| 土工织物 | | 土工膜 |
|---|---|---|
| UVA-340 灯管 | UVB-313 灯管 | UVA-340 灯管 |
| 调整光强为 1.55 W/m² | 调整光强为 0.71 W/m² | 调整光强为 0.78 W/m² |
| 8 h 光照,黑板温度(60±3) ℃ | 4 h 光照,黑板温度(60±3) ℃ | 20 h 光照,黑板温度(75±3) ℃ |
| 4 h 冷凝,黑板温度(50±3) ℃ | 4 h 冷凝,黑板温度(50±3) ℃ | 4 h 冷凝,黑板温度(60±3) ℃ |
| 根据实际需要确定。<br>推荐的试验时间为:120 h、168 h、240 h、456 h 或更长时间 | 根据实际需要确定。<br>推荐的试验时间为:96 h、144 h、200 h、400 h 或更长时间 | 根据实际需要确定。<br>推荐的试验时间为:480 h、960 h、1 920 h、2 400 h 或更长时间 |

(3)在试验过程中定期调换试样位置,使所有试样都接收到相同的辐射强度。

(4)在不同的辐照期取出适当数量的试样。

(5)各项目应按相应的试验方法进行测试。

## 四、试验成果整理

(1)按规定分别计算老化试验前后的拉伸强度或其他特性指标的平均值。

(2)分别计算老化试验后试样在各老化周期的强度保持率,或其他特性指标的保持率。强度保持率为老化后强度与老化前强度之比,用百分数表示。

(3)计算各特性指标值相应的标准差和变异系数。

# 附 录

## 附录 A 比重瓶校正

一、新购置的比重瓶试验前应进行校正，以后每使用一段时间校正一次。校正宜采用计算校正法。

二、主要仪器设备：

(1)比重瓶(容量 100 mL)。

(2)天平(称量 200 g,感量 0.001 g)。

(3)温度计(量程 0~50 ℃,最小刻度 0.5 ℃)。

(4)纯水或蒸馏水。

三、计算校正法：

(1)将比重瓶洗净、烘干，称量两次，每次准确至 0.001 g，两次称量之差不得超过 0.002 g。取算术平均值作为比重瓶的质量。

(2)将煮沸并冷却至室温的纯水注满比重瓶，塞好瓶塞，排出多余水分，称室温 $T_0$ 时瓶和水总质量，准确至 0.001 g，重复进行两次，两次称量差不得超过 0.002 g。取算术平均值作为 $T_0$ 时的瓶和水总质量。

(3)任意温度下的瓶和水总质量按下式计算：

$$m_{T\mathrm{n}} = (m_{T0} - m_3) \times C_1 + m_3 \tag{A-1}$$

$$C_1 = \frac{\rho_{\mathrm{wn}}}{\rho_{\mathrm{w0}}}[1 + C_{\mathrm{v}}(T_{\mathrm{n}} - T_0)] \tag{A-2}$$

式中 $m_{T0}$——比重瓶内纯水温度为 $T_0$ 时，瓶和水总质量，g；

$m_{T\mathrm{n}}$——比重瓶内纯水温度为 $T_{\mathrm{n}}$ 时，瓶和水总质量，g；

$m_3$——比重瓶质量，g；

$T_0$——校正比重瓶时比重瓶内纯水温度，℃；

$T_{\mathrm{n}}$——试验时比重瓶内纯水温度，℃；

$\rho_{\mathrm{w0}}$——温度 $T_0$ 时水的密度，g/cm$^3$；

$\rho_{\mathrm{wn}}$——温度 $T_{\mathrm{n}}$ 时水的密度，g/cm$^3$；

$C_{\mathrm{v}}$——玻璃体膨胀系数 $24\times10^{-6}$，1/℃；

$C_1$——比重瓶校正计算系数。

不同温度时水的密度应按表 A-1 的规定取值。计算式中的 $C_1$ 值也可按不同的温度值直接按表 A-2 的规定取值。

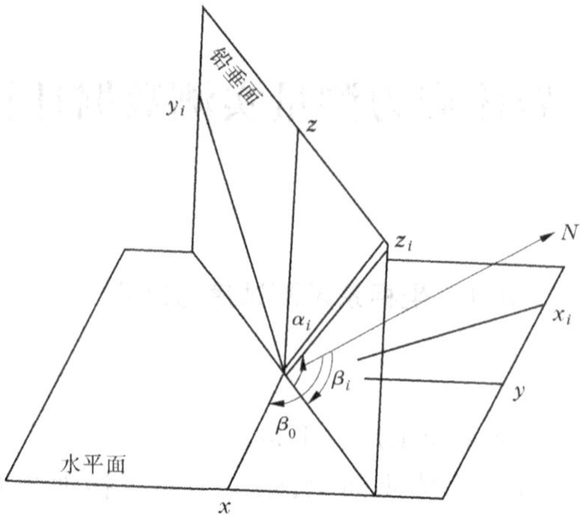


**图 B-1　钻孔坐标系与大地坐标系相互关系**

**表 B-1　钻孔坐标系 $o—x_iy_iz_i$ 各坐标轴相对大地坐系 $o—xyz$ 的方向余弦**

| 坐标轴 | $x$ | $y$ | $z$ |
|---|---|---|---|
| $x_i$ | $l_{i1}=-\sin(\beta_0-\beta_i)$ | $m_{i1}=\cos(\beta_0-\beta_i)$ | $n_{i1}=0$ |
| $y_i$ | $l_{i2}=-\sin\alpha_i\cos(\beta_0-\beta_i)$ | $m_{i2}=-\sin\alpha_i\sin(\beta_0-\beta_i)$ | $n_{i2}=\cos\alpha_i$ |
| $z_i$ | $l_{i3}=\cos\alpha_i\cos(\beta_0-\beta_i)$ | $m_{i3}=\cos\alpha_i\sin(\beta_0-\beta_i)$ | $n_{i3}=\sin\alpha_i$ |

（2）应力系数 $A_{k1}$，$A_{k2}$，…，$A_{k6}$ 应按下式计算：

$$\left.\begin{aligned}
A_{k1} &= 1-(1+\mu)\cos^2\alpha_i\cos^2(\beta_0-\beta_i)+\\
&\quad 2(1-\mu^2)\cos2\theta_j[1-(1+\sin^2\alpha_i)\cos^2(\beta_0-\beta_i)]+\\
&\quad 2(1-\mu^2)\sin2\theta_j\sin\alpha_i\sin2(\beta_0-\beta_i)\\
A_{k2} &= 1-(1+\mu)\cos^2\alpha_i\sin^2(\beta_0-\beta_i)+\\
&\quad 2(1-\mu^2)\cos2\theta_j[1-(1+\sin^2\alpha_i)\sin^2(\beta_0-\beta_i)]-\\
&\quad 2(1-\mu^2)\sin2\theta_j\sin\alpha_i\sin2(\beta_0-\beta_i)\\
A_{k3} &= (1+\mu)[1-2(1-\mu)\cos2\theta_j]\cos^2\alpha_i-\mu\\
A_{k4} &= -(1+\mu)[\cos^2\alpha_i+2(1-\mu)(1+\sin^2\alpha_i)\cos2\theta_j]\cdot\\
&\quad \sin2(\beta_0-\beta_i)-4(1-\mu^2)\sin2\theta_j\sin\alpha_i\cos2(\beta_0-\beta_i)\\
A_{k5} &= -(1+\mu)[1-2(1-\mu)\cos2\theta_j]\sin2\alpha_i\sin(\beta_0-\beta_i)+\\
&\quad 4(1-\mu^2)\sin2\theta_j\cos\alpha_j\cos(\beta_0-\beta_i)\\
A_{k6} &= -(1+\mu)[1-2(1-\mu)\cos2\theta_j]\sin2\alpha_i\cos(\beta_0-\beta_i)-\\
&\quad 4(1-\mu^2)\sin2\theta_j\cos\alpha_j\sin(\beta_0-\beta_i)
\end{aligned}\right\}\qquad(\text{B-2})$$

式中　$\theta_j$——安装在第 $i$ 测量钻孔内变形计的 $j$ 触头极角，(°)；

$\alpha_i$——钻孔的倾角,(°);

$\beta_0$、$\beta_i$——大地坐标轴 $x$ 及 $i$ 钻孔在水平面上投影的方位角,(°)。

## B.3　水压致裂法三维应力测量观测值方程

一、单钻孔坐标系内,钻孔横截面上大、小次主应力与其应力分量之关系应由下式确定:

$$\left.\begin{aligned}\sigma_{x_{ij}}+\sigma_{y_{ij}}&=\sigma_{A_{ij}}+\sigma_{B_{ij}}\\\sigma_{x_{ij}}-\sigma_{y_{ij}}&=(\sigma_{A_{ij}}-\sigma_{B_{ij}})\cos 2A_{ij}\\2\tau_{x_{ij}y_{ij}}&=(\sigma_{A_{ij}}-\sigma_{B_{ij}})\sin 2A_{ij}\end{aligned}\right\}\tag{B-3}$$

式中　$\sigma_{A_{ij}}$、$\sigma_{B_{ij}}$——$i$ 钻孔的第 $j$ 测试段横截面上水压致裂法测得的最大、最小次主应力;

$A_{ij}$——为在钻孔横截面上以钻孔坐标系水平轴 $x_i$ 起始逆时针向到破裂缝的角度,(°);

$\sigma_{x_{ij}}$、$\sigma_{y_{ij}}$、$\tau_{x_{ij}y_{ij}}$——钻孔坐标系下的应力分量。

二、完整岩体段常规压裂试验的观测值方程应由下列公式确定:

$$\left.\begin{aligned}\sigma_{A_{ij}}+\sigma_{B_{ij}}=&\ \sigma_x[1-\cos^2\alpha_i\cos^2(\beta_0-\beta_i)]+\sigma_y[1-\cos^2\alpha_i\sin^2(\beta_0-\beta_i)]+\\&\sigma_z\cos^2\alpha_i-\tau_{xy}\cos^2\alpha_i\sin 2(\beta_0-\beta_i)-\tau_{yz}\sin 2\alpha_i\sin(\beta_0-\beta_i)-\\&\tau_{zx}\sin 2\alpha_i\cos(\beta_0-\beta_i)\\(\sigma_{A_{ij}}-\sigma_{B_{ij}})\cos 2A_{ij}=&\ \sigma_x[1-(1+\sin^2\alpha_i)\cos^2(\beta_0-\beta_i)]+\\&\sigma_y[1-(1+\sin^2\alpha_i)\sin^2(\beta_0-\beta_i)]-\sigma_z\cos^2\alpha_i-\tau_{xy}(1+\sin^2\alpha_i)\cdot\\&\sin 2(\beta_0-\beta_i)+\tau_{yz}\sin 2\alpha_i\sin(\beta_0-\beta_i)+\tau_{zx}\sin 2\alpha_i\cos(\beta_0-\beta_i)\\(\sigma_{A_{ij}}-\sigma_{B_{ij}})\sin 2A_{ij}=&\ \sigma_x\sin\alpha_i\sin 2(\beta_0-\beta_i)-\sigma_y\sin\alpha_i\sin 2(\beta_0-\beta_i)-\\&2\tau_{xy}\sin\alpha_i\cos 2(\beta_0-\beta_i)+2\tau_{yz}\cos\alpha_i\cos(\beta_0-\beta_i)-\\&2\tau_{zx}\cos\alpha_i\sin(\beta_0-\beta_i)\\&(i=1\sim n_i,\ j=1\sim 3n_j+n_{j1})\end{aligned}\right\}\tag{B-4}$$

式中　$n_i$——测量钻孔数量,$n_i\geqslant 3$;

$n_j$、$n_{j1}$——完整岩体段常规压裂试验有破裂缝记录和没有破裂缝记录的测段数量。由钻孔完整岩体段的常规压裂试验,有破裂缝记录的每个测段可提供 3 个观测值方程,无破裂缝记录的每个测段可提供 1 个观测值方程。

## B.4　岩体应力分量计算公式

一、当观测值方程数多于 6 个应力分量的未知数,可利用数理统计的最小二乘法原理,按下列正规方程组求解应力分量 $\sigma_x$,$\sigma_y$, …, $\tau_{xy}$ 最佳值:

$$\begin{bmatrix} \sum_{k=1}^{n} A_{k1}^2 & \sum_{k=1}^{n} A_{k1}A_{k2} & \cdots & \sum_{k=1}^{n} A_{k1}A_{k6} \\ \sum_{k=1}^{n} A_{k2}A_{k1} & \sum_{k=1}^{n} A_{k2}^2 & \cdots & \sum_{k=1}^{n} A_{k2}A_{k6} \\ \vdots & \vdots & \vdots & \vdots \\ \sum_{k=1}^{n} A_{k6}A_{k1} & \sum_{k=1}^{n} A_{k6}A_{k2} & \cdots & \sum_{k=1}^{n} A_{k6}^2 \end{bmatrix} \begin{Bmatrix} \sigma_x \\ \sigma_y \\ \vdots \\ \tau_{zx} \end{Bmatrix} = E \cdot \begin{Bmatrix} \sum_{k=1}^{n} A_{k1}\varepsilon_k \\ \sum_{k=1}^{n} A_{k2}\varepsilon_k \\ \vdots \\ \sum_{k=1}^{n} A_{k6}\varepsilon_k \end{Bmatrix} \quad \text{(B-5)}$$

二、钻孔孔壁应变测量法测得的钻孔坐标系应力分量转换为大地坐标系下的应力分量时，应按下列公式计算：

$$\sigma_j = C_{j1}\sigma_{xi} + C_{j2}\sigma_{yi} + C_{j3}\sigma_{zi} + C_{j4}\tau_{xiyi} + C_{j5}\tau_{yizi} + C_{j6}\tau_{zixi} \quad \text{(B-6)}$$

式中　$C_{j1} \sim C_{j6}$ 为相对应的应力系数，应按下列公式计算：

$$\left.\begin{aligned} C_{11} &= \cos^2\gamma_i \sin^2(\beta_0 - \beta_i) + \sin^2\gamma_i \sin^2\alpha_i \cos^2(\beta_0 - \beta_i) + \\ &\quad \frac{1}{2}\sin 2\gamma_i \sin\alpha_i \sin 2(\beta_0 - \beta_i) \\ C_{12} &= -C_{11} + \sin^2(\beta_0 - \beta_i) + \sin^2\alpha_i \cos^2(\beta_0 - \beta_i) \\ C_{13} &= \cos^2\alpha_i \cos^2(\beta_0 - \beta_i) \\ C_{14} &= -\sin 2\gamma_i [\sin^2(\beta_0 - \beta_i) - \sin^2\alpha_i \cos^2(\beta_0 - \beta_i)] + \\ &\quad \cos 2\gamma_i \sin\alpha_i \sin 2(\beta_0 - \beta_i) \\ C_{15} &= -\cos\gamma_i \sin 2\alpha_i \cos^2(\beta_0 - \beta_i) + \sin\gamma_i \cos\alpha_i \sin 2(\beta_0 - \beta_i) \\ C_{16} &= -\sin\gamma_i \sin 2\alpha_i \cos^2(\beta_0 - \beta_i) - \cos\gamma_i \cos\alpha_i \sin 2(\beta_0 - \beta_i) \end{aligned}\right\} \quad \text{(B-7)}$$

$$\left.\begin{aligned} C_{21} &= \cos^2\gamma_i \sin^2(\beta_0 - \beta_i) + \sin^2\gamma_i \sin^2\alpha_i \cos^2(\beta_0 - \beta_i) - \\ &\quad \frac{1}{2}\sin 2\gamma_i \sin\alpha_i \sin 2(\beta_0 - \beta_i) \\ C_{22} &= -C_{21} + \cos^2(\beta_0 - \beta_i) + \sin^2\alpha_i \sin^2(\beta_0 - \beta_i) \\ C_{23} &= -C_{13} + \cos^2\alpha_i \\ C_{24} &= -C_{14} - \sin 2\gamma_i \cos^2\alpha_i \\ C_{25} &= -C_{15} - \cos\gamma_i \sin 2\alpha_i \\ C_{26} &= -C_{16} - \sin\gamma_i \sin 2\alpha_i \end{aligned}\right\} \quad \text{(B-8)}$$

$$\left.\begin{aligned}C_{31} &= \sin^2\gamma_i\cos^2\alpha_i\\C_{32} &= \cos^2\gamma_i\cos^2\alpha_i\\C_{33} &= \sin^2\alpha_i\\C_{34} &= \sin2\gamma_i\cos^2\alpha_i\\C_{35} &= \cos\gamma_i\sin2\alpha_i\\C_{36} &= \sin\gamma_i\sin2\alpha_i\end{aligned}\right\}\tag{B-9}$$

$$\left.\begin{aligned}C_{41} &= \frac{1}{2}(-\cos^2\gamma_i+\sin^2\gamma_i\sin^2\alpha_i)\sin2(\beta_0-\beta_i)-\\&\quad\frac{1}{2}\sin2\gamma_i\sin\alpha_i\cos2(\beta_0-\beta_i)\\C_{42} &= -C_{41}-\frac{1}{2}\cos^2\alpha_i\sin2(\beta_0-\beta_i)\\C_{43} &= \frac{1}{2}\cos^2\alpha_i\sin2(\beta_0-\beta_i)\\C_{44} &= \frac{1}{2}\sin2\gamma_i\sin2(\beta_0-\beta_i)(1+\sin^2\alpha_i)-\cos2\gamma_i\sin\alpha_i\cos2(\beta_0-\beta_i)\\C_{45} &= -\frac{1}{2}\cos\gamma_i\sin2\alpha_i\sin2(\beta_0-\beta_i)-\sin\gamma_i\cos\alpha_i\cos2(\beta_0-\beta_i)\\C_{46} &= -\frac{1}{2}\sin\gamma_i\sin2\alpha_i\sin2(\beta_0-\beta_i)+\cos\gamma_i\cos\alpha_i\cos2(\beta_0-\beta_i)\end{aligned}\right\}\tag{B-10}$$

$$\left.\begin{aligned}C_{51} &= -\sin\gamma_i\cos\alpha_i[\sin\gamma_i\sin\alpha_i\sin(\beta_0-\beta_i)-\cos\gamma_i\cos(\beta_0-\beta_i)]\\C_{52} &= -C_{51}-\frac{1}{2}\sin2\alpha_i\sin(\beta_0-\beta_i)\\C_{53} &= \frac{1}{2}\sin2\alpha_i\sin(\beta_0-\beta_i)\\C_{54} &= -\cos\alpha_i[\sin2\gamma_i\sin\alpha_i\sin(\beta_0-\beta_i)-\cos2\gamma_i\cos(\beta_0-\beta_i)]\\C_{55} &= \cos\gamma_i\cos2\alpha_i\sin(\beta_0-\beta_i)-\sin\gamma_i\sin\alpha_i\cos(\beta_0-\beta_i)\\C_{56} &= \sin\gamma_i\cos2\alpha_i\sin(\beta_0-\beta_i)+\cos\gamma_i\sin\alpha_i\cos(\beta_0-\beta_i)\end{aligned}\right\}\tag{B-11}$$

$$\left.\begin{aligned}
C_{61} &= -\sin\gamma_i\cos\alpha_i[\sin\gamma_i\sin\alpha_i\cos(\beta_0-\beta_i)+\cos\gamma_i\sin(\beta_0-\beta_i)]\\
C_{62} &= -C_{61}-\frac{1}{2}\sin2\alpha_i\cos(\beta_0-\beta_i)\\
C_{63} &= \frac{1}{2}\sin2\alpha_i\cos(\beta_0-\beta_i)\\
C_{64} &= -\cos\alpha_i[\sin2\gamma_i\sin\alpha_i\cos(\beta_0-\beta_i)+\cos2\gamma_i\sin(\beta_0-\beta_i)]\\
C_{65} &= -C_{56}+\cos(\gamma_i-\beta_0+\beta_i)(\cos2\alpha_i+\sin\alpha_i)\\
C_{66} &= -C_{55}+\sin(\gamma_i+\beta_0-\beta_i)(\cos2\alpha_i-\sin\alpha_i)
\end{aligned}\right\} \tag{B-12}$$

式中　$\gamma_i$——应变计安装偏斜角，以水平轴起始逆时针向度量，(°)。

当 $\gamma_i=0$ 时，则岩体应力分量应按下式计算：

$$\left.\begin{aligned}
\sigma_x &= \sigma_{xi}\sin^2(\beta_0-\beta_i)+(\sigma_{yi}\sin^2\alpha_i+\sigma_{zi}\cos^2\alpha_i-\tau_{zixi}\sin2\alpha_i)\cdot\\
&\quad\cos^2(\beta_0-\beta_i)+(\tau_{xiyi}\sin\alpha_i-\tau_{zixi}\cos\alpha_i)\sin2(\beta_0-\beta_i)\\
\sigma_y &= \sigma_{xi}\cos^2(\beta_0-\beta_i)+(\sigma_{yi}\sin^2\alpha_i+\sigma_{zi}\cos^2\alpha_i-\tau_{yizi}\sin2\alpha_i)\cdot\\
&\quad\cos^2(\beta_0-\beta_i)+(\tau_{xiyi}\sin\alpha_i-\tau_{zixi}\cos\alpha_i)\sin2(\beta_0-\beta_i)\\
\sigma_z &= \sigma_{yi}\cos^2\alpha_i+\sigma_{zi}\sin^2\alpha_i+\tau_{zixi}\sin2\alpha_i\\
\tau_{xy} &= \frac{1}{2}(-\sigma_{xi}+\sigma_{yi}\sin^2\alpha_i+\sigma_{zi}\cos^2\alpha_i-\tau_{yizi}\sin2\alpha_i)\sin2(\beta_0-\beta_i)-\\
&\quad(\tau_{xiyi}\sin\alpha_i-\tau_{zixi}\cos\alpha_i)\cos2(\beta_0-\beta_i)\\
\tau_{yz} &= \frac{1}{2}[(-\sigma_{yi}+\sigma_{zi})\sin2\alpha_i+2\tau_{yizi}\cos2\alpha_i]\sin(\beta_0-\beta_i)+\\
&\quad(\tau_{xiyi}\cos\alpha_i+\tau_{zixi}\sin\alpha_i)\cos(\beta_0-\beta_i)\\
\tau_{zx} &= \frac{1}{2}[(-\sigma_{yi}+\sigma_{zi})\sin2\alpha_i+2\tau_{yizi}\cos2\alpha_i]\cos(\beta_0-\beta_i)-\\
&\quad(\tau_{xiyi}\cos\alpha_i+\tau_{zixi}\sin\alpha_i)\sin(\beta_0-\beta_i)
\end{aligned}\right\} \tag{B-13}$$

## B.5　岩体主应力大小及其方向计算公式

一、主应力的大小应按下列公式计算：

(1) 当 $\left(\frac{P}{3}\right)^3+\left(\frac{Q}{2}\right)^2=0$ 时：

$$\left.\begin{aligned}
\sigma_1 &= 2\sqrt[3]{-\frac{Q}{2}}+\frac{1}{3}J_1\\
\sigma_2 &= \sigma_3=-\sqrt[3]{-\frac{Q}{2}}+\frac{1}{3}J_1
\end{aligned}\right\} \tag{B-14}$$

(2) 当 $\left(\frac{P}{3}\right)^3+\left(\frac{Q}{2}\right)^2<0$ 时：

$$\left.\begin{aligned}\sigma_1 &= 2\sqrt{-\frac{P}{3}}\cos\frac{w}{3}+\frac{1}{3}J_1\\ \sigma_2 &= 2\sqrt{-\frac{P}{3}}\cos\frac{w+2\pi}{3}+\frac{1}{3}J_1\\ \sigma_3 &= 2\sqrt{-\frac{P}{3}}\cos\frac{w+4\pi}{3}+\frac{1}{3}J_1\end{aligned}\right\}\tag{B-15}$$

$$\left.\begin{aligned}P &= -\frac{1}{3}J_1^2+J_2\\ Q &= -\frac{2}{27}J_1^3+\frac{1}{3}J_1J_2-J_3\end{aligned}\right\}\tag{B-16}$$

$$w=\cos^{-1}\left[-\frac{Q}{2}/\sqrt{-\left(\frac{P}{3}\right)^3}\right]\tag{B-17}$$

$$\left.\begin{aligned}J_1 &= \sigma_1+\sigma_2+\sigma_3=\sigma_x+\sigma_y+\sigma_z\\ J_2 &= \sigma_1\sigma_2+\sigma_2\sigma_3+\sigma_3\sigma_1\\ &= \sigma_x\sigma_y+\sigma_y\sigma_z+\sigma_z\sigma_x-\tau_{xy}^2-\tau_{yz}^2-\tau_{zx}^2\\ J_3 &= \sigma_1\sigma_2\sigma_3=\sigma_x\sigma_y\sigma_z-\sigma_x\tau_{yz}^2-\sigma_y\tau_{zx}^2-\sigma_z\tau_{xy}^2+2\tau_{xy}\tau_{yz}\tau_{zx}\end{aligned}\right\}\tag{B-18}$$

二、主应力的方向应按下列公式计算：

$$\begin{aligned}\alpha_i &= \sin^{-1}n_i\\ \beta_i &= \beta_0-\sin^{-1}\frac{m_i}{\sqrt{1-n_i^2}}\end{aligned}\tag{B-19}$$

式中　$l_i$、$m_i$、$n_i$——主应力的方向余弦；

$\alpha_i$、$\beta_i$——主应力的倾角、方位角，(°)。

$$\left.\begin{aligned}l_i &= A/\sqrt{A^2+B^2+C^2}\\ m_i &= B/\sqrt{A^2+B^2+C^2}\\ n_i &= C/\sqrt{A^2+B^2+C^2}\end{aligned}\right\}\tag{B-20}$$

$$\left.\begin{aligned}A &= \tau_{xy}\tau_{yz}-(\sigma_y-\sigma_i)\tau_{zx}\\ B &= \tau_{xy}\tau_{zx}-(\sigma_x-\sigma_i)\tau_{yz}\\ C &= (\sigma_x-\sigma_i)(\sigma_y-\sigma_i)-\tau_{xy}^2\end{aligned}\right\}\tag{B-21}$$

注：式中主应力的倾角和方位角仍记为 $\alpha_i$ 和 $\beta_i$，此处的 $\alpha_i$ 和 $\beta_i$ 不同于钻孔的倾角和方位角。

## 参考文献

[1] 中华人民共和国住房和城乡建设部,国家市场监督管理总局. 土工试验方法标准:GB/T 50123—2019[S]. 北京:中国计划出版社,2019.

[2] 中华人民共和国住房和城乡建设部,中华人民共和国国家质量监督检验检疫总局. 水利水电工程地质勘察规范(2022 年版):GB 50487—2008[S]. 北京:中国计划出版社,2023.

[3] 中华人民共和国建设部,中华人民共和国国家质量监督检验检疫总局. 岩土工程勘察规范(2009 年版):GB 50021—2001[S]. 北京:中国建筑工业出版社. 2009.

[4] 中华人民共和国国家质量监督检验检疫总局,中国国家标准化管理委员会. 岩土工程仪器基本参数及通用技术条件:GB/T 15406—2007[S]. 北京:中国标准出版社,2007.

[5] 中华人民共和国水利部. 碾压式土石坝设计规范:SL 274—2020[S]. 北京:中国水利水电出版社,2020.

[6] 中华人民共和国住房和城乡建设部,国家市场监督管理总局. 湿陷性黄土地区建筑标准:GB 50025—2018[S]. 北京:中国建筑工业出版社,2018.

[7] 中华人民共和国住房和城乡建设部,中华人民共和国国家质量监督检验检疫总局. 膨胀土地区建筑技术规范:GB 50112—2013[S]. 北京:中国建筑工业出版社,2013.

[8] 中华人民共和国住房和城乡建设部,中华人民共和国国家质量监督检验检疫总局. 建筑地基基础设计规范:GB 50007—2011[S]. 北京:中国建筑工业出版社,2012.

[9] 中华人民共和国住房和城乡建设部. 建筑地基处理技术规范:JGJ 79—2012[S]. 北京:中国建筑工业出版社,2012.

[10] 中华人民共和国建设部,中华人民共和国国家质量监督检验检疫总局. 土的工程分类标准:GB/T 50145—2007[S]. 北京:中国计划出版社,2008.

[11] 杨二静,李忠,刘翠. 土工技术综合实训[M]. 北京:中国水利水电出版社,2022.

[12] 李广信,张丙印,于玉贞. 土力学[M]. 3 版. 北京:清华大学出版社,2022.

[13] 刘松玉. 土力学[M]. 5 版. 北京:中国建筑工业出版社,2020.

[14] 地质工程手册编委会. 地质工程手册[M]. 4 版. 北京:中国建筑工业出版社,2007.

[15] 蔡美峰. 岩石力学与工程[M]. 北京:科学出版社, 2002.

[16] 冯夏庭, 周辉, 李邵军, 等. 岩石力学与工程综合集成智能反馈分析方法及应用[J]. 岩石力学与工程学报, 2007, 26(9): 1737-1744.

[17] 殷德顺,任俊娟,和成亮,等. 一种新的岩土流变模型元件[J]. 岩石力学与工程学报,2007,26(9):1899-1903.

[18] 何志磊, 朱珍德, 朱明礼,等. 基于分数阶导数的非定常蠕变本构模型研究[J]. 岩土力学, 2016, 37(3):737-744.

[19] Dougill J W. On stable progressively fracturing solids[J]. Zeitschrift für angewandte Mathematik und Physik, 1976, 27(4):423-437.

[20] Dragon A, Mróz Z. A continuum model for plastic-brittle behaviour of rock and concrete[J]. International Journal of Engineering Science, 1979, 17(2):121-137.

[21] Krajcinovic D, Fonseka G U. The continuous damage theory of brittle materials, part 1: general theory[J]. Journal of applied Mechanics, 1981, 48(4): 809-815.

[22] 张慧梅, 雷利娜, 杨更社,等. 围压条件下岩石本构模型及损伤特性[J]. 中国矿业大学学报,

2015, 44(1): 59-63.

[23] 周辉，李震，朱国金，等. 基于岩石统一能量屈服准则的硬岩损伤模型[J]. 岩土力学，2016，37(3):609-615.

[24] Eberhardt E, Stead D, Stimpson B, et al. Identifying crack initiation and propagation thresholds in brittle roc. [J]. Canadian Geotechnical Journal, 1998, 35(2):222-233.

[25] Lu Y L, Elsworth D, Wang L G. Microcrack-based coupled damage and flow modeling of fracturing evolution in permeable brittle rocks[J]. Computers and Geotechnics, 2013, 49:226-244.

[26] Liu H H, Doughty C, Bodvarsson G S. An active fracture model for unsaturated flow and transport in fractured rocks[J]. Water Resources Research, 1998, 34(10):2633-2646.

[27] 袁小清，刘红岩，刘京平. 基于宏细观损伤耦合的非贯通裂隙岩体本构模型[J]. 岩土力学，2015，36(10):2804-2814.

[28] 朱其志，刘海旭，王伟，等. 北山花岗岩细观损伤力学本构模型研究[J]. 岩石力学与工程学报，2015,34(3):433-439.

[29] 刘红岩，王新生，张力民，等. 非贯通节理岩体单轴压缩动态损伤本构模型[J]. 岩土工程学报，2016，38(3):426-436.

[30] 肖树芳，杨淑碧，佴磊，等. 岩体力学[M]. 2版. 北京：地质出版社，2016.

[31] 中华人民共和国水利部. 水利水电工程岩石试验规程：SL/T 264—2020[S]. 北京：中国水利水电出版社，2020.

[32] 丁凯，曹征齐. 岩土工程类(岩石、土工、土工合成材料)[M]. 郑州：黄河水利出版社，2008.

